中国农业标准经典收藏系列

最新中国农业行业标准

第八辑

综合分册

农业标准出版研究中心　编

中国农业出版社

图书在版编目（CIP）数据

最新中国农业行业标准．第8辑．综合分册/农业标准出版研究中心编．—北京：中国农业出版社，2012.12

（中国农业标准经典收藏系列）

ISBN 978-7-109-17455-9

Ⅰ.①最… Ⅱ.①农… Ⅲ.①农业—行业标准—汇编—中国 Ⅳ.①S-65

中国版本图书馆CIP数据核字（2012）第293250号

中国农业出版社出版

（北京市朝阳区农展馆北路2号）

（邮政编码100125）

责任编辑 刘 伟 李文宾 冀 刚

中国农业出版社印刷厂印刷 新华书店北京发行所发行

2013年1月第1版 2013年1月北京第1次印刷

开本：880mm×1230mm 1/16 印张：27.5

字数：876千字

定价：220.00元

出版说明

近年来，我中心陆续出版了《中国农业标准经典收藏系列·最新中国农业行业标准》，将2004—2010年由我社出版的2 300多项标准汇编成册，共出版了七辑，得到了广大读者的一致好评。无论从阅读方式还是从参考使用上，都给读者带来了很大方便。为了加大农业标准的宣贯力度，扩大标准汇编本的影响，满足和方便读者的需要，我们在总结以往出版经验的基础上策划了《最新中国农业行业标准·第八辑》。

本次汇编弥补了以往的不足，对2011年出版的195项农业标准进行了专业细分与组合，根据专业不同分为种植业、畜牧兽医、水产和综合4个分册。

本书包括三个部分：第一部分为农产品加工及食品类标准，收录了农产品加工、绿色食品和农产品检测等方面的农业行业标准24项；第二部分为农业机械及农业工程类标准，收录了农业行业标准18项；第三部分为技能培训类标准，收录了农业行业标准9项。并在书后附有2011年发布的2个标准公告供参考。

特别声明：

1. 汇编本着尊重原著的原则，除明显差错外，对标准中所涉及的有关量、符号、单位和编写体例均未做统一改动。

2. 从印制工艺的角度考虑，原标准中的彩色部分在此只给出黑白图片。

3. 本辑所收录的个别标准，由于专业交叉特性，故同时归于不同分册当中。

本书可供农业生产人员、标准管理干部和科研人员使用，也可供有关农业院校师生参考。

农业标准出版研究中心

2012年11月

目　　录

第一部分

农产品加工及食品类标准

ICS 59.060.10
W 31

中华人民共和国农业行业标准

NY/T 243—2011
代替 NY/T 243—1995,NY/T 244—1995

剑麻纤维及制品回潮率的测定

Determination of moisture regain for sisal fibre and derived products

2011-09-01 发布　　2011-12-01 实施

中华人民共和国农业部 发布

前言

本标准按照GB/T 1.1—2009给出的规则起草。

本标准代替NY/T 243—1995《剑麻纤维制品回潮率的测定 蒸馏法》和NY/T 244—1995《剑麻纤维制品回潮率的测定 烘箱法》。

本标准与NY/T 243—1995和NY/T 244—1995相比,主要变化如下:

——增加了第2章“术语和定义”;

——蒸馏法增加了水分测定器装置图及其组成部件的规格要求;

——增加了第5章“精密度”。

请注意本标准的某些内容可能涉及专利。本标准的发布机构不承担识别这些专利的责任。

本标准由中华人民共和国农业部农垦局提出。

本标准由农业部热带作物及制品标准化技术委员会归口。

本标准起草单位:农业部剑麻及制品质量监督检验测试中心。

本标准主要起草人:侯尧华、陈伟南、张光辉。

本标准所代替历次标准版本发布情况为:

——NY/T 243—1995、NY/T 244—1995。

剑麻纤维及制品回潮率的测定

1 范围

本标准规定了用烘箱法和蒸馏法测定剑麻纤维及制品回潮率的方法。

烘箱法适用于剑麻纤维和不含油脂的剑麻制品；蒸馏法适用于含油脂和不含油脂的所有剑麻纤维及制品。

2 术语和定义

下列术语和定义适用于本文件。

2.1

回潮率 moisture regain

物料中所含水分质量对物料绝干质量的百分率。

3 烘箱法

3.1 原理

在规定温度下，用烘箱直接烘除试样的水分，根据加热前后的质量差计算试样的回潮率。

3.2 仪器设备

八篮恒温干燥箱：工作温度可控制在105℃～110℃内；天平：感量为0.01 g。

3.3 试验条件

在环境大气条件下进行。

3.4 试验步骤

3.4.1 试样的制备

称取质量约50 g样品作为一个试样，精确至0.01 g，以保持松散为原则将试样收缩成团状。如试样中含有容易脱落的碎小物料，如麻糠等，应放置在铝盘或玻璃器皿中测试。

3.4.2 测定

将试样逐个置于八篮恒温干燥箱的吊篮内，迅速称重并记录。在105℃～110℃下烘1 h后，每隔10 min称重一次，直至前后两次重量差不超过0.02 g后记录。

3.4.3 结果计算

试样的回潮率 H_c，按式(1)计算：

$$H_c = \frac{S-G}{G} \times 100 \quad \cdots\cdots (1)$$

式中：

H_c——试样的回潮率，以百分率表示(%)；

S——试样的烘前质量，单位为克(g)；

G——试样的烘干质量，单位为克(g)。

计算结果精确至小数点后一位。

4 蒸馏法

4.1 原理

在试样中加入有机溶剂，采用共沸蒸馏将试样中水分分离出来，根据水的体积计算试样的回潮率。

4.2 仪器

4.2.1 水分测定器

装置如图1，各部连接处均为玻璃磨口。使用前仪器需用铬酸钾洗液洗净并烘干。

4.2.1.1 短颈圆底烧瓶：500 mL。

4.2.1.2 水分收集管：容量 10 mL。1 mL 以下分度值为 0.1 mL，1 mL～10 mL 分度值为 0.2 mL。

4.2.1.3 回流冷凝管：外管长 400 mm。

4.2.2 天平

感量为 0.01 g。

4.2.3 可调封闭式电炉。

4.3 试剂

甲苯或二甲苯：先以水饱和后，分去水层，进行蒸馏，收集馏出液备用。

4.4 试验条件

在通风橱内进行。

4.5 试验步骤

4.5.1 试样的制备

按 3.4.1 的规定执行。

4.5.2 测定

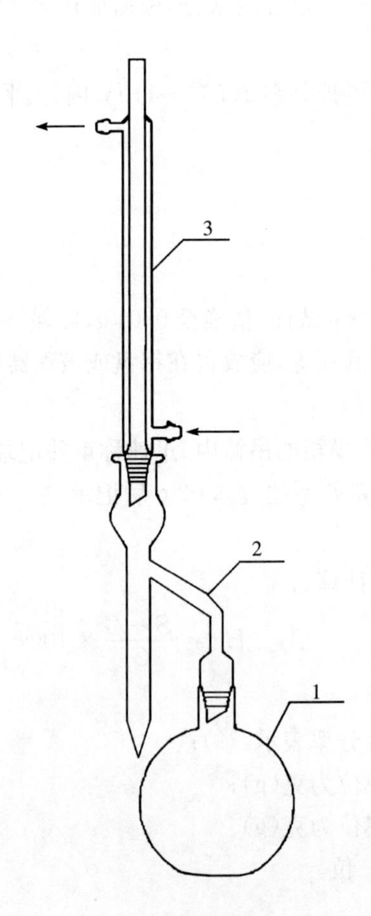

说明：

1——圆底烧瓶；
2——水分收集管；
3——回流冷凝管。

图1 水分测定装置图

4.5.2.1 将试样拆散置于烧瓶中，加入适量甲苯（或二甲苯），浸没试样，并加入数粒玻璃珠。连接好仪器，在烧瓶上端与收集管的连接管之间用石棉布包裹好，自冷凝管上口注入甲苯至充满收集管并溢入烧瓶。

4.5.2.2　加热慢慢蒸馏，使每秒钟得馏出液 2 滴，待大部分水分蒸出后，加速蒸馏约每秒钟 4 滴。当水分完全馏出，即冷凝管下口无水滴，收集管刻度部分中水量不再增加时，停止加热。从冷凝管顶端加入甲苯（或二甲苯）冲洗，如冷凝管壁附有水滴，则用包有橡皮圈的玻璃棒用甲苯（或二甲苯）湿润后碰擦管壁使水滴落下，再蒸馏片刻至收集管上部及冷凝管壁无水滴附着，接收管水面保持 10 min 不变为蒸馏终点，读取收集管水层的体积。

4.6　结果计算

试样的回潮率 H_c，按式(2)计算：

$$H_c = \frac{V\rho}{S - V\rho} \times 100 \quad \cdots\cdots (2)$$

式中：

H_c——试样的回潮率，单位为百分率（%）；

V——收集管中水分的体积，单位为毫升（mL）；

ρ——室温下水的密度，按 1 g/mL 计；

S——试样的质量，单位为克（g）。

计算结果精确至小数点后一位。

5　精密度

在重复性条件下获得的两次独立测试结果的绝对差值不得超过算术平均值的 15%。

ICS 83.040.10
B 72

中华人民共和国农业行业标准

NY/T 459—2011
代替 NY/T 459—2001

天然生胶　子午线轮胎橡胶

Rubber, raw, natural—Radials tire rubber

2011-09-01 发布　　2011-12-01 实施

中华人民共和国农业部 发布

前　言

本标准按照 GB/T 1.1—2009 给出的规则起草。

本标准代替 NY/T 459—2001《天然生胶　子午线轮胎橡胶》。本标准与 NY/T 459—2001 的主要差异如下：

——增加了第 3 章“术语和定义”；

——增加了第 4 章“原料组成”；

——第 5 章中原“一级”、“二级”胶改为“5 号”、“10 号”胶，原二级胶的标志颜色“蓝”改为“褐”，增加了 20 号胶的技术要求；

——原第 5 章“合格准则”改为第 6 章“取样和评价”。

本标准由中华人民共和国农业部农垦局提出。

本标准由农业部热带作物及制品标准化技术委员会天然橡胶分技术委员会归口。

本标准由中国热带农业科学院农产品加工研究所负责起草，国家重要热带作物工程技术中心、海南省农垦总局、云南天然橡胶产业股份有限公司、农业部食品质量监督检验测试中心(湛江)参加起草。

本标准主要起草人：张北龙、邓维用、林泽川、缪桂兰、陈成海、刘丽丽、黄红海。

本标准所代替标准的历次版本发布情况为：

——NY/T 459—2001。

天然生胶　子午线轮胎橡胶

1　范围

本标准规定了天然生胶子午线轮胎橡胶的质量要求、取样和相应的试验方法，以及包装、标志、贮存和运输。

本标准适用于以鲜胶乳、胶园凝胶及胶片为原料生产的天然生胶子午线轮胎橡胶。

2　规范性引用文件

下列文件对于本文件的应用是必不可少的。凡是注日期的引用文件，仅注日期的版本适用于本文件。凡是不注日期的引用文件，其最新版本（包括所有的修改单）适用于本文件。

GB/T 528　硫化橡胶或热塑性橡胶拉伸应力应变性能的测定

GB/T 1232.1　未硫化橡胶　用圆盘剪切黏度计进行测定　第1部分：门尼黏度的测定

GB/T 3510　未硫化橡胶　塑性的测定　快速塑性计法

GB/T 3516　橡胶中溶剂抽出物的测定

GB/T 3517　天然生胶　塑性保持率的测定

GB/T 4498　橡胶　灰分的测定

GB/T 8082—2008　天然生胶　标准橡胶　包装、标志、贮存和运输

GB/T 8086　天然生胶　杂质含量测定法

GB/T 8088　天然生胶和天然胶乳　氮含量的测定

GB/T 15340　天然、合成生胶取样及其制样方法

GB/T 24131　生橡胶　挥发分含量的测定

NY/T 1403—2007　天然橡胶　评价方法

3　术语和定义

下列术语和定义适用于本文件。

3.1

子午线轮胎橡胶　radials tire rubber

专门为子午线轮胎的生产而制备的一种天然橡胶，其门尼黏度受到控制。

4　原料组成

使用的原料主要有鲜胶乳、胶园凝胶和胶片。

5　技术要求

不同级别的子午线轮胎橡胶物理和化学性能应符合表1的要求。

表1　子午线轮胎橡胶的技术要求

性　能	各级子午线轮胎橡胶的极限值			试验方法
	5号(SCR RT 5)	10号(SCR RT 10)	20号(SCR RT 20)	
颜色标志，色泽	绿	褐	红	
留在45 μm筛上的杂质（质量分数），%，最大值	0.05	0.10	0.20	GB/T 8086

表 1（续）

性 能	各级子午线轮胎橡胶的极限值			试验方法
	5 号(SCR RT 5)	10 号(SCR RT 10)	20 号(SCR RT 20)	
灰分(质量分数),%,最大值	0.6	0.75	1.0	GB/T 4498
氮含量(质量分数),%,最大值	0.6	0.6	0.6	GB/T 8088
挥发分(质量分数),%,最大值	0.8	0.8	0.8	GB/T 24131(烘箱法,105℃±5℃)
丙酮抽出物含量(质量分数),%,最大值	2.0～3.5	2.0～3.5	2.0～3.5	GB/T 3516
塑性初值(P_0)[a],最小值	36	36	36	GB/T 3510
塑性保持率(PRI),最小值	60	50	40	GB/T 3517
门尼黏度[b],ML(1+4)100℃	83±10	83±10	83±10	GB/T 1232.1
硫化胶拉伸强度[c],MPa,最小值	21.0	20.0	20.0	GB/T 528

[a] 交货时不大于 48；

[b] 有关各方也可同意采用另外的黏度值；

[c] 进行拉伸强度试验的硫化胶使用 NY/T 1403—2007 表 1 中规定的 ACS 1 纯胶配方：橡胶 100.00、氧化锌 6.00、硫黄 3.50、硬脂酸 0.50、促进剂 MBT 0.50，硫化条件：140℃×20 min、30 min、40 min、60 min。

6 取样和评价

除非有关各方同意采用其他方法，否则，子午线轮胎橡胶应按 GB/T 15340 规定的方法取样。从一批橡胶中所取的样品都应符合子午线轮胎橡胶级别的要求。

7 包装、标志、贮存和运输

7.1 包装

子午线轮胎橡胶的包装按 GB/T 8082—2008 中 3.1 的规定执行。

7.2 标志

7.2.1 国产子午线轮胎橡胶使用“SCR RT”代号(其中 SCR 代表“标准中国橡胶”，RT 代表子午线轮胎橡胶，即标准中国橡胶 子午线轮胎橡胶)，三个级别的橡胶代号分别为 SCR RT 5(5 号胶)、SCR RT 10(10 号胶)、SCR RT 20(20 号胶)。

7.2.2 在每个胶包外袋最大一面标志注明：子午线轮胎橡胶级别代号、净含量、生产厂名或厂代号、生产日期，标志的颜色 SCR RT 5 为绿色，SCR RT 10 为褐色，SCR RT 20 为红色。如使用每箱 1t 有托板的包装箱，还应在箱外加涂各项标志。

7.3 贮存和运输

子午线轮胎橡胶的贮存和运输按 GB/T 8082—2008 中第 4 章的规定执行。

ICS 59.060.10
B 32

中华人民共和国农业行业标准

NY/T 712—2011
代替 NY/T 712—2003

剑　麻　布

Sisal cloth

2011-09-01 发布　　2011-12-01 实施

中华人民共和国农业部　发布

前　言

本标准按照 GB/T 1.1—2009 给出的规则起草。

本标准代替 NY/T 712—2003《剑麻布》。本标准与 NY/T 712—2003 相比，主要变化如下：

——增加了布面疵点的检验及其技术要求；

——增加了幅宽的测定及其允差的计算方法；

——增加了断裂强力的测定及其技术要求，并将断裂强力的测定作为附录 B；

——修改了 NY/T 712—2003 中第 3 章“术语和定义”的内容；

——修改了 NY/T 712—2003 中 3.1、4.1 和 5.3 有关硬挺度的内容，并将硬挺度调整至附录 A；

——修改了 NY/T 712—2003 中第 6 章“标记”的内容，并调整到第 4 章；

——修改了 NY/T 712—2003 中 5.1.1 表 3 抽样样捆的基数和样品的数量，并调整到第 6 章。

请注意本标准的某些内容可能涉及专利。本标准的发布机构不承担识别这些专利的责任。

本标准由中华人民共和国农业部农垦局提出。

本标准由农业部热带作物及制品标准化技术委员会归口。

本标准起草单位：农业部剑麻及制品质量监督检验测试中心。

本标准主要起草人：陈伟南、张光辉、黄祖全、冯超、郑润里。

本标准所代替标准的历次版本发布情况为：

——NY/T 712—2003。

剑 麻 布

1 范围

本标准规定了剑麻布的术语和定义、标记、要求、试验方法、包装和标志、运输和贮存。

本标准适用于用剑麻纱机织的布。

2 规范性引用文件

下列文件对于本文件的应用是必不可少的。凡是注日期的引用文件,仅注日期的版本适用于本文件。凡是不注日期的引用文件,其最新版本(包括所有的修改单)适用于本文件。

NY/T 244 剑麻纤维及制品回潮率的测定

NY/T 245 剑麻纤维制品含油率的测定

NY/T 249 剑麻织物 物理性能试验的取样和试样裁取

NY/T 251 剑麻织物 单位面积质量的测定

3 术语和定义

下列术语和定义适用于本文件。

3.1

幅宽 width

织物最外边的两根经纱间与织物长度方向垂直的距离。

3.2

单位面积质量 mass per unit

单位面积内包含含水量和非纤维物质等在内的织物单位质量。

3.3

布面疵点 cloth spot

因生产过程中生产工序和工艺的区别,在最终产品上出现的削弱织物性能及影响织物外观质量的缺陷。

3.4

纱疵 yarn spot

织物布面纱线上存在的疵点。

3.5

织疵 flaw

织物在织造过程中产生的疵点。

3.6

密度 density

织物在无折皱和无张力下,每单位长度所含的经纱根数和纬纱根数,一般以根/10 cm 表示。

3.7

经密 longitude density

在织物纬向单位长度内所含的经纱根数。

3.8

纬密　latitude density

在织物经向单位长度内所含的纬纱根数。

3.9

硬挺度　stiffness

织物受自身重力而不易改变形状的程度。

3.10

断裂强力　breaking force

试样在规定条件下拉伸至断裂的最大力。

3.11

条样试验　strip test

试样整个宽度被夹持器夹持的一种织物拉伸试验。

3.12

剪割条样　cut strip

用剪割方法使试样达到规定宽度的条形试样。

4　标记

剑麻布以其品名、标准代号、单位面积质量、硬挺度、经密和纬密进行产品标记。

示例：

剑麻布 NY/T 712－1050－YG－32×24。

标记中各要素的含义如下：

1050——单位面积质量为 1 050 g/m²；

YG——硬挺度，高；

32×24——经密为 32 根/10 cm，纬密为 24 根/10 cm。

5　要求

5.1　硬挺度

应符合表 1 的要求。

表 1　硬挺度

单位面积质量 g/m²	硬挺度(Y) mN·m		
	G	Z	D
≥1 300	≥17.50	≥14.50	≥11.50
≥1 050	≥11.50	≥9.50	≥7.50
<1 050	≥9.50	≥7.50	≥6.00
注：G 表示剑麻布硬挺度值高(硬)；Z 表示剑麻布硬挺度值适中；D 表示剑麻布硬挺度值低(软)。			

5.2　其他技术性能

应符合表 2 的规定。

表 2 其他技术性能

项　　目		优等品	一等品	合格品
布面疵点 点/m^2	颜色	白、浅黄	白、浅黄	灰白、黄褐
	布面	平	平	有波纹
	纱疵	≤3 点	≤4 点	≤5 点
	织疵	≤0.5 点	≤1 点	≤2 点
	破洞	无	无	1.5 cm 以下≤1 点
	污渍	无	无	不明显
幅宽允差,cm		0～1.0	0～2.0	−1.0～2.0
单位面积质量偏差,%		±3.0	±4.0	±5.0
密度偏差,%	经向	±4.0		
	纬向	±6.0		
断裂强力,N ≥	1 300 g/m^2 以上	2 340		
	1 050 g/m^2～1 300 g/m^2	2 100		
	1 050 g/m^2 以下	1 890		
回潮率,%		≤13		
含油率,%		≤8		

6 取样

6.1 批样捆数

按同一批次同一品等的捆布随机抽取样捆,有受潮或受损的捆布不能作为样品。随机抽取的布捆数量如表 3。

表 3 批样捆数

批布捆数	≤3	4～10	11～30	31～75	≥76
取样捆数	1	2	3	4	5

6.2 样品数量

从批样的每一捆中随机剪取不少于 500 cm 长的全幅作为样品,但离捆端不少于 300 cm。保证样品没有折皱和明显的疵点。

6.3 试样裁取

按 NY/T 249 的规定执行。

7 试验方法

7.1 试验条件

试样应在温度为(27.0±2.0)℃、相对湿度为(65.0±4.0)%环境中调湿不小于 12 h。

7.2 布面疵点的检验

7.2.1 原理

在规定的条件下,以记录疵点的点数和疵点的标记数来评定布面疵点轻重程度的方法,又称计点法。

7.2.2 试验步骤

7.2.2.1 将样品放置在工作台上至少 24 h,轻轻拉动样品,直到样品中间部分在桌面上放平,用有色笔标示出 2 m 部分为试样,去除张力。

7.2.2.2 用计点法从试样中记录布面疵点数,布面疵点不论大小每处疵点即为一个点数。

7.2.2.3 光源 40 W 日光灯 2 支～3 支,光源与布面距离为 1.0 m～2.0 m;采用目视检验布面疵点,其检验依次为颜色、布面、纱疵、织疵、破洞和污渍的顺序进行。

7.2.3 结果计算

外观疵点按式(1)计算：

$$B=\frac{A}{W\times 2} \qquad (1)$$

式中：

B——单位面积疵点，单位为点每平方米(点/m^2)；

A——疵点总数，单位为点；

W——试样幅宽，单位为米(m)。

计算结果保留到小数点后一位。

7.3 幅宽的测定

7.3.1 原理

在规定的条件下，去除试样的张力后，用钢尺在试样的不同点测量幅宽。

7.3.2 试验步骤

7.3.2.1 按7.2.2.1的方法取样。

7.3.2.2 用钢尺测量，钢尺应与被测试样布边垂直。

7.3.2.3 在试样一边做四个标记，各标记间距应在25 cm～50 cm之间，测量并记录各个标记处的幅宽值。

7.3.3 结果计算

7.3.3.1 按测得的四个幅宽值，计算算术平均值，即为剑麻布的实测幅宽。

7.3.3.2 幅宽允差按式(2)计算：

$$W_b=W-W_0 \qquad (2)$$

式中：

W_b——幅宽允差，单位为厘米(cm)；

W——实测幅宽，单位为厘米(cm)；

W_0——规格(标称)幅宽，单位为厘米(cm)。

计算结果保留到小数点后一位。

7.4 单位面积质量偏差

7.4.1 原理

按规定尺寸剪取试样，将已知面积的试样称量并计算单位面积质量，以实测单位面积质量与标称单位面积质量之差与标称单位面积质量的百分比计算单位面积质量偏差。

7.4.2 试验步骤

按NY/T 251的规定执行。

7.4.3 结果计算

单位面积质量偏差按式(3)计算：

$$D=\frac{M_g-M_0}{M_0}\times 100 \qquad (3)$$

式中：

D——单位面积质量偏差，单位为百分率(%)；

M_g——试样的实测单位面积质量，单位为克每平方米(g/m^2)；

M_0——试样的标称单位面积质量，单位为克每平方米(g/m^2)。

计算结果保留到小数点后一位。

7.5 经密、纬密偏差

7.5.1 原理

在规定的条件下，测定剑麻布平面上 10 cm 内经纱或纬纱的根数。以实测经密或纬密与标称经密或纬密差值表示经密偏差或纬密偏差。

7.5.2 试验步骤

7.5.2.1 将样品平摊在工作台上，在距离边缘 15 cm 没有折痕皱纹的任何部位测量五处 10 cm 内经纱或纬纱的根数，每处距离应大于 5 cm。

7.5.2.2 测量经纱的根数时，钢尺应与纬纱平行；测量纬纱的根数时，钢尺应与经纱平行。

7.5.2.3 测量起点应在两根经纱或纬纱中间，当讫点在最后一根纱线上不足 1 根时，按 0.5 根计。

7.5.3 结果计算

7.5.3.1 按五处测定的经纱或纬纱根数，计算算术平均值，即为该试样的实测经密或纬密。

7.5.3.2 经密或纬密的偏差按式(4)计算：

$$C=\frac{N-N_0}{N_0}\times 100 \quad (4)$$

式中：

C——经密或纬密偏差，单位为百分率(%)；

N——实测经密或纬密，单位为根每十厘米(根/10 cm)；

N_0——标称经密或纬密，单位为根每十厘米(根/10 cm)。

计算结果保留到小数点后一位。

7.6 硬挺度的测定

按附录 A 的规定执行。

7.7 断裂强力的测定

按附录 B 的规定执行。

7.8 回潮率的测定

按 NY/T 244 的规定执行。

7.9 含油率的测定

按 NY/T 245 的规定执行。

8 包装和标志

8.1 包装

8.1.1 剑麻布应卷绕成捆，成圆柱体装。布捆两端应基本平整，直径不超过 50 cm。每捆剑麻布须用两或三道线带捆扎结实，外面用塑料编织布包装，并应有生产单位、标记、品等、幅宽、净质量、生产日期及防潮标记。

8.1.2 捆扎线带的质量不应超过布捆净质量的 0.3%。

8.2 标志

每捆剑麻布应附有标签，标明制造单位、标记、执行的产品标准编号、幅宽、品等、净质量、生产日期和产品合格标志。

9 运输和贮存

9.1 运输

装运剑麻布的车辆、船舱等运输工具应清洁、干燥，不应与易燃、易爆和有损产品质量的物品混装。

9.2 贮存

剑麻布应按规格分别堆放。仓库应保持清洁、干燥、通风良好，防止产品受潮、受污染，不应露天堆放。

附　录　A
（规范性附录）
硬挺度的测定

A.1　原理

矩形试样在规定的平台上移动，达到规定角度时，测量其伸出部分长度，以试样伸出长度和织物单位面积质量计算弯曲长度。

A.2　仪器

固定角弯曲计如图A.1所示。

单位为毫米

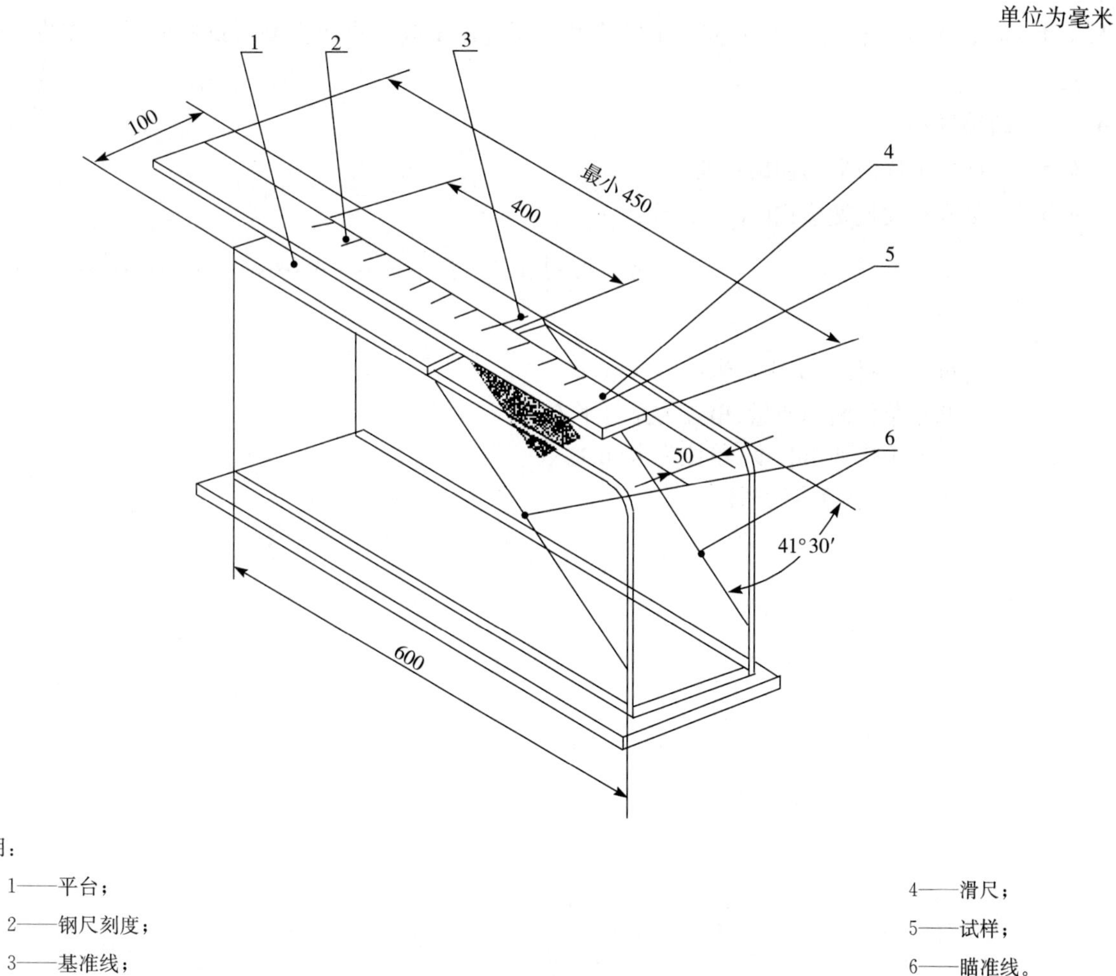

说明：

1——平台；
2——钢尺刻度；
3——基准线；
4——滑尺；
5——试样；
6——瞄准线。

图A.1　固定角弯曲计

A.2.1　水平装置。

A.2.2　平台：宽度(50±2) mm，长度不小于300 mm，支撑在高出桌面不少于250 mm的高度上。平台表面应光滑，平台前缘的斜面和水平平台底面成41°30′夹角。平台支撑的侧面应当透明。

A.2.3　钢尺：宽(25±1) mm，长度不小于平台长度，质量为(300±10) g，刻度为毫米，其下表面有防滑橡胶层。

A.3 试样制备

按照 NY/T 249 的规定执行。沿经向和纬向裁取尺寸为 50 mm×400 mm 的矩形试样各 6 个。每个试样都需标记织物的正反面。试样应平整,不应有自然弯曲、折痕。任何两个经向试样不应含有相同的经向纱,任何两个纬向试样不应含有相同的纬向纱。

A.4 试验程序

A.4.1 按 NY/T 251 的规定测定和计算试样的单位面积质量。

A.4.2 调节仪器的水平。将试样放在弯曲计的平台上,使其一端和平台的前缘重合。将钢尺置在试样上,钢尺的零点和基准线对齐。

A.4.3 以一定的速度向前推动钢尺和试样,使试样伸出平台的前缘,并在其自重下弯曲,直到试样的前端到达瞄准线时停止推动,读出对着基准线的钢尺的刻度。该读数即为试样的伸出长度,以毫米表示。

A.4.4 重复 A.5.2 和 A.5.3,对同一试样的另一面进行试验。再次重复对试样的另一端的两面进行试验。

A.4.5 结果表示

A.4.5.1 计算试样的平均伸出长度。

A.4.5.2 剑麻布硬挺度按式(A.1)计算:

$$Y=9.81\,m_a\times\left(\frac{L}{2}\right)^3 \qquad \text{(A.1)}$$

式中:

Y——硬挺度,单位为毫牛·米(mN·m);

m_a——剑麻布单位面积质量,单位为克每平方米(g/m^2);

L——试样的平均伸出长度,单位为米(m)。

计算结果保留至小数点后两位。

附 录 B
(规范性附录)
断裂强力的测定

B.1 原理

规定尺寸的试样以恒定速度被拉伸直至断脱,记录断裂强力。

B.2 仪器

实验室常规仪器、设备以及等速强力试验机,并应满足下列要求:

—— 试验机具有一个固定的夹持器用于夹持试样的一端,一个等速驱动的夹持器用于夹持试样的另一端;
—— 动夹持器移动的恒定速度范围为 100 mm/min～500 mm/min,精确度为±2%;
—— 仪器应有显示和记录施加力值的装置;
—— 强力示值最大误差不应超过 2%。

B.3 试样制备

B.3.1 剪割条样

每一个实验室样品剪取两组试样,一组为经向试样,另一组为纬向试样。

每组试样至少应包括 5 块试样,另加预备试样若干。如有更高精确度要求,应增加试样数量。试样应具有代表性,应避开折皱、疵点。试样距布边不少于 100 mm,保证试样均匀分布于样品上。对于机织物,两块试样不应包括有相同的经纱或纬纱。样品剪取试样示例见图 B.1。

B.3.2 尺寸

剪取试样的长度方向应平行于织物的经向或纬向,每块试样去边纱,有效宽度应为 50 mm(不包括毛边),其长度应能满足隔距长度 250 mm。

B.4 条样试验

B.4.1 设定隔距长度

隔距长度为 250 mm±10 mm。

B.4.2 设定拉伸速度

拉伸速度为 100 mm/min。

B.4.3 夹持试样

在夹持试样前,应检查钳口是否准确地对正和平行。仪器两铗钳的中心点应处于拉力轴线上,铗钳的钳口线应与拉力线垂直,夹持面应在同一平面上,保证施加的力不产生角度偏移。在铗钳中心位置夹持试样,以保证拉力中心线通过铗钳的中点。

B.4.4 测定

B.4.4.1 夹紧试样,开启试验机,将试样拉伸至断脱,并记录断裂强力值。

B.4.4.2 条样试验每个方向不少于 5 块。

B.4.4.3 在试验过程中,若试样断裂于钳口处或测试时出现试样滑移,舍弃该试验数据,换上新试样重

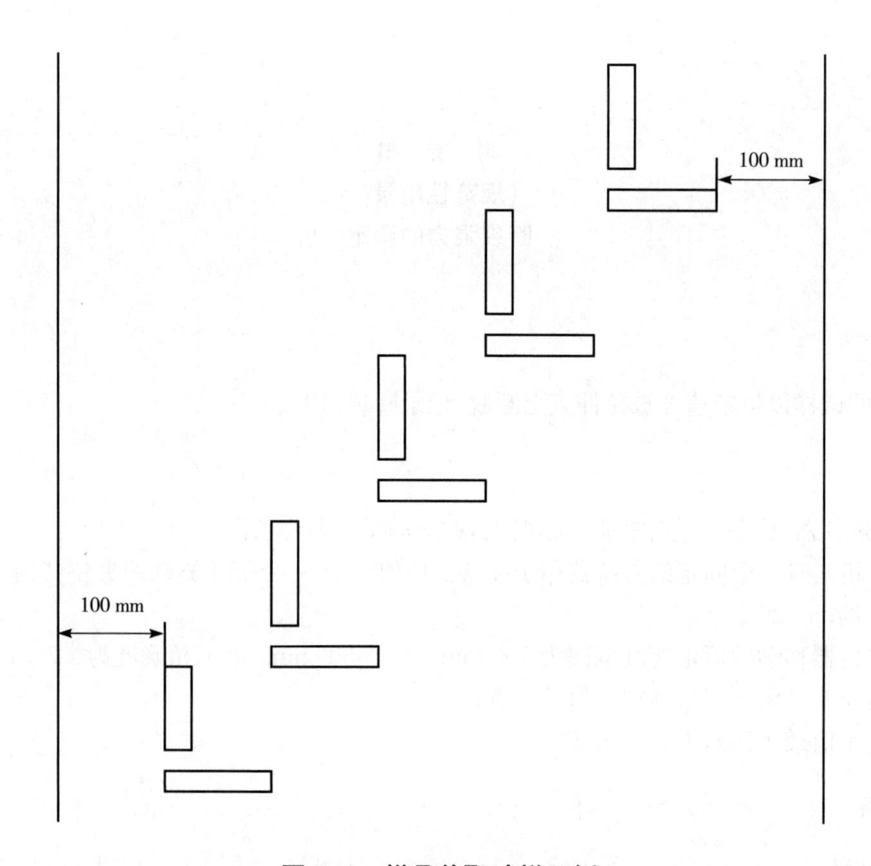

图 B.1　样品剪取试样示例

新开始试验。要求仪器两铗钳应能握持试样而不使试样打滑，铗钳面应平整，不剪切试样或破坏试样。但如果使用平整铗钳不能防止试样的滑移时，应使用其他形式的夹持器。夹持面上可使用适当的衬垫材料。铗钳宽度不少于 60 mm。

B.5　结果表示

B.5.1　每个样品测试 10 个以上试样的有效试验数据。

B.5.2　断裂强力以算术平均值表示，按式(B.1)计算：

$$\bar{f}=\frac{1}{n}\sum_{i=1}^{n}f_i \qquad \text{(B.1)}$$

式中：

$\bar{f}$——样品断裂强力的算术平均值，单位为牛顿(N)；

n——样品的有效试验次数；

f_i——样品第 i 次有效试验的试验值，单位为牛顿(N)。

计算结果精确到 1 N。

ICS 67.080.10
B 31

中华人民共和国农业行业标准

NY/T 750—2011
代替 NY/T 750—2003

绿色食品　热带、亚热带水果

Green food—Tropical and subtropical fruits

2011-09-01 发布　　2011-12-01 实施

中华人民共和国农业部 发布

前　言

本标准按照GB/T 1.1—2009给出的规则起草。

本标准代替NY/T 750—2003《绿色食品　热带、亚热带水果》。本标准与NY/T 750—2003相比，主要变化如下：

——适用范围增加了莲雾、人心果、西番莲、山竹、火龙果、菠萝蜜、番荔枝和青梅八个品种，并在要求中增加其相应内容；

——卫生指标中增加了倍硫磷的限量要求；

——敌百虫、乐果、百菌清、毒死蜱、氰戊菊醋、溴氰菊醋、氯氰菊酯、氯氟氰菊酯等农药按NY/T 761的方法测定，多菌灵按NY/T 1680的方法测定；

——检验规则、包装、运输和贮存分别引用绿色食品标准NY/T 1055、NY/T 658和NY/T 1056。

本标准由中华人民共和国农业部农产品质量安全监管局提出。

本标准由中国绿色食品发展中心归口。

本标准主要起草单位：农业部食品质量监督检验测试中心(湛江)。

本标准主要起草人：林玲、杨春亮、查玉兵、李涛、程盛华、郑龙、蔡建成、苏子鹏、叶剑芝、刘杰。

本标准所代替标准的历次版本发布情况为：

——NY/T 750—2003。

绿色食品　热带、亚热带水果

1　范围

本标准规定了绿色食品热带、亚热带水果的术语和定义、要求、试验方法、检验规则、标志、标签、包装、运输和贮存。

本标准适用于绿色食品热带和亚热带水果，包括荔枝、龙眼、香蕉、菠萝、芒果、枇杷、黄皮、番木瓜、番石榴、杨梅、杨桃、橄榄、红毛丹、毛叶枣、莲雾、人心果、西番莲、山竹、火龙果、菠萝蜜、番荔枝和青梅。

2　规范性引用文件

下列文件对于本文件的应用是必不可少的。凡是注日期的引用文件，仅注日期的版本适用于本文件。凡是不注日期的引用文件，其最新版本（包括所有的修改单）适用于本文件。

GB/T 191　包装储运图示标志

GB/T 5009.11　食品中总砷及无机砷的测定

GB 5009.12　食品安全国家标准食品中铅的测定

GB/T 5009.15　食品中镉的测定

GB/T 5009.17　食品中总汞及有机汞的测定

GB/T 5009.18　食品中氟的测定

GB/T 5009.19　食品中有机氯农药多组分残留量的测定

GB/T 5009.34　食品中亚硫酸盐的测定

GB 7718　预包装食品标签通则

GB 8210　出口柑橘鲜果检验方法

GB/T 12456　食品中总酸的测定

GB/T 13867—1992　鲜枇杷果

GB/T 20769　水果和蔬菜中450种农药及相关化学品残留量的测定　液相色谱-串联质谱法

NY/T 391　绿色食品　产地环境技术条件

NY/T 393　绿色食品　农药使用准则

NY/T 394　绿色食品　肥料使用准则

NY/T 515　荔枝

NY/T 658　绿色食品　包装通用准则

NY/T 761　蔬菜和水果中有机磷、有机氯、拟除虫菊酯和氨基甲酸酯类农药多残留的测定

NY/T 1055　绿色食品　产品检验规则

NY/T 1056　绿色食品　贮藏运输准则

NY/T 1680　蔬菜、水果中多菌灵等4种苯并咪唑类农药残留量的测定　高效液相色谱法

中国绿色食品商标标志设计使用规范手册

3　术语和定义

NY/T 515中界定的以及下列术语和定义适用于本文件。

3.1

后熟　afterripenin

在采收后继续发育完成成熟的过程。

3.2

日灼 sun-baked wound

因强光灼伤而在果皮上形成的异常斑块。

4 要求

4.1 基本要求

产地环境应符合 NY/T 391 的规定。生产过程中农药和化肥使用应分别符合 NY/T 393 和 NY/T 394 的规定。

4.2 感官

荔枝、龙眼、香蕉、菠萝、芒果、枇杷、黄皮、番木瓜、番石榴、杨梅、杨桃、橄榄、红毛丹、毛叶枣、莲雾、人心果、西番莲、山竹、火龙果、菠萝蜜、番荔枝和青梅共性要求应符合表 1 的规定，其中部分水果果柄长度的要求应符合表 2 的规定。

表 1 感 官

项 目	要 求
果实外观	果形完整，新鲜，无裂果，无变质和腐烂，基本上无可见的异物，无机械伤，具有本品种成熟时应有的特征色泽
病虫害	无果肉褐变、病果、虫果、病斑
气味或滋味	具有该品种正常的气味或滋味，无异味
成熟度	发育正常，具有适合鲜食或加工要求的成熟度

表 2 果柄长度要求

项 目	芒 果	菠 萝	番木瓜	番荔枝	菠萝蜜
果柄长度	不超过 1 cm	不超过 2 cm	不超过 1 cm	不超过 1 cm	不超过 5 cm

4.3 理化指标

各种水果的理化指标应符合表 3 规定。

表 3 理化指标

水果名称	可食率，%	可溶性固形物，%	可滴定酸，%(以柠檬酸计)
黄皮	—	≥13	—
菠萝	≥48	≥11	≤1.1
橄榄	—	≥9	≤1.6
杨梅	—	≥9	≤1.5
荔枝	≥60	≥14	≤0.5
龙眼	≥60	≥15	≤0.2
香蕉	≥53	≥16	≤0.8
芒果	≥55	≥10	≤1.5
枇杷	≥58	≥8	≤0.9
番石榴	—	≥9	≤0.3
番木瓜	≥70	≥10	≤0.3
杨桃	—	≥7.0	≤0.5
红毛丹	≥40	≥13	≤1.6
毛叶枣	≥74	≥8	≤0.9
人心果	≥74	≥16	≤1.2

表 3（续）

水果名称	可食率，%	可溶性固形物，%	可滴定酸，%（以柠檬酸计）
莲雾	—	≥5	≤0.4
西番莲[a]	≥30	≥10	≤4.0
山竹	≥30	≥13	≤0.7
火龙果	≥58	≥9	≤0.6
菠萝蜜	≥43	≥13	≤0.5
番荔枝	≥50	≥15	≤0.5
青梅	≥73	≥6.0	≥4.3
[a] 西番莲可食率为果汁率。			

4.4 卫生指标

各种水果卫生指标应符合表 4 规定。

表 4 卫生指标

单位为毫克每千克

序号	项　目	指　标
1	无机砷（以 As 计）	≤0.05
2	铅（以 Pb 计）	≤0.1
3	镉（以 Cd 计）	≤0.05
4	总汞（以 Hg 计）	≤0.01
5	氟（以 F 计）	≤0.5
6	六六六（BHC）	≤0.05
7	滴滴涕（DDT）	≤0.05
8	乐果（dimethoate）	≤0.5
9	敌敌畏（dichlorvos）	≤0.2
10	马拉硫磷（malathion）	≤2
11	倍硫磷（fenthion）	≤0.05
12	杀螟硫磷（fenitrothion）	≤0.5
13	敌百虫（trichlorfon）	≤0.1
14	毒死蜱（chlorpyrifos）	≤1
15	氯氰菊酯（cypermethrin）	≤2
16	多菌灵（carbendazim）	≤0.5
17	百菌清（chlorothalonil）	≤1
18	二嗪磷（diazinon）	≤0.1
19	辛硫磷（phoxim）	≤0.05
20	亚胺硫磷（phosmet）	≤5
21	溴氰菊酯（deltmethrin）	≤0.05
22	氰戊菊酯（fenvalerate）	≤0.2
23	氯氟氰菊酯（cyhalothrin）	≤0.2
24	二氧化硫[a]（sulfur dioxide）	≤30
[a] 仅适用于荔枝和龙眼。		

5 试验方法

5.1 感官评判

将样品置于自然光下，通过感官检验果实外观、病虫害、成熟度、气味和滋味等。

5.2 理化检测

5.2.1 可食率

取样果 200 g～500 g(单果重≥400 g 的果实可酌情取 2 个～5 个),称量全果质量,并将果皮、果肉和种子分开,称量果皮加种子的质量。按式(1)计算可食部分百分数。

$$X = \frac{m_1 - m_2}{m_1} \times 100 \quad \cdots\cdots (1)$$

式中:

X——样品可食率,单位为百分率(%);

m_1——全果质量,单位为克(g);

m_2——果皮+种子质量,单位为克(g)。

5.2.2 可溶性固形物

按 GB/T 13867—1992 中 7.4 可溶性固形物的检测规定执行。对于果汁较少的果实(如香蕉、菠萝蜜),可把果实可食部分切碎,混匀,称取 20 g～50 g,准确至 0.01 g,放入称量过的烧杯,加入 100 mL～150 mL 蒸馏水稀释,用玻璃棒搅拌,并缓和煮沸 2 min～3 min,取下烧杯,待冷却至室温,再次称量,准确至 0.01 g,然后通过滤纸或布氏漏斗过滤,滤液用折射仪测定。读取标尺上的百分数,同时记录温度。平行测定 2 次～3 次取其平均值。测定温度不在 20℃时,参照 GB 8210—1987 出口柑橘鲜果检验方法中附录 A 将检测读数校正为 20℃标准温度下的可溶性固形物含量。未经稀释的试样,温度校正后的读数即为试样的可溶性固形物含量。稀释过的试样可溶性固形物的含量按式(2)计算:

$$P = P_0 \times \frac{m_1}{m_0} \quad \cdots\cdots (2)$$

式中:

P——可溶性固形物含量,单位为百分率(%);

P_0——测定液可溶性固形物含量,单位为百分率(%);

m_0——稀释前试样质量,单位为克(g);

m_1——稀释后试样质量,单位为克(g)。

5.2.3 可滴定酸的测定

按 GB/T 12456 的规定执行。

5.3 卫生指标

5.3.1 无机砷

按 GB/T 5009.11 的规定执行。

5.3.2 铅

按 GB/T 5009.12 的规定执行。

5.3.3 镉

按 GB/T 5009.15 的规定执行。

5.3.4 汞

按 GB/T 5009.17 的规定执行。

5.3.5 氟

按 GB/T 5009.18 的规定执行。

5.3.6 六六六、滴滴涕

按 GB/T 5009.19 的规定执行。

5.3.7 乐果、敌敌畏、倍硫磷、马拉硫磷、杀螟硫磷、敌百虫、百菌清、毒死蜱、二嗪磷、氯氰菊酯、溴氰菊醋、氰戊菊醋、氯氟氰菊酯、亚胺硫磷

按 NY/T 761 的规定执行。

5.3.8 多菌灵

按 NY/T 1680 的规定执行。

5.3.9 二氧化硫

按 GB/T 5009.34 的规定执行。

5.3.10 辛硫磷

按 NY/T 761 的规定执行或按 GB/T 20769 的规定执行。

6 检验规则

应按照 NY/T 1055 的规定执行。

7 标志和标签

7.1 标志

绿色食品外包装上应印有绿色食品标志,标注办法应符合《中国绿色食品商标标志设计使用规范手册》的规定。贮运图示按 GB/T 191 的规定执行。

7.2 标签

按 GB 7718 的规定执行。

8 包装、运输和贮存

8.1 包装

按 NY/T 658 的规定执行。

8.2 运输和贮存

按 NY/T 1056 的规定执行。

ICS 67.200.10
X 14

中华人民共和国农业行业标准

NY/T 751—2011
代替 NY/T 751—2007

绿色食品　食用植物油

Green food—Edible vegetable oils

2011-09-01 发布　　　　2011-12-01 实施

中华人民共和国农业部　发布

前　言

本标准按照 GB/T 1.1—2009 给出的规则起草。

本标准代替 NY/T 751—2007《绿色食品　食用植物油》。

本标准与 NY/T 751—2007 相比，主要技术变化如下：

——范围中增加了米糠油、核桃油、红花籽油、葡萄籽油、橄榄油及食用调和油 6 个品种，并在要求中增加其相应内容；将胡麻油修改为亚麻籽油。

——原料及生产加工要求中增加了：单一品种的食用植物油中不应添加其他品种的食用油，食用调和油应注明所有原料油成分；绿色食品食用植物油中不应添加矿物油等非食用植物油、不合格的原料油、回收油和香精、香料。

——浸出油酸值由 0.2 mg/g 修改为 0.3 mg/g。

——酸值和过氧化值根据不同产品给出不同指标。

——改变了色泽和苯并[a]芘的试验方法。

本标准由中华人民共和国农业部农产品质量安全监管局提出。

本标准由中国绿色食品发展中心归口。

本标准起草单位：农业部食品质量监督检验测试中心（济南）、中国绿色食品发展中心、农业部油料及制品质量监督检验测试中心、农业部蔬菜水果质量监督检验测试中心（广州）。

本标准主要起草人：滕葳、刘艳辉、李培武、王富华、柳琪、王磊。

本标准所代替标准的历次版本发布情况为：

——NY/T 751—2003、NY/T 751—2006、NY/T 751—2007。

绿色食品　食用植物油

1　范围

本标准规定了绿色食品食用植物油的要求、试验方法、检验规则、标志、标签、包装、运输和贮存。

本标准适用于绿色食品食用植物油，包括菜籽油、低芥酸菜籽油、大豆油、花生油、棉籽油、芝麻油、亚麻籽油、葵花籽油、玉米油、油茶籽油、米糠油、核桃油、红花籽油、葡萄籽油、橄榄油及食用调和油等。

2　规范性引用文件

下列文件对于本文件的应用是必不可少的。凡是注日期的引用文件，仅注日期的版本适用于本文件。凡是不注日期的引用文件，其最新版本(包括所有的修改单)适用于本文件。

GB/T 191　包装储运图示标志

GB 2763　食品中农药最大残留限量

GB/T 5009.11　食品中总砷及无机砷的测定

GB 5009.12　食品安全国家标准　食品中铅的测定

GB/T 5009.22　食品中黄曲霉毒素 B_1 的测定

GB/T 5009.37　食用植物油卫生标准的分析方法

GB/T 5524　动植物油脂　扦样

GB/T 5525　植物油脂　透明度、气味、滋味鉴定法

GB/T 5526　植物油脂检验　比重测定法

GB/T 5527　植物油脂检验　折光指数测定法

GB/T 5528　动植物油脂　水分及挥发物含量测定

GB/T 5531　粮油检验　植物油脂加热试验

GB/T 5532　动植物油脂　碘值的测定

GB/T 5534　动植物油脂　皂化值的测定

GB/T 5535.1　动植物油脂　不皂化物测定　第1部分:乙醚提取法

GB/T 5539　粮油检验　油脂定性试验

GB 7718　预包装食品标签通则

GB/T 8955　食用植物油厂卫生规范

GB/T 15688　动植物油脂　不溶性杂质含量的测定

GB/T 17374　食用植物油销售包装

GB/T 17377　动植物油脂　脂肪酸甲酯的气相色谱分析

GB/T 17756—1999　色拉油通用技术条件

GB/T 22460　动植物油脂　罗维朋色泽的测定

GB/T 22509　动植物油脂　苯并[a]芘的测定　反相高效液相色谱法

JJF 1070　定量包装商品净含量计量检验规则

NY/T 1055　绿色食品　产品检验规则

NY/T 1056　绿色食品　贮藏运输准则

SN/T 1050　进出口油脂中抗氧化剂的测定　液相色谱法

《定量包装商品计量监督管理办法》　国家质量监督检验检疫总局令2005年第75号

中国绿色食品商标标志设计使用规范手册

3 要求

3.1 原料及生产加工

3.1.1 原料应为获得绿色食品标志或全国绿色食品原料标准化生产基地生产，不应使用转基因原料生产绿色食品食用植物油。

3.1.2 单一品种的食用植物油中不应添加其他品种的食用油，食用调和油应注明所有原料油成分。

3.1.3 绿色食品食用植物油中不应添加矿物油等非食用植物油、不合格的原料油、回收油和香精、香料。

3.1.4 绿色食品食用植物油生产及加工过程应符合 GB/T 8955 的规定。

3.2 感官

应澄清透明，具有各种食用植物油正常的气味和滋味，无焦臭、酸败及其他异味。

3.3 特征指标

应符合表 1 的规定。

表 1 特征指标

项目		折光指数 n^{40}	相对密度 d_{20}^{20}	碘值(以 I 计) g / 100 g	皂化值(KOH) mg / g	不皂化值 g / kg
种类	菜籽油	1.465～1.469	0.910～0.920	94～120	168～181	≤20
	低芥酸菜籽油	1.465～1.467	0.914～0.920	105～126	182～193	≤20
	大豆油	1.466～1.470	0.919～0.925	124～139	189～195	≤15
	花生油	1.460～1.465	0.914～0.917	86～107	187～196	≤10
	棉籽油	1.458～1.466	0.918～0.926	100～115	189～198	≤15
	芝麻油	1.465～1.469	0.915～0.924	104～120	186～195	≤20
	亚麻籽油	1.478 5～1.484 0	0.927 6～0.938 2	164～202	188～195	≤15
	葵花籽油	1.461～1.468	0.918～0.923	118～141	188～194	≤15
	玉米油	1.456～1.468	0.917～0.925	107～135	187～195	≤28
	油茶籽油	1.460～1.464	0.912～0.922	83～89	193～196	≤15
	米糠油	1.464～1.468	0.914～0.925	92～115	179～195	≤45
	核桃油	1.467～1.482[a]	0.902～0.929	140～174	183～197	≤20
	红花籽油	1.467～1.470	0.922～0.927	136～148	186～198	≤15
	葡萄籽油	1.467～1.477	0.920～0.926	128～150	188～194	≤20
	橄榄油	—	—	—	—	≤15
脂肪酸，按各产品相应的国家或行业标准规定执行。表中未列出的产品按其产品标准中相应的特征要求执行。						
[a] 核桃油的折光指数为 n^{20}。						

3.4 理化指标

应符合表 2 的规定。

表 2 理化指标

序号	项目		指标
1	水分及挥发物，g/100 g	浸出油	≤0.05(核桃油、红花籽油、葡萄籽油、食用调和油≤0.10；橄榄油≤0.20)
		压榨油	≤0.10(橄榄油≤0.20)
2	酸值(以 KOH 计)，mg/g	浸出油	≤0.30(芝麻油、核桃油≤0.60；红花籽油、葡萄籽油、食用调和油≤1.0；橄榄油≤4.0)
		压榨油	≤1.0(芝麻油≤2.0；核桃油≤3.0；橄榄油≤4.0)

表 2（续）

序号	项　　目		指　　标
3	过氧化值，mmol/kg	浸出油	≤5.0(核桃油、葡萄籽油、食用调和油≤6.0；红花籽油≤7.5；橄榄油≤10)
		压榨油	≤6.0(红花籽油≤7.5；橄榄油≤10)
4	不溶性杂质，g/100 g		≤0.05
5	加热试验(280℃)		无析出物，罗维朋比色：黄色值不变，红色值增加小于 0.4
6	冷冻试验(0℃冷藏 5.5 h)		澄清、透明
7	烟点，℃		≥205
8	芥酸，g/100 g		≤5.00
9	色泽		按相应国家标准或行业标准二级及以上(大豆油为三级及以上)要求执行
10	溶剂残留量，mg/kg		不得检出(<10)
11	油脂定性试验		阴性

加热试验(其中，核桃油、红花籽油、葡萄籽油不做加热试验)和冷冻试验，如已颁布实施了相应食用油品种国家标准或行业标准时，按相应标准二级及以上产品的要求执行。

注 1：烟点仅适用于浸出油。

注 2：芥酸仅适用于低芥酸菜籽油。

注 3：食用调和油不做加热试验、冷冻试验、烟点和色泽。

3.5 卫生指标

应符合表 3 的规定。

表 3　卫生指标

序号	项　　目	指　　标
1	黄曲霉毒素 B_1，μg/kg	≤5
2	苯并[a]芘，μg/kg	≤5
3	游离棉酚，g/kg	≤0.1
4	总砷(以 As 计)，mg/kg	≤0.1
5	铅(以 Pb 计)，mg/kg	≤0.1
6	特丁基对苯二酚(TBHQ)，mg/kg	≤100
7	叔丁基羟基茴香醚(BHA)，mg/kg	≤150
8	2,6-二叔丁基对甲酚(BHT)，mg/kg	≤50
9	TBHQ、BHA 和 BHT 中任何两种混合使用的总量，mg/kg	≤150

农药残留项目按 GB 2763 规定执行，调和油农药残留按其原料油农残规定执行。

注：游离棉酚仅适用于棉籽油。

3.6 净含量

应符合《定量包装商品计量监督管理办法》的规定。

4 试验方法

4.1 感官

按 GB/T 5525 的规定执行。

4.2 折光指数

按 GB/T 5527 的规定执行。

4.3 相对密度

按 GB/T 5526 的规定执行。

4.4 碘值

按 GB/T 5532 的规定执行。

4.5 皂化值

按 GB/T 5534 的规定执行。

4.6 不皂化物

按 GB/T 5535.1 的规定执行。

4.7 脂肪酸、芥酸

按 GB/T 17377 的规定执行。

4.8 水分及挥发物

按 GB/T 5528 的规定执行。

4.9 水不溶性杂质

按 GB/T 15688 的规定执行。

4.10 酸价、过氧化值、浸出油溶剂残留量、游离棉酚

按 GB/T 5009.37 的规定执行。

4.11 加热试验

按 GB/T 5531 的规定执行。

4.12 冷冻试验

按 GB/T 17756—1999 中附录 A 的规定执行。

4.13 烟点

按 GB/T 17756—1999 中附录 B 的规定执行。

4.14 色泽

按 GB/T 22460 的规定执行。

4.15 黄曲霉毒素 B_1

按 GB/T 5009.22 的规定执行。

4.16 苯并[a]芘

按 GB/T 22509 的规定执行。

4.17 总砷

按 GB/T 5009.11 的规定执行。

4.18 铅

按 GB 5009.12 的规定执行。

4.19 TBHQ、BHA、BHT

按 SN/T 1050 的规定执行。

4.20 油脂定性试验

按 GB/T 5539 的规定执行。

4.21 净含量

按 JJF 1070 的规定执行。

5 检验规则

按 GB/T 5524 的规定进行抽样，其他检验规则按 NY/T 1055 的规定执行。

6 标志和标签

6.1 标志

产品销售和运输包装上应标注绿色食品标志,标注办法按《中国绿色食品商标标志设计使用规范手册》规定执行。储运图示按 GB/T 191 的规定执行。

6.2 标签

按 GB 7718 的规定执行。食用调和油中原料油的比例标识,按国家或行业相关的规定执行。

7 包装、运输和贮存

7.1 包装

按 GB/T 17374 的规定执行。

7.2 运输和贮存

按 NY/T 1056 的规定执行。

ICS 67.120.20
X 18

中华人民共和国农业行业标准

NY/T 754—2011
代替 NY/T 754—2003

绿色食品　蛋与蛋制品

Green food—Egg and egg product

2011-09-01 发布　　2011-12-01 实施

中华人民共和国农业部　发布

前　言

本标准按照 GB/T 1.1 给出的规则起草。

本标准代替 NY/T 754—2003《绿色食品　蛋与蛋制品》。

本标准与 NY/T 754—2003 相比，主要变化如下：

——修改了规范性引用文件以及术语和定义的内容；

——增加了卤蛋、咸蛋黄、液态蛋三类产品；

——完善了咸蛋的感官指标和微生物指标；

——增加了氯化钠、蛋白质的检测方法；

——更新了水分、菌落总数、大肠菌群、沙门氏菌、金黄色葡萄球菌和铅的检测方法；

——修改了四环素的检测方法；

——修改了大肠菌群的单位及限量值；

——修改了部分卫生指标和微生物指标，具体为：鲜蛋的菌落总数由 5×10^4 cfu/g 修改为 100 cfu/g；鲜蛋的大肠菌群由 100 MPN/100 g 修改为 0.3 MPN/g；汞改为总汞；砷改为无机砷，且限量值修改为 0.05 mg/kg；

——修改了检验规则、运输和贮存的内容。

本标准由中华人民共和国农业部农产品质量安全监管局提出。

本标准由中国绿色食品发展中心归口。

本标准起草单位：农业部畜禽产品质量监督检验测试中心。

本标准主要起草人：姜艳彬、杨红菊、李颖、王海、李艳华、侯东军、于雷。

本标准所代替标准的历次版本发布情况为：

——NY/T 754—2003。

绿色食品　蛋与蛋制品

1　范围

本标准规定了绿色食品蛋与蛋制品的术语和定义、要求、检验方法、检验规则、标志、标签、包装、运输及贮存。

本标准适用于绿色食品蛋与蛋制品(鲜蛋、皮蛋、卤蛋、咸蛋、咸蛋黄、糟蛋、巴氏杀菌冰全蛋、冰蛋黄、冰蛋白、巴氏杀菌全蛋粉、蛋黄粉、蛋白片、巴氏杀菌全蛋液、巴氏杀菌蛋白液、巴氏杀菌蛋黄液、鲜全蛋液、鲜蛋黄液和鲜蛋白液等)。

2　规范性引用文件

下列文件对于本文件的应用是必不可少的。凡是注日期的引用文件,仅注日期的版本适用于本文件。凡是不注日期的引用文件,其最新版本(包括所有的修改单)适用于本文件。

GB/T 191　包装储运图示标志

GB 2749　蛋制品卫生标准

GB 4789.2　食品安全国家标准　食品微生物学检验　菌落总数测定

GB 4789.3　食品安全国家标准　食品微生物学检验　大肠菌群计数

GB 4789.4　食品安全国家标准　食品微生物学检验　沙门氏菌检验

GB/T 4789.5　食品微生物学检验　志贺氏菌检验

GB 4789.10　食品安全国家标准　食品微生物学检验　金黄色葡萄球菌检验

GB/T 4789.11　食品微生物学检验　溶血性链球菌检验

GB 5009.3　食品安全国家标准　食品中水分的测定

GB 5009.5　食品安全国家标准　食品中蛋白质的测定

GB/T 5009.6　食品中脂肪的测定

GB/T5009.11　食品中总砷及无机砷的测定

GB 5009.12　食品安全国家标准　食品中铅的测定

GB/T5009.15　食品中镉的测定

GB/T5009.17　食品中总汞及有机汞的测定

GB/T5009.18　食品中氟的测定

GB/T5009.19　食品中有机氯农药多组分残留量的测定

GB/T5009.47　蛋与蛋制品卫生标准的分析方法

GB/T5009.123　食品中铬的测定

GB 5749　生活饮用水卫生标准

GB 7718　预包装食品标签通则

GB/T 12457　食品中氯化钠的测定

GB/T 20759　畜禽肉中十六种磺胺类药物残留量的测定

GB/T 21317　动物源性食品中四环素类兽药残留量检测方法　液相色谱-质谱/质谱法与高效液相色谱法

NY/T 391　绿色食品　产地环境技术条件

NY/T 392　绿色食品　食品添加剂使用准则

NY/T 471　绿色食品　畜禽饲料及饲料添加剂使用准则

NY/T 472　绿色食品　兽药使用准则
NY/T 473　绿色食品　动物卫生准则
NY/T 658　绿色食品　包装通用准则
NY/T 1055　绿色食品　产品检验规则
NY/T 1056　绿色食品　贮藏运输准则
农业部781号公告—4—2006　动物源食品中硝基呋喃类代谢物残留量的测定
中国绿色食品商标标志设计使用规范手册

3 术语和定义

GB 2749界定的以及下列术语和定义适用于本文件。

3.1

液态蛋　liquid egg

指以鲜蛋为原料，经打蛋、去壳、过滤、均质、灌装制成的液态蛋制品。不做杀菌直接灌装的为鲜蛋液，包括鲜全蛋液、鲜蛋白液、鲜蛋黄液；均质后再经过巴氏杀菌处理的液态蛋为巴氏杀菌蛋液，包括巴氏杀菌全蛋液、巴氏杀菌蛋白液和巴氏杀菌蛋黄液。

3.2

卤蛋　stewed egg

以生鲜禽蛋为原料，经清洗、煮制、去壳、卤制、包装、杀菌、冷却等工艺加工而成的蛋制品。

3.3

咸蛋黄　salted egg yolk

以鲜蛋为原料，经用食盐水或含食盐的无污染黄泥、红泥、稻草灰等腌制而成的蛋制品，再经清洗、去壳、除蛋白而成的生咸蛋黄。

4 要求

4.1 环境

禽的饲养环境、饲料及饲料添加剂、兽药、饲养管理应分别符合NY/T 391、NY/T 471、NY/T 472和NY/T 473的要求。

4.2 加工

4.2.1 加工用水应符合GB 5749的规定。

4.2.2 加工过程中使用的添加剂应符合NY/T 392的规定。

4.3 感官

应符合表1的规定。

表1 感 官

品 种	要 求
鲜蛋	蛋壳清洁完整,灯光透视时,整个蛋呈橘黄色至橙红色,蛋黄不见或略见阴影。打开后,蛋黄凸起、完整、有韧性,蛋白澄清、透明、稀稠分明,无异味
皮蛋	蛋壳完整,无霉变,敲摇时无水响声,剖检时蛋体完整;蛋白呈青褐、棕褐或棕黄色,呈半透明状,有弹性,一般有松花花纹。蛋黄呈深浅不同的墨绿色或黄色,溏心或硬心。具有皮蛋应有的滋味和气味,无异味
咸蛋	蛋壳完整,无霉斑,灯光透视时可见蛋黄阴影。剖检时蛋白液化,澄清,蛋黄呈橘红色或黄色环状凝胶体。具有咸蛋正常气味,无异味 熟咸蛋剥壳后蛋白完整,不粘壳,蛋白无“蜂窝”现象,蛋黄较结实,具有熟咸蛋固有的香味和滋味,咸淡适中,蛋黄松沙可口,蛋白细嫩
糟蛋	蛋形完整,蛋膜无破裂,蛋壳脱落或不脱落。蛋白呈乳白色、浅黄色,色泽均匀一致,呈糊状或凝固状。蛋黄完整,呈黄色或橘红色,呈半凝固状。具有糟蛋正常的醇香味,无异味
巴氏杀菌冰全蛋	坚洁均匀,呈黄色或淡黄色,具有冰禽全蛋的正常气味,无异味,无杂质
冰蛋黄	坚洁均匀,呈黄色,具有冰禽蛋黄的正常气味,无异味,无杂质
冰蛋白	坚洁均匀,白色或乳白色,具有冰禽蛋白正常的气味,无异味,无杂质
巴氏杀菌全蛋粉	呈粉末状或极易松散的块状,均匀淡黄色,具有禽全蛋粉的正常气味,无异味,无杂质
蛋黄粉	呈粉末状或极易松散块状,均匀黄色,具有禽蛋黄粉的正常气味,无异味,无杂质
蛋白片	呈晶片状,均匀浅黄色,具有禽蛋白片的正常气味,无异味,无杂质
巴氏杀菌全蛋液 鲜全蛋液	均匀一致,呈淡黄色液体,具有禽蛋的正常气味,无异味,无蛋壳、血丝等杂质
巴氏杀菌蛋白液 鲜蛋白液	均匀一致,浅黄色液体,具有禽蛋蛋白的正常气味,无异味,无蛋壳、血丝等杂质
巴氏杀菌蛋黄液 鲜蛋黄液	均匀一致,呈黄色稠状液体,具有禽蛋蛋黄的正常气味,无异味,无蛋壳、血丝等杂质
卤蛋	蛋粒基本完整,有弹性有韧性,蛋白呈浅棕色至深褐色,蛋黄呈黄褐色至棕褐色,具有该产品应有的滋气味,无异味,无外来可见杂质
咸蛋黄	球状凝胶体,表面无糊(退)溶,无裂纹,无虫蚀,稠密胶状,组织均匀,呈橘红色或黄色,表面润滑,光亮,具有咸蛋黄正常的气味,无异味,无霉味,无明显可见蛋清,无可见杂质

4.4 理化指标

应符合表2的规定。

表2 理化指标

种类	项 目						
	水分 %	脂肪 %	蛋白质 %	游离脂肪酸 %	酸度 %	pH	食盐(以 NaCl 计) %
鲜蛋	—	—	—	—	—	—	—
皮蛋	—	—	—	—	—	≥9.5	—
糟蛋	—	—	—	—	—	—	—
巴氏杀菌冰全蛋	≤76.0	≥10.0	—	≤4.0	—	—	—
冰蛋黄	≤55.0	≥26.0	—	≤4.0	—	—	—
冰蛋白	≤88.5	—	—	—	—	—	—
巴氏杀菌全蛋粉	≤4.5	≥42.0	—	≤4.5	—	—	—
蛋黄粉	≤4.0	≥60.0	—	≤4.5	—	—	—
蛋白片	≤16.0	—	—	—	≤1.2	—	—
咸蛋	—	—	—	—	—	—	2.0～5.0
咸蛋黄	≤20.0	≥42.0	—	—	—	—	≤4.0

表2（续）

种类	项目						
	水分 %	脂肪 %	蛋白质 %	游离脂肪酸 %	酸度 %	pH	食盐(以 NaCl 计) %
卤蛋	≤70.0	—	—	—	—	—	≤2.5
巴氏杀菌/鲜全蛋液	≤78.0	—	≥11.0	≤4.0	—	6.9~8.0	—
巴氏杀菌/鲜蛋白液	≤88.5	—	≥9.5	—	—	8.0~9.5	—
巴氏杀菌/鲜蛋黄液	≤59.0	—	≥14.0	≤4.0	—	6.0~7.0	—

4.5 卫生指标

应符合表3的规定。

表3　卫生指标

项　　目	指　　标
总汞(以 Hg 计),mg/kg	≤0.03
铅(以 Pb 计),mg/kg	≤0.1
无机砷(以 As 计),mg/kg	≤0.05
镉(以 Cd 计),mg/kg	≤0.05
氟(以 F 计),mg/kg	≤1.0
铬(以 Cr 计),mg/kg	≤1.0
六六六(BHC),mg/kg	≤0.05
四环素,mg/kg	≤0.2
滴滴涕(DDT),mg/kg	≤0.05
金霉素,mg/kg	≤0.2
土霉素,mg/kg	≤0.1
硝基呋喃类代谢物,μg/kg	不得检出(<0.25)
磺胺类(以磺胺类总量计),mg/kg	≤0.1
注:对于巴氏杀菌全蛋粉、蛋黄粉和蛋白片表内数字相应增高7.5倍。	

4.6 微生物指标

应符合表4的规定。

表 4　微生物指标

<table>
<tr><th rowspan="2" colspan="2">种　　类</th><th colspan="6">项　　　目</th></tr>
<tr><th>菌落总数
cfu/g</th><th>大肠菌群
MPN/g</th><th>沙门氏菌</th><th>志贺氏菌</th><th>金黄色葡萄球菌</th><th>溶血性链球菌</th></tr>
<tr><td colspan="2">鲜蛋</td><td>≤100</td><td>≤0.3</td><td colspan="4" rowspan="19">不得检出</td></tr>
<tr><td colspan="2">皮蛋</td><td>≤500</td><td>≤0.3</td></tr>
<tr><td colspan="2">糟蛋</td><td>≤100</td><td>≤0.3</td></tr>
<tr><td colspan="2">巴氏杀菌冰全蛋</td><td>≤5 000</td><td>≤10</td></tr>
<tr><td colspan="2">冰蛋黄</td><td>$\leqslant 10^6$</td><td>$\leqslant 1\times 10^4$</td></tr>
<tr><td colspan="2">冰蛋白</td><td>$\leqslant 10^6$</td><td>$\leqslant 1\times 10^4$</td></tr>
<tr><td colspan="2">巴氏杀菌全蛋粉</td><td>$\leqslant 1\times 10^4$</td><td>≤0.9</td></tr>
<tr><td colspan="2">蛋黄粉</td><td>$\leqslant 5\times 10^4$</td><td>≤0.4</td></tr>
<tr><td colspan="2">蛋白片</td><td>$\leqslant 5\times 10^4$</td><td>≤0.4</td></tr>
<tr><td rowspan="2">咸蛋</td><td>生咸蛋</td><td>≤500</td><td>≤1</td></tr>
<tr><td>熟咸蛋</td><td>≤10</td><td>≤0.3</td></tr>
<tr><td colspan="2">咸蛋黄</td><td>$\leqslant 1\times 10^5$</td><td>≤46</td></tr>
<tr><td colspan="2">巴氏杀菌全蛋液</td><td>$\leqslant 5\times 10^4$</td><td>≤10</td></tr>
<tr><td colspan="2">巴氏杀菌蛋白液</td><td>$\leqslant 3\times 10^4$</td><td>≤10</td></tr>
<tr><td colspan="2">巴氏杀菌蛋黄液</td><td>$\leqslant 3\times 10^4$</td><td>≤10</td></tr>
<tr><td colspan="2">鲜全蛋液</td><td rowspan="3">$\leqslant 1\times 10^6$</td><td rowspan="3">$\leqslant 1\times 10^3$</td></tr>
<tr><td colspan="2">鲜蛋黄液</td></tr>
<tr><td colspan="2">鲜蛋白液</td></tr>
<tr><td colspan="2">卤蛋</td><td>≤10</td><td>≤0.3</td></tr>
</table>

5　检验方法

5.1　感官检验

按 GB/T 5009.47 的规定执行。

5.2　理化检验

5.2.1　水分

按 GB 5009.3 的规定执行。

5.2.2　脂肪

按 GB/T 5009.6 的规定执行。

5.2.3　游离脂肪酸、酸度、pH

均按 GB/T 5009.47 的规定执行。

5.2.4　食盐

按 GB/T 12457 的规定执行。

5.2.5　蛋白质

按 GB 5009.5 的规定执行。

5.3　卫生检验

5.3.1　总汞

按 GB/T 5009.17 的规定执行。

5.3.2　铅

按 GB 5009.12 的规定执行。

5.3.3　无机砷

按 GB/T 5009.11 的规定执行。

5.3.4 镉

按 GB/T 5009.15 的规定执行。

5.3.5 氟

按 GB/T 5009.18 的规定执行。

5.3.6 铬

按 GB/T 5009.123 的规定执行。

5.3.7 六六六、滴滴涕

按 GB/T 5009.19 的规定执行。

5.3.8 四环素、土霉素、金霉素

按 GB/T 21317 的规定执行。

5.3.9 硝基呋喃类代谢物

按农业部 781 号公告—4—2006 的规定执行。

5.3.10 磺胺类

按 GB/T 20759 的规定执行。

5.4 微生物检验

5.4.1 菌落总数

按 GB 4789.2 的规定执行。

5.4.2 大肠菌群

按 GB 4789.3 的规定执行。

5.4.3 沙门氏菌

按 GB 4789.4 的规定执行。

5.4.4 志贺氏菌

按 GB/T 4789.5 的规定执行。

5.4.5 金黄色葡萄球菌

按 GB 4789.10 的规定执行。

5.4.6 溶血性链球菌

按 GB/T 4789.11 的规定执行。

6 检验规则

按 NY/T 1055 的规定执行。

7 标志、标签

7.1 标志

包装上应标注绿色食品标志，标注办法应符合《中国绿色食品商标标志设计使用规范手册》的规定。储运图示按 GB/T 191 的规定执行。

7.2 标签

应符合 GB 7718 的规定。

8 包装、运输、贮存

8.1 包装

按 NY/T 658 的规定执行。

8.2 运输和贮存

按 NY/T 1056 的规定执行。

ICS 67.220.10
X 66

中华人民共和国农业行业标准

NY/T 901—2011
代替 NY/T 901—2004

绿色食品　香辛料及其制品

Green food—Spices and its products

2011-09-01 发布　　2011-12-01 实施

中华人民共和国农业部 发布

前言

本标准按照GB/T 1.1—2009给出的规则起草。

本标准代替NY/T 901—2004《绿色食品 香辛料》，与NY/T 901—2004相比，除编辑性修改外，主要变化如下：

——增补了即食香辛料调味粉的内容；

——增加了干制香辛料和即食香辛料调味粉的定义；

——删除了有害杂质的定义；

——修改了香辛料和缺陷品的定义；

——增加总砷、黄曲霉毒素（B_1、B_2、G_1和G_2的总量）、黄曲霉毒素B_1、赭曲霉毒素A等限量指标；

——删除了乐果、甲萘威、杀螟硫磷、毒死蜱、灭多威、马拉硫磷、氯氰菊酯等7种农药的限量指标；

——修改了铅和大肠杆菌等限量指标。

本标准由中华人民共和国农业部农产品质量安全监管局提出。

本标准由中国绿色食品发展中心归口。

本标准起草单位：浙江省农业科学院农产品质量标准研究所、中国绿色食品发展中心、农业部农产品及转基因产品质量安全监督检验测试中心（杭州）、农业部食品质量监督检验测试中心（成都）、浙江工业大学。

本标准主要起草人：张志恒、夏兆刚、郑蔚然、雷绍荣、袁玉伟、郭灵安、王强、欧阳华学、孙彩霞、杨桂玲、丁玉庭。

本标准所代替标准的历次版本发布情况为：

——NY/T 901—2004。

绿色食品　香辛料及其制品

1　范围

本标准规定了绿色食品香辛料及其制品的术语和定义、要求、试验方法、检验规则、标志、标签、包装、运输和贮存。

本标准适用于绿色食品干制香辛料和即食香辛料调味粉；本标准不适用于辣椒及其制品。

2　规范性引用文件

下列文件对于本文件的应用是必不可少的。凡是注日期的引用文件，仅注日期的版本适用于本文件。凡是不注日期的引用文件，其最新版本(包括所有的修改单)适用于本文件。

GB/T 191　包装储运图示标志

GB 4789.2　食品安全国家标准　食品微生物学检验　菌落总数测定

GB 4789.3　食品安全国家标准　食品微生物学检验　大肠菌群计数

GB 4789.4　食品安全国家标准　食品微生物学检验　沙门氏菌检验

GB/T 4789.5　食品卫生微生物学检验　志贺氏菌检验

GB 4789.10　食品安全国家标准　食品微生物学检验　金黄色葡萄球菌检验

GB 4789.15　食品安全国家标准　食品微生物学检验　霉菌和酵母计数

GB/T 5009.11　食品中总砷及无机砷的测定

GB 5009.12　食品安全国家标准　食品中铅的测定

GB/T 5009.15　食品中镉的测定

GB/T 5009.17　食品中总汞及有机汞的测定

GB/T 5009.22　食品中黄曲霉毒素 B_1 的测定

GB/T 5009.23　食品中黄曲霉毒素 B_1、B_2、G_1、G_2 的测定

GB 7718　预包装食品标签通则

GB/T 12729.6　香辛料和调味品　水分含量的测定(蒸馏法)

GB/T 12729.7　香辛料和调味品　总灰分的测定

GB/T 12729.9　香辛料和调味品　酸不溶性灰分的测定

GB 14881　食品企业通用卫生规范

GB/T 15691　香辛料调味品通用技术条件

GB/T 23502　食品中赭曲霉毒素 A 的测定　免疫亲和层析净化高效液相色谱法

JJF 1070　定量包装商品净含量计量检验规范

NY/T 391　绿色食品　产地环境技术条件

NY/T 393　绿色食品　农药使用准则

NY/T 394　绿色食品　肥料使用准则

NY/T 658　绿色食品　包装通用准则

NY/T 1055　绿色食品　产品检验规则

NY/T 1056　绿色食品　贮藏运输准则

《定量包装商品计量监督管理办法》　国家质量监督检验检疫总局令 2005 年第 75 号

中国绿色食品商标标志设计使用规范手册

3 术语和定义

下列术语和定义适用于本文件。

3.1

香辛料　spices

常用于食品加香调味，能赋予食品以香、辛、辣等风味的天然植物性产品。

3.2

干制香辛料　dried spices

各种新鲜香辛料经干制之后的产品。

3.3

即食香辛料调味粉　ground spices for ready to eat

干制香辛料经研磨和灭菌等工艺过程加工而成的，可供即食的粉末状产品。

3.4

缺陷品　defective spice

外观有缺陷(如未成熟、虫蚀、病斑、破损、畸形等)的香辛料产品。

4 要求

4.1 环境

香辛料产地应符合 NY/T 391 的规定。

4.2 生产和加工

4.2.1 生产过程中农药的使用应符合 NY/T 393 的规定。

4.2.2 生产过程中肥料的使用应符合 NY/T 394 的规定。

4.2.3 加工过程的卫生要求应符合 GB 14881 的规定。

4.2.4 加工过程中不应添加各种合成色素。

4.2.5 加工过程中不应使用硫黄。

4.3 感官

应符合表 1 的规定。

表 1 感　官

项　目	指　标	
	干制香辛料	即食香辛料调味粉
形态和色泽	具有该产品特有的形态和色泽，无霉变和腐烂现象	粉末状，具有该产品应有的色泽，无霉变和结块现象
气味和滋味	具有该产品特有的香、辛、辣风味，无异味	
杂质	≤1 g/100 g	无明显杂质
缺陷品	≤7 g/100 g	—

4.4 理化指标

应符合表 2 的规定。

表 2 理化指标

单位为克每百克(g/100 g)

项目	指标	
	干制香辛料	即食香辛料调味粉
水分	≤12	
总灰分	≤10	
酸不溶性灰分	≤5	
磨碎细度(以 0.2 mm 筛上残留物计)	—	≤2.5

4.5 卫生指标

应符合表 3 的规定。

表 3 卫生指标

项目	指标	
	干制香辛料	即食香辛料调味粉
铅(以 Pb 计),mg/kg	≤1	
镉(以 Cd 计),mg/kg	≤0.1	
总砷(以 As 计),mg/kg	≤0.2	
总汞(以 Hg 计),mg/kg	≤0.02	
黄曲霉毒素(B_1、B_2、G_1 和 G_2 的总量),μg/kg	≤10	
黄曲霉毒素 B_1,μg/kg	≤5	
赭曲霉毒素 A,μg/kg	≤3	
菌落总数,cfu/g	—	≤500
霉菌, cfu/g	—	≤25
大肠菌群,MPN/g	—	<3
致病菌(沙门氏菌、志贺氏菌、金黄色葡萄球菌)	—	不得检出

4.6 净含量

应符合《定量包装商品计量监督管理办法》的规定。

5 试验方法

5.1 感官

5.1.1 形态、色泽、气味和滋味

按 GB/T 15691 的规定执行。

5.1.2 杂质和缺陷品

用感量为 0.01 g 的天平称取试样 100 g～200 g,平摊于瓷盘中,分别拣出杂质和缺陷品,并称量。用式(1)和式(2)分别计算杂质和缺陷品含量:

$$r_1 = \frac{m_1}{m} \times 100 \quad \cdots\cdots (1)$$

$$r_2 = \frac{m_2}{m} \times 100 \quad \cdots\cdots (2)$$

式中:

r_1——杂质含量,单位为克每百克(g/100g);

m——试样质量,单位为克(g);

m_1——杂质质量,单位为克(g);

r_2——缺陷品含量,单位为克每百克(g/100g);

m_2——缺陷品质量,单位为克(g)。

5.2 理化指标

5.2.1 水分

按 GB/T 12729.6 的规定执行。

5.2.2 总灰分

按 GB/T 12729.7 的规定执行。

5.2.3 酸不溶性灰分

按 GB/T 12729.9 的规定执行。

5.2.4 磨碎细度

按 GB/T 15691 的规定执行。

5.3 卫生指标

5.3.1 铅

按 GB 5009.12 的规定执行。

5.3.2 镉

按 GB/T 5009.15 的规定执行。

5.3.3 总砷

按 GB/T 5009.11 的规定执行。

5.3.4 汞

按 GB/T 5009.17 的规定执行。

5.3.5 黄曲霉毒素(B_1、B_2、G_1 和 G_2 的总量)

按 GB/T 5009.23 的规定执行。

5.3.6 黄曲霉毒素 B_1

按 GB/T 5009.22 的规定执行。

5.3.7 赭曲霉毒素 A

按 GB/T 23502 的规定执行。

5.3.8 菌落总数

按 GB 4789.2 的规定执行。

5.3.9 霉菌

按 GB 4789.15 的规定执行。

5.3.10 大肠菌群

按 GB 4789.3 的规定执行。

5.3.11 沙门氏菌

按 GB 4789.4 的规定执行。

5.3.12 志贺氏菌

按 GB/T 4789.5 的规定执行。

5.3.13 金黄色葡萄球菌

按 GB 4789.10 的规定执行。

5.4 净含量

按 JJF 1070 的规定执行。

6 检验规则

按 NY/T 1055 的规定执行。

7 标志和标签

7.1 标志

产品包装应有绿色食品标志,标注办法应符合《中国绿色食品商标标志设计使用规范手册》的规定。储运图示标志按 GB/T 191 规定执行。

7.2 标签

按 GB 7718 的规定执行。

8 包装、运输和贮存

8.1 包装

按 NY/T 658 的规定执行。

8.2 运输和贮存

按 NY/T 1056 的规定执行。

ICS 67.120.30
X 20

中华人民共和国农业行业标准

NY/T 1709—2011
代替 NY/T 1709—2009

绿色食品　藻类及其制品

Green food—Algae and algae products

2011-09-01 发布　　2011-12-01 实施

中华人民共和国农业部　发布

前　言

本标准按照GB/T 1.1—2009给出的规则起草。

本标准代替NY/T 1709—2009《绿色食品　藻类及其制品》。

本标准与NY/T 1709—2009《绿色食品　藻类及其制品》相比，主要修改如下：

——修订了即食紫菜水分、螺旋藻制品β-胡萝卜素指标；

——删除了镉限量指标。

本标准由中华人民共和国农业部农产品质量安全监管局提出。

本标准由中国绿色食品发展中心归口。

本标准起草单位：广东海洋大学、广东省湛江市质量计量监督检测所。

本标准主要起草人：黄和、蒋志红、李鹏、周浓、李秀娟、陈宏、曹湛慧、何江、黄国方。

本标准所代替标准的历次版本发布情况为：

——NY/T 1709—2009。

绿色食品　藻类及其制品

1　范围

本标准规定了绿色食品藻类及其制品的要求、试验方法、检验规则、标签、标志、包装、运输和贮存。

本标准适用于绿色食品藻类及其制品，包括干海带、盐渍海带、即食海带、干紫菜、即食紫菜、干裙带菜、盐渍裙带菜、即食裙带菜、螺旋藻粉、螺旋藻片和螺旋藻胶囊等产品。

2　规范性引用文件

下列文件对于本文件的应用是必不可少的。凡是注日期的引用文件，仅注日期的版本适用于本文件。凡是不注日期的引用文件，其最新版本(包括所有的修改单)适用于本文件。

GB 4789.2　食品安全国家标准　食品微生物学检验　菌落总数测定
GB 4789.3　食品安全国家标准　食品微生物学检验　大肠菌群计数
GB 4789.4　食品安全国家标准　食品微生物学检验　沙门氏菌检验
GB/T 4789.5　食品卫生微生物学检验　志贺氏菌检验
GB/T 4789.7　食品卫生微生物学检验　副溶血性弧菌检验
GB 4789.10　食品安全国家标准　食品微生物学检验　金黄色葡萄球菌检验
GB/T 4789.15　食品卫生微生物学检验　霉菌和酵母菌计数
GB 5009.3　食品安全国家标准　食品中水分的测定
GB 5009.4　食品安全国家标准　食品中灰分的测定
GB 5009.5　食品安全国家标准　食品中蛋白质的测定
GB/T 5009.11　食品中总砷及无机砷的测定
GB 5009.12　食品安全国家标准　食品中铅的测定
GB/T 5009.17　食品中总汞及有机汞的测定
GB/T 5009.29　食品中山梨酸、苯甲酸的测定
GB/T 5009.83　食品中胡萝卜素的测定
GB/T 5009.190　食品中指示性多氯联苯含量的测定
GB 5749　生活饮用水卫生标准
GB 7718　预包装食品标签通则
NY/T 391　绿色食品　产地环境技术条件
NY/T 392　绿色食品　食品添加剂使用准则
NY/T 658　绿色食品　包装通用准则
NY/T 751　绿色食品　食用植物油
NY/T 1040　绿色食品　食用盐
NY/T 1055　绿色食品　产品检验规则
NY/T 1056　绿色食品　贮藏运输准则
SC/T 3009　水产品加工质量管理规范
SC/T 3011　水产品中盐分的测定
JJF 1070　定量包装商品净含量计量检验规则
《定量包装商品计量监督管理方法》　国家质量监督检验检疫总局令 2005 年第 75 号
中国绿色食品商标标志设计使用规范手册

3 要求

3.1 主要原辅材料

3.1.1 产地环境

天然捕捞原料应来源于无污染的海域或水域,养殖原料产地环境应符合 NY/T 391 的规定。

3.1.2 辅料

食品添加剂应符合 NY/T 392 的规定;食用盐应符合 NY/T 1040 的规定;食用植物油应符合 NY/T 751 的规定。

3.1.3 加工用水

应符合 GB 5749 的规定。

3.2 加工

加工过程的卫生要求及加工企业质量管理应符合 SC/T 3009 的规定。

3.3 感官

3.3.1 海带及制品

应符合表 1 的规定。

表 1 海带及制品感官要求

项　　目	要　　求		
	干海带	盐渍海带	即食海带[a]
外观	叶体平直,无粘贴,无霉变,无花斑,无海带根	藻体表面光洁,无黏液	形状、大小基本一致
色泽	呈深褐色至浅褐色	呈墨绿色、褐绿色	呈棕褐色、褐绿色
气味与滋味	具有本品应有气味,无异味		具有本品应有气味与滋味,无异味
杂质	无肉眼可见外来杂质		
[a] 无涨袋、无胖听。			

3.3.2 紫菜、裙带菜及制品

应符合表 2 的规定。

表 2 紫菜、裙带菜及制品感官要求

项　　目	要　　求				
	干紫菜	即食紫菜[a]	干裙带菜	盐渍裙带菜	即食裙带菜[a]
外观	厚薄均匀,平整,无缺损或允许有小缺角	厚薄均匀,平整,无缺损	无枯叶、暗斑、花斑、盐屑和明显毛刺	无枯叶、暗斑、花斑、明显毛刺和红叶,无孢子	形状、大小基本一致
色泽	呈黑紫色,深紫色或褐绿色,两面有光泽	呈深绿色	呈墨绿色、绿色或绿褐色		
气味与滋味	具有本品应有气味,无异味	具有本品应有气味与滋味,无异味	具有本品应有气味,无异味		具有本品应有气味与滋味,无异味
杂质	无肉眼可见外来杂质				
[a] 无涨袋、无胖听。					

3.3.3 螺旋藻制品

应符合表 3 的规定。

表 3　螺旋藻制品感官要求

项　目	要　求		
	螺旋藻粉	螺旋藻片	螺旋藻胶囊
外观	均匀粉末	形状规范,无破损,无碎片	形状规范,无粘连,无破损
色泽	呈蓝绿色或深蓝绿色		内容物为蓝绿色或深蓝绿色粉末
气味与滋味	具有本品应有气味与滋味,无异味		
杂质	无肉眼可见外来杂质		

3.4 理化指标

应符合表 4 和表 5 的规定。

表 4　螺旋藻制品以外的理化指标

单位为克每百克

项　目	指　标						
	干海带	盐渍海带	即食海带	干紫菜	即食紫菜	干裙带菜	盐渍裙带菜
水分	≤20	≤68	—	≤14	≤5.0	≤10	≤60
盐分	—	≤25	≤6	—	—	≤23	≤25

表 5　螺旋藻制品理化指标

项　目	指　标		
	螺旋藻粉	螺旋藻胶囊	螺旋藻片
水分,g/100g	≤7		≤10
蛋白质,g/100g	≥55	≥50	≥45
灰分,g/100g	≤7		≤10
β-胡萝卜素,mg/100g	≥50		

3.5 净含量

应符合《定量包装商品计量监督管理办法》的规定。

3.6 卫生指标

应符合表 6 的规定。

表 6　卫生指标

项　目	指　标
甲基汞,mg/kg	≤0.5
无机砷,mg/kg	≤1.5
铅(以 Pb 计),mg/kg	≤1.0
多氯联苯(以 PCB28、PCB52、PCB101、PCB118、PCB138、PCB153 和 PCB180 总和计),mg/kg	≤2.0
PCB138,mg/kg	≤0.5
PCB153,mg/kg	≤0.5
苯甲酸及其钠盐(以苯甲酸计)[a],g/kg	不得检出(<0.001)
山梨酸及其钾盐(以山梨酸计)[a],g/kg	≤1.0
[a] 适用于即食藻类制品。	

3.7 微生物学指标

即食藻类制品微生物学指标应符合表 7 的规定。

表 7 即食藻类制品微生物学指标

项 目	指 标
菌落总数,cfu/g	≤30 000
大肠菌群,MPN/100 g	≤30
霉菌,cfu/g	≤300
沙门氏菌	不得检出
志贺氏菌	不得检出
副溶血性弧菌	不得检出
金黄色葡萄球菌	不得检出

4 试验方法

4.1 感官检验

4.1.1 外观、色泽和杂质

取至少三个包装的样品,先检查包装有无破损、涨袋和胖听;然后,打开包装,在光线充足、无异味、清洁卫生的环境中检查袋内或瓶内产品外观和色泽;再检查杂质。

4.1.2 气味和滋味

打开包装后嗅其气味,即食产品则品尝其滋味;其他产品则检查有无异味。

4.2 净含量测定

按 JJF 1070 的规定执行。

4.3 理化指标检验

4.3.1 水分

按 GB 5009.3 的规定执行。

4.3.2 盐分

按 SC/T 3011 的规定执行。

4.3.3 蛋白质

按 GB 5009.5 的规定执行。

4.3.4 β-胡萝卜素

按 GB/T 5009.83 的规定执行。

4.3.5 灰分

按 GB 5009.4 的规定执行。

4.4 卫生指标检验

4.4.1 甲基汞

按 GB/T 5009.17 的规定执行。

4.4.2 无机砷

按 GB/T 5009.11 的规定执行。

4.4.3 铅

按 GB 5009.12 的规定执行。

4.4.4 多氯联苯

按 GB/T 5009.190 的规定执行。

4.4.5 苯甲酸及其钠盐、山梨酸及其钾盐

按 GB/T 5009.29 的规定执行。

4.5 微生物学指标检验

4.5.1 菌落总数检验

按 GB 4789.2 的规定执行。

4.5.2 大肠菌群计数

按 GB 4789.3 的规定执行。

4.5.3 霉菌检验

按 GB/T 4789.15 的规定执行。

4.5.4 沙门氏菌检验

按 GB/T 4789.4 的规定执行。

4.5.5 志贺氏菌检验

按 GB/T 4789.5 的规定执行。

4.5.6 副溶血性弧菌检验

按 GB/T 4789.7 的规定执行。

4.5.7 金黄色葡萄球菌检验

按 GB 4789.10 的规定执行。

5 检验规则

按 NY/T 1055 的规定执行。

6 标签和标志

6.1 标签

标签按 GB 7718 规定执行。

6.2 标志

产品的包装上应有绿色食品标志。标志设计和使用应符合《中国绿色食品商标标志设计使用规范手册》的规定。

7 包装、运输和贮存

7.1 包装

包装及包装材料按 NY/T 658 的规定执行。

7.2 运输和贮存

按 NY/T 1056 的规定执行。

ICS 67.080
B 31

中华人民共和国农业行业标准

NY/T 1986—2011

冷 藏 葡 萄

Table grapes after cold storage

2011-09-01 发布　　　　2011-12-01 实施

中华人民共和国农业部 发布

前言

本标准按照GB/T 1.1—2009给出的规则起草。

本标准由中华人民共和国农业部种植业管理司提出。

本标准由全国果品标准化技术委员会(SAC/TC 510)归口。

本标准起草单位:北京市农林科学院林业果树研究所、农业部果品及苗木质量监督检验测试中心(北京)。

本标准主要起草人:冯晓元、李文生、闫国华、石磊、张开春、牛爱国、王宝刚。

冷 藏 葡 萄

1 范围

本标准规定了冷藏葡萄的术语和定义、要求、检测方法、检验规则及贮藏、标志、标签和包装。

本标准适用于冷藏的红地球、巨峰、玫瑰香葡萄。

2 规范性引用文件

下列文件对于本文件的应用是必不可少的。凡是注日期的引用文件,仅注日期的版本适用于本文件。凡是不注日期的引用文件,其最新版本(包括所有的修改单)适用于本文件。

GB/T 8855 新鲜水果和蔬菜的取样方法

GB/T 12456 食品中总酸的测定

GB/T 16862 鲜食葡萄冷藏技术

ISO 2173 水果蔬菜产品可溶性固形物含量的测定

3 术语和定义

下列术语和定义适用于本文件。

3.1

冷藏葡萄 table grapes after cold storage

采用冷藏技术贮藏后的鲜食葡萄。

3.2

果实漂白 bleach grape

果梗与果粒连接处或果实的其他部位出现漂白斑的现象。

3.3

果粒硬 firm berries

果粒能耐一定的轻微压力,不松软,不枯萎。

3.4

果粒软 weak berries

果粒有些半透明,松软,风味和贮藏性差。

3.5

水罐果 waterberry

由于树体营养亏缺引起的果粒松软、果皮薄软、易裂的果实。

3.6

非正常的外来水分 abnormal water

由于雨淋、挤压破损、裂果、腐烂等出现的水分。

注:冷藏后的葡萄放在较高的货架温度下由于温差造成的结露现象不属于非正常的外来水分。

4 要求

4.1 感官要求

应符合表1的规定。

表1 感官指标

项 目	葡 萄 品 种		
	红地球	巨 峰	玫瑰香
外观	清洁,无非正常外来水分		
风味	基本具有本品种固有的风味,无异味		
色泽	红或紫红	兰黑或黑色	红紫或黑紫
果穗整齐度	整齐	整齐	较整齐
果穗紧密度	中等紧密或较松散	中等紧密	松散
果粒均匀性	均匀	均匀	较均匀
果粒质地	饱满,果粒硬,无果粒软	饱满,果粒硬度适中,无水罐果	饱满,果粒硬度小,无水罐果
果实漂白,%	≤2	基本无	基本无
落粒,%	≤1.5	≤5	≤3.5
穗梗干枯,%	≤10		
果梗干枯,%	≤5		
裂果,%	≤1		
果面缺陷、霉烂,%	≤5		

4.2 理化指标

应符合表2的规定。

表2 葡萄理化指标

时 间	葡萄品种	可溶性固形物 %	可滴定酸 %
采收时	红地球	符合GB/T 16862的要求	≤0.55
	巨 峰		≤0.65
	玫瑰香		≤0.55
出库时	红地球	≥14	≤0.50
	巨 峰	≥13	≤0.60
	玫瑰香	≥15	≤0.50

5 试验方法

5.1 感官检测

取样量按GB/T 8855的规定执行。

用目测、口尝、鼻嗅等感官方法评价。不合格率按有缺陷样品的质量百分率计。

5.2 理化指标检测

5.2.1 可溶性固形物含量

按ISO 2173的规定执行。

5.2.2 可滴定酸含量

按GB/T 12456的规定执行。

6 检验规则

6.1 检验分类

6.1.1 出厂检验

冷藏葡萄每批产品出库前,都应进行出厂检验。出厂检验指标包括感官、标志、标签和包装。理化指标由交易双方根据合同选测,检验合格并附合格证方可出厂。

6.1.2 型式检验

对产品进行全面考核，即对本标准规定的全部要求进行检验。有下列情形之一者应进行全项检验：

——申请市场准入标志；

——有关行政主管部门提出全项检验要求；

——前后两次抽样检验结果差异较大；

——人为或自然因素使生产环境发生较大变化。

6.2 批次

同一品种、同一产地、相同栽培条件、同期采收的葡萄作为一个检验批次；市场抽样以同一产地、同一品种的葡萄作为一个检验批次。

6.3 抽样方法

按 GB/T 8855 的规定执行。

6.4 判定规则

6.4.1 每批受检样品的感官指标不合格率按所检单位的平均值计算，其值不应超过 5%，总不合格率不应超过 10%，判为感官合格。

6.4.2 感官不合格或理化指标有一项不合格，判断为该批次样品不合格。对检验结果有争议时，应对留存样进行复检，或在同批次产品中重新加倍抽样，对不合格项复检，以复检结果为最终结果。

7 贮藏

按 GB/T 16862 的规定执行。

8 标志、标签和包装

8.1 标志、标签

产品应有明确标识，内容包括：品种名称、产地、等级规格、净含量和包装日期以及政府控制标志等，要求字迹清晰、完整、准确。

8.2 包装

包装应具有保护作用。包装材料应新、清洁，不能有损害果实的特征。所用的墨水和胶应无毒。包装应无异物。

ICS 67.080.20
B 31

中华人民共和国农业行业标准

NY/T 1987—2011

鲜 切 蔬 菜

Fresh-cut vegetables

2011-09-01 发布　　2011-12-01 实施

中华人民共和国农业部 发布

前　言

本标准按照GB/T 1.1—2009给出的规则起草。

本标准由中华人民共和国农业部种植业管理司提出并归口。

本标准起草单位:北京市农业局、北京市优质农产品产销服务站。

本标准主要起草人:吴宝新、常希光、李殿辉、陶志强、刘建新、朱慧如、杨肖飞、郭松岩。

鲜 切 蔬 菜

1 范围

本标准规定了鲜切蔬菜的术语和定义、要求、试验方法、检验规则、标签、包装、运输和贮存。

本标准适用于以新鲜蔬菜为原料生产的鲜切蔬菜。

2 规范性引用文件

下列文件对于本文件的应用是必不可少的。凡是注日期的引用文件，仅注日期的版本适用于本文件。凡是不注日期的引用文件，其最新版本(包括所有的修改单)适用于本文件。

GB 2762 食品中污染物限量

GB 2763 食品中农药最大残留限量

GB/T 4789.1 食品卫生微生物学检验 总则

GB/T 4789.4 食品卫生微生物学检验 沙门氏菌检验

GB/T 4789.6 食品卫生微生物学检验 致泻大肠埃希氏菌检验

GB/T 4789.30 食品卫生微生物学检验 单核细胞增生李斯特氏菌检验

GB 5749 生活饮用水卫生标准

GB 7718 预包装食品标签通则

GB 9681 食品包装用聚氯乙烯成型品卫生标准

GB 9683 复合食品包装袋卫生要求

GB 9687 食品包装用聚乙烯成型品卫生标准

GB/T 6543 瓦楞纸箱

NY/T 1529 鲜切蔬菜加工技术规范

JJF1070 定量包装商品净含量计量检验规则

《定量包装商品计量监督管理办法》 国家质量监督检验检疫总局令2005年第75号

3 术语和定义

下列术语和定义适用于本文件。

3.1

鲜切蔬菜 fresh-cut vegetables

以新鲜蔬菜为原料，在清洁环境经预处理、清洗、切分、消毒、去除表面水、包装等处理，可以改变其形状但仍能够保持新鲜状态，经冷藏运输而进入冷柜销售的定型包装的蔬菜产品。

3.2

即食 ready to eat

指无需经过烹调加热或其他方式杀菌，可直接入口食用的使用方法。

3.3

即用 ready to cook

指无需进一步清洗即可用来烹调加热的使用方法。和即食食品相比，即用食品需经过烹调加热或其他方式杀菌，方可入口食用。

4 要求

4.1 感官

感官应符合表1的规定。

表1 感官要求

项目	指 标
外观	新鲜、机械损伤不超过5%,无腐烂、无病虫害
颜色	符合该品种的颜色
质地	符合该品种质地、不萎蔫、无冻害
风味	符合该品种风味、无异味、无不良风味

4.2 卫生指标

4.2.1 污染物限量和农药残留限量

污染物质限量指标应符合GB 2762的规定;农药残留量应符合GB 2763的规定。

4.2.2 微生物指标

致病菌(致泻大肠埃希氏菌O157:H7、沙门氏菌、单核细胞增生李斯特氏菌等)应当符合国家食品安全标准限量要求。本要求仅适用于即食鲜切蔬菜。

4.3 净含量

净含量应符合《定量包装商品计量监督管理办法》的规定。

4.4 生产加工

生产加工过程应符合NY/T 1529的规定。

5 试验方法

5.1 感官

目测检验品种特征、腐烂、冻害、病害、虫害,采用相应原料菜(正常)目视比较颜色;目视和用手触摸感受检查产品质地;鼻嗅、口尝方法检验检查产品风味。

5.2 卫生指标

5.2.1 污染物质的测定

按照GB 2762的规定执行。

5.2.2 农药残留的测定

按照GB 2763的规定执行。

5.2.3 微生物检验

5.2.3.1 微生物采样

按GB/T 4789.1的规定,应采完整的未开封的样品。

5.2.3.2 沙门氏菌

按GB/T 4789.4的规定执行。

5.2.3.3 致泻大肠埃希氏菌

按GB/T 4789.6的规定执行。

5.2.3.4 单核细胞增生李斯特氏菌

按GB/T 4789.30的规定执行。

5.3 净含量

按JJF1070的规定执行。

6 检验规则

6.1 型式检验

型式检验是对产品进行全面考核，即对本标准规定的全部要求进行检验。鲜切蔬菜正常生产期间，每年进行一次型式检验。有下列情况之一者，亦应进行型式检验：

a) 原料、设备、工艺有较大改变，有可能影响产品质量时；

b) 长期停产，恢复生产时；

c) 出厂检验结果与上次型式检验结果有较大差异时；

d) 新建厂投产或老厂转产时；

e) 购货合同中规定了型式检验的；

f) 国家质量监督机构或主管部门提出型式检验时。

6.2 出厂检验

每批产品出厂前对该批产品进行检验，出厂检验的项目包括感官要求、包装、标志、标签。

6.3 组批规则

同类、同一天连续生产的产品为一个检验批次。

6.4 抽样方法

袋装产品应采取完整未开封的样品，抽样数量应符合下面规定要求：

——每日生产 1 000 袋以上，一日生产为一批，按生产过程前期、中期、后期取三件样品；

——产品净含量 250 g/袋及以上，产量不足 1 000 袋随机抽取一件样品；

——产品净含量 249 g/袋～100 g/袋，产量不足 1 000 袋随机抽取二件样品；

——产品净含量 99 g/袋及以下，产量不足 1 000 袋随机抽取三件样品。

6.5 判定规则

抽检样品有一项微生物指标不合格，则判定该批产品不合格；除微生物指标外其他指标有一项不合格，允许从该批产品中抽取两倍样品进行复检，复检以一次为限。

7 标签

产品的标签应符合 GB 7718 的规定；外包装箱上应标明产品名称、厂名、厂址、生产日期、保质期、净含量、储运温度。

8 包装、运输和贮存

8.1 包装

8.1.1 内包装：每袋要求封口严密端正。聚乙烯包装材料应符合 GB 9687 的要求；聚氯乙烯包装材料应符合 GB 9681 的要求；复合食品包装材料应符合 GB 9683 的要求。使用其他种类的包装材料时，所选用包装材料应符合相应的国家食品安全标准。

8.1.2 外包装：瓦楞纸箱应符合 GB/T 6543 的规定。

8.1.3 产品按同一规格进行包装，同件包装内产品应码放整齐。

8.2 运输

应使用冷藏车运输，车厢要求干净整洁、无泥土、灰尘及异物，车厢温度控制在 1℃～5℃。不应与有毒、有害、有异味物品混运。

8.3 贮存

8.3.1 经检验合格的成品应贮存于成品库，按品种和批次分类存放，不应互相混放。库房内不应贮放有害有毒及其他有碍成品安全的物品。

8.3.2 成品库温度在1℃～5℃。

8.3.3 成品库应定期清扫、消毒,保持清洁卫生。

ICS 67.200
X 14

中华人民共和国农业行业标准

NY/T 2005—2011

动植物油脂中反式脂肪酸含量的测定 气相色谱法

Determination of trans fatty acids in animal and vegetable fats and oils—GC

2011-09-01 发布　　2011-12-01 实施

中华人民共和国农业部 发布

前　言

本标准按照 GB/T 1.1—2009 给出的规则起草。

本标准由中华人民共和国农业部种植业管理司提出并归口。

本标准起草单位：中国农业科学院油料作物研究所、农业部油料及制品质量监督检验测试中心。

本标准主要起草人：李培武、谢立华、李英、丁小霞、张文、周海燕。

动植物油脂中反式脂肪酸含量的测定　气相色谱法

1　范围

本标准规定了气相色谱法测定动植物油脂中反式脂肪酸含量的方法。

本标准适用于动植物油脂中反式脂肪酸含量的测定。

本方法检出限:C18∶1-9t 为 2.0 mg/kg,C18∶1-11t 为 0.8 mg/kg,C18∶2-9t,12t 为 3.6 mg/kg,C22∶1-13t 为 4.1 mg/kg。

2　规范性引用文件

下列文件对于本文件的应用是必不可少的。凡是注日期的引用文件,仅注日期的版本适用于本文件。凡是不注日期的引用文件,其最新版本(包括所有的修改单)适用于本文件。

GB/T 5524　动植物油脂　扦样

GB/T 6682　分析实验室用水规格和试验方法

3　原理

动植物油脂试样经氢氧化钾—甲醇和三氟化硼—甲醇在加热条件下甲酯化后,以气相色谱分离,火焰离子化检测器(FID)检测,内标法定量。

4　试剂

除非另有说明,均使用分析纯试剂。水为 GB/T 6682 规定的二级水。

4.1　异辛烷(C_8H_{18}):色谱纯。

4.2　无水甲醇(CH_4O)。

4.3　氢氧化钾(KOH)。

4.4　氯化钠(NaCl)。

4.5　三氟化硼甲醇溶液(质量分数):50%～52%。

4.6　二十一烷酸标准品:纯度不低于 99%。

4.7　脂肪酸甲酯标准品:C4∶0、C6∶0、C8∶0、C10∶0、C11∶0、C12∶0、C13∶0、C14∶0、C14∶1、C15∶0、C15∶1、C16∶0、C16∶1、C17∶0、C17∶1、C18∶0、C18∶1、C18∶1、C18∶1、C18∶2、C18∶2、C18∶3、C18∶3、C20∶0、C20∶1、C20∶2、C20∶3、C20∶3、C20∶4、C20∶5、C21∶0、C22∶0、C22∶1、C22∶2、C22∶6、C23∶0、C24∶0、C24∶1,纯度不低于 99%。

4.8　氢氧化钾甲醇溶液[c(KOH=0.5 mol/L)]:称取 2.8 g 氢氧化钾(4.3),加入 100 mL 无水甲醇(4.2)。

4.9　三氟化硼甲醇溶液(质量分数 10%):取 10 mL 三氟化硼甲醇(4.5),加入 40 mL 无水甲醇(4.2)。

4.10　饱和氯化钠溶液。

4.11　二十一烷酸内标储备溶液(10 mg/mL):准确称取 100 mg 二十一烷酸标准品(4.6),用异辛烷(4.1)溶解定容至 10 mL。该标准储备溶液在−18℃下,可以稳定储藏 1 年。

4.12　二十一烷酸内标工作溶液(400 μg/mL):取 400 μL 内标储备溶液(4.11),用异辛烷(4.1)稀释定容至 10 mL。该标准工作溶液在−18℃下,可以稳定储藏 1 个月。

4.13　脂肪酸甲酯标准工作溶液:脂肪酸甲酯标准品(4.7),用异辛烷(4.1)稀释,配置成各单个脂肪酸甲酯标准工作溶液和混合脂肪酸甲酯标准工作溶液，其浓度为 100 μg/mL～200 μg/mL。该标准工作溶液在－18℃下，可储藏 1 个月。

5 仪器设备

5.1 气相色谱仪：带有 FID 检测器。

5.2 分析天平：感量 0.1 mg。

5.3 具盖螺口试管：25 mL。

6 试样制备

按 GB/T 5524 的规定进行。

7 分析步骤

7.1 油脂试样甲酯化

称取混合均匀油脂样品 25 mg(精确到 0.1 mg)置于 25 mL 具盖螺口试管(5.2)中，加入 100 μL 内标工作溶液(4.12)，1 mL 氢氧化钾甲醇溶液(4.8)，100℃反应 10 min；取出冷却至室温后，加入 2 mL 三氟化硼甲醇溶液(4.9)，100℃反应 15 min；冷却至室温，再加入 2 mL 异辛烷(4.1)和 2 mL 饱和氯化钠溶液(4.10)，混和，静置澄清后，取上清液待测。

7.2 色谱条件

7.2.1 色谱参考条件

7.2.1.1 色谱柱：RT－2560，100 m×250 μm×0.2 μm 或相当者；

7.2.1.2 载气：氦气，流速：1.0 mL/min，分流比：30∶1；

7.2.1.3 进样口温度：250℃；

7.2.1.4 检测器温度：280℃；

7.2.1.5 柱温箱温度：初始温度 100℃，以 5℃/min 升温至 180℃保持 30 min，再以 3℃/min 升温至 240℃保持 8 min；

7.2.1.6 进样量：1 μL。

7.2.2 脂肪酸甲酯的换算因子

分别取 1 mL 单个脂肪酸甲酯标准工作溶液和混合脂肪酸甲酯标准工作溶液(4.13)于进样瓶，用以下色谱条件进行气相色谱检测，得到每个脂肪酸甲酯的峰面积和保留时间，按式(1)计算出每个脂肪酸甲酯的响应因子。

$$F_i = \frac{C_{si} \times A_{c21}}{A_{si} \times C_{c21}} \quad \cdots\cdots\cdots\cdots (1)$$

式中：

F_i——脂肪酸甲酯 i 的响应因子；

C_{si}——混合标准工作溶液中脂肪酸甲酯 i 的浓度，单位为毫克每毫升(mg/mL)；

A_{si}——混合标准工作溶液中脂肪酸甲酯 i 的峰面积；

C_{c21}——混合标准工作溶液中二十一烷酸甲酯的浓度，单位为毫克每毫升(mg/mL)；

A_{c21}——混合标准工作溶液中二十一烷酸甲酯的峰面积。

7.3 样品测定

取 1 mL 样液(7.1)于进样瓶，用气相色谱检测，得到样液每个脂肪酸甲酯的峰面积和保留时间。通过与混合标准溶液图谱比对定性，与内标(c21)峰面积比对定量，计算出样液中反式脂肪酸甲酯的含量。

8 结果计算

8.1 试料中某一种反式脂肪酸含量的计算

试料中反式脂肪酸 i 的含量(w_i)以质量百分数(%)表示,按式(2)计算:

$$w_i = F_i \times \frac{A_i}{A_{c21}} \times \frac{C_{c21} \times V_{c21}}{m} \times 100 \quad \cdots\cdots (2)$$

式中:

w_i——试料中反式脂肪酸 i 的含量,单位为百分率(%);

F_i——脂肪酸甲酯 i 的响应因子;

A_i——样液中脂肪酸甲酯 i 的峰面积;

A_{c21}——样液中二十一烷酸甲酯的峰面积;

C_{c21}——二十一烷酸的浓度,单位为毫克每毫升(mg/mL);

V_{c21}——试样中加入二十一烷酸工作溶液的体积,单位为毫升(mL);

m——试样质量,单位为毫克(mg)。

8.2 反式脂肪酸总含量的计算

试料中反式脂肪酸总量(w)以质量百分数(%)表示,按式(3)计算:

$$w = \sum w_i \quad \cdots\cdots (3)$$

式中:

w——试料中反式脂肪酸总含量,单位为百分率(%);

w_i——试料中反式脂肪酸 i 的含量,单位为百分率(%)。

测定结果取其两次测定的算术平均值,计算结果保留至小数后两位。

9 精密度

9.1 重复性

在重复性条件下,获得的两次独立测试结果的绝对差值不大于算术平均值的10%,以大于10%的情况不超过5%为前提。

9.2 再现性

在再现性条件下,获得的两次独立测定结果的绝对差值不大于算术平均值的20%,以大于20%的情况不超过5%为前提。

附 录 A

(资料性附录)

38 种脂肪酸甲酯的混合标准溶液色谱图

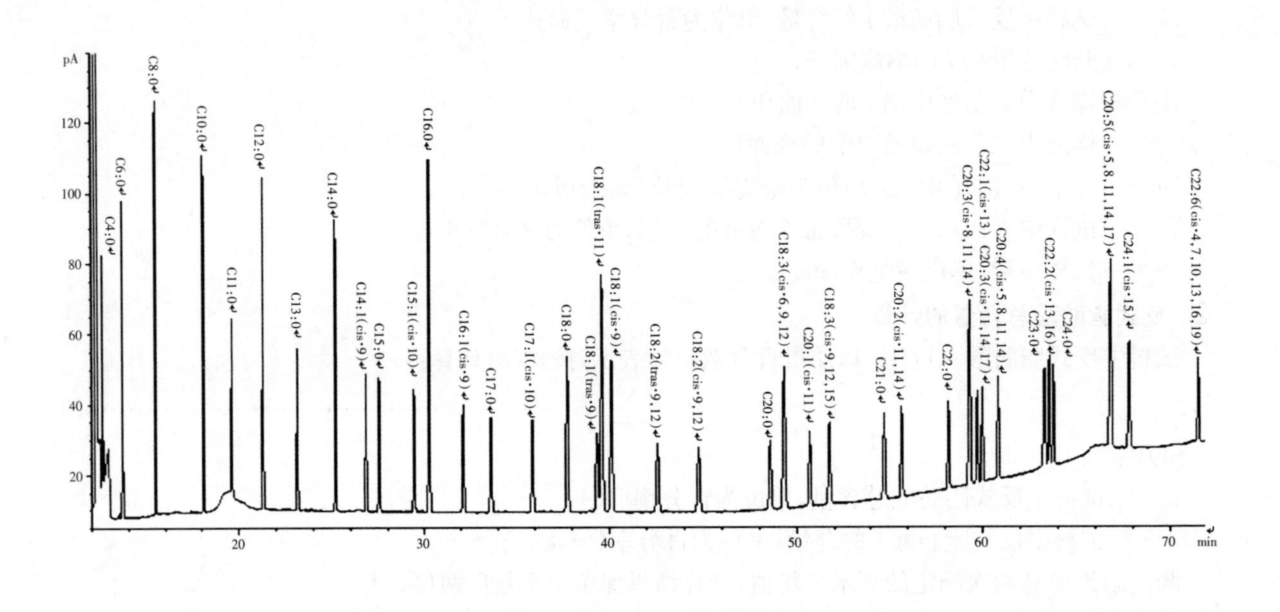

ICS 67.120.20
X 18

中华人民共和国农业行业标准

NY/T 2068—2011

蛋与蛋制品中ω-3多不饱和脂肪酸的测定 气相色谱法

Egg and egg products-determination of ω-3 poly unsaturated fatty acid content by gas chromatography

2011-09-01 发布 2011-12-01 实施

中华人民共和国农业部 发布

前　言

本标准按照GB/T 1.1—2009给出的规则起草。

本标准由中华人民共和国农业部畜牧业司提出。

本标准由全国畜牧业标准化技术委员会(SAC/TC 274)归口。

本标准起草单位:农业部食品质量监督检验测试中心(上海)、上海展望科技有限公司。

本标准主要起草人:孟瑾、黄菲菲、韩奕奕、陈美莲、陈景春、何亚斌、王建军、赵嘉胤、陈军。

蛋与蛋制品中ω-3多不饱和脂肪酸的测定　气相色谱法

1　范围

本标准规定了蛋与蛋制品中ω-3多不饱和脂肪酸(α-亚麻酸、二十碳五烯酸(EPA)、二十二碳六烯酸(DHA))的气相色谱测定方法。

本标准适用于蛋与蛋制品。

本标准最低检出限:α-亚麻酸0.5 mg/100 g、二十碳五烯酸(EPA)1.0 mg/100 g、二十二碳六烯酸(DHA)1.0 mg/100 g。本方法的标准溶液线性范围为0.01 mg/mL～1.0 mg/mL。

2　规范性引用文件

下列文件对于本文件的应用是必不可少的。凡是注日期的引用文件,仅注日期的版本适用于本文件。凡是不注日期的引用文件,其最新版本(包括所有的修改单)适用于本文件。

GB/T 6682　分析实验室用水规格和试验方法

GB/T 17376—2008　动植物油脂　脂肪酸甲酯制备

3　原理

样品经盐酸水解,乙醚—石油醚提取脂肪,氢氧化钾—甲醇皂化后,经三氟化硼—甲醇溶液甲酯化生成脂肪酸甲酯,通过气相色谱柱分离,以氢火焰离子化检测器检测,内标法定量。

4　试剂

除另有说明外,所用试剂均为分析纯或以上规格,实验用水为GB/T 6682规定的一级水。

4.1　无水乙醚。

4.2　石油醚,沸程30℃～60℃。

4.3　乙醇,体积分数≥95%。

4.4　正己烷(C_6H_{14}),色谱纯。

4.5　盐酸,质量分数为37%。

4.6　焦性没食子酸。

4.7　无水硫酸钠。

4.8　三氟化硼甲醇溶液:市售试剂的质量分数为13%～15%;或按照GB/T 17376—2008的附录A中A.1制备。

警告:三氟化硼甲醇溶液为强腐蚀性试剂,使用时应注意防护。

4.9　饱和氯化钠溶液:溶解360 g氯化钠(NaCl)于1 L水中,搅拌溶解,澄清备用。

4.10　氢氧化钾甲醇溶液[c(KOH)=0.5 mol/L]:称取2.8 g氢氧化钾(KOH),用甲醇溶解,并稀释定容至100 mL,混匀。

4.11　十一碳酸甘油三酯内标溶液:每毫升含十一碳酸甘油三酯1.0 mg。

准确称取十一碳酸甘油三酯标准物质(纯度≥99%)50 mg于50 mL棕色容量瓶中,用甲苯溶解定容,此溶液每毫升含十一碳酸甘油三酯1.0 mg。摇匀,贮存于−18℃冰箱中,有效期一年。

4.12　脂肪酸甲酯标准物质:十一碳酸甲酯、α-亚麻酸甲酯、二十碳五烯酸甲酯、二十二碳六烯酸甲酯,纯度≥99%。

4.13 脂肪酸甲酯标准储备液:每毫升含脂肪酸甲酯 1.0 mg。

准确称取各脂肪酸甲酯标准物质(4.12)50 mg 于 50 mL 棕色容量瓶中,用甲苯溶解定容,此溶液每毫升含各脂肪酸甲酯 1.0 mg。摇匀,贮存于−18℃冰箱中,有效期半年。

4.14 混合脂肪酸甲酯标准工作液:以甲苯将脂肪酸甲酯标准储备液(4.13)逐级稀释得到质量浓度为 0.050 mg/mL、0.100 mg/mL、0.200 mg/mL、0.500 mg/mL、1.00 mg/mL 的混合标准工作液,现配现用。

5 仪器设备

常用实验室仪器及以下各项。

5.1 气相色谱仪:配 FID 检测器。

5.2 分析天平:感量 0.000 1 g。

5.3 旋转蒸发仪。

5.4 离心机,5 000 r/min。

5.5 恒温水浴锅。

5.6 抽脂管,带塞子。

5.7 回流装置。

6 分析步骤

6.1 试样制备

6.1.1 鲜蛋、皮蛋、咸蛋、糟蛋

预先将试样从冰箱中取出,放至室温。取 500 g,去壳,鲜蛋用匀浆器充分混匀;皮蛋、咸蛋、糟蛋用匀浆器充分打碎混匀。

6.1.2 干燥蛋制品

准确称取干燥蛋制品 0.500 g 样品于抽脂管(5.6)中,待测。

6.1.3 其他样品

称取试样 2.00 g 至抽脂管(5.6)中,待测。

6.1.4 6.1.1 和 6.1.2 所述样品中加入 100 mg 焦性没食子酸(4.6)、1.00 mL 十一碳酸甘油三酯内标溶液(4.11)以及 10 mL 盐酸(4.5)混匀,置于 80℃恒温水浴锅(5.5)水解 30 min,取出轻摇,冷至室温。

6.2 脂肪提取

在 6.1.4 的抽脂管中加入 10 mL 乙醇(4.3),混匀。加入 25 mL 无水乙醚(4.1),加塞振摇 1 min。加入 25 mL 石油醚(4.2),加塞振摇 1 min,静置,有机层转入磨口平底烧瓶中。再加入 25 mL 无水乙醚(4.1)及 25 mL 石油醚(4.2),加塞振摇 1 min,静置,有机层转入磨口平底烧瓶中,再加入 10 mL 无水乙醚(4.1)及 10 mL 石油醚(4.2),加塞振摇 1 min,静置,合并三次抽提液于磨口平底烧瓶中,用旋转蒸发仪 50℃下浓缩至近干。

6.3 皂化酯化

浓缩物(6.2)加入 10 mL 氢氧化钾甲醇溶液(4.10)置于 70℃水浴上回流 5 min~10 min。再加入 5 mL 三氟化硼甲醇溶液(4.8),继续回流 10 min。冷却至室温,将平底烧瓶中的液体转入 50 mL 离心管中,用 3 mL 饱和氯化钠溶液(4.9)清洗平底烧瓶,共清洗三次,合并饱和氯化钠溶液于 50 mL 离心管,加入 10 mL 正己烷(4.4),振摇后,以 5 000 r/min 离心 5 min,取上层清液过无水硫酸钠(4.7)脱水后作为试液,供气相色谱仪(5.1)测定。

注 1:甲酯化后的试样如需保存,应用惰性气体保护,密封并置于−18℃冰箱中。

注 2:三氟化硼甲醇溶液可能在 20～22 碳脂肪酸区域内产生干扰峰,因此,对于每批新的试剂或溶液进行试剂空白实验,若有干扰峰出现,则不可用。

6.4 色谱参考条件

色谱柱:SP-2560,100 m×0.25 mm,0.20 μm,或性能相当的色谱柱。

载气:高纯氮气(纯度大于 99.99%)。

进样口温度:220℃。

分流比:30∶1。

检测器温度:260℃。

柱温箱温度:初始温度 140℃,保持 5 min,以 4℃/min 升温至 240℃,保持 15 min。

载气流速:1.0 mL/min。

氢气流速:30 mL/min。

空气流速:300 mL/min。

6.5 测定

准确吸取各不少于两份的 2 μL 混合脂肪酸甲酯标准工作液(4.14)及试液(6.3)分别进样,以色谱峰面积积分定量。响应值应在工作曲线线性范围内。典型色谱图参见附录 A。

7 结果计算

试样中各脂肪酸含量以质量分数 X_i 计,数值以毫克每百克(mg/100 g)表示,按式(1)计算:

$$X_i = F_i \times \frac{A_i}{A_{C11}} \times \frac{c_{C11} \times V_{C11} \times 1.0067}{m} \times f_i \times 100 \quad (1)$$

式中:

F_i——脂肪酸甲酯 i 的响应因子;

A_i——样品中脂肪酸甲酯 i 的峰面积;

A_{C11}——样品中的内标物十一碳酸甲酯的峰面积;

c_{C11}——十一碳酸甘油三酯的浓度,单位为毫克每毫升(mg/mL);

V_{C11}——样品中加入的十一碳酸甘油三酯的体积,单位为毫升(mL);

1.006 7——十一碳酸甘油三酯转化为十一碳酸甲酯的转换系数;

f_i——脂肪酸甲酯转化为脂肪酸的换算系数,见表 1;

m——样品的质量,单位为克(g)。

表 1 脂肪酸甲酯转化为脂肪酸的换算系数一览表

脂肪酸名称	f_i 转换系数
α-亚麻酸(C18:3n3)	0.952 0
二十碳五烯酸 EPA(C20:5n3)	0.955 7
二十二碳六烯酸 DHA(C22:6n3)	0.959 0

脂肪酸甲酯 i 的响应因子 F_i 按式(2)计算:

$$F_i = \frac{c_{si} \times A_{11}}{A_{si} \times c_{11}} \quad (2)$$

式中:

F_i——脂肪酸甲酯 i 的响应因子;

c_{si}——混标中各脂肪酸甲酯 i 的浓度,单位为毫克每毫升(mg/mL);

A_{11}——十一碳酸甲酯标准溶液的峰面积;

A_{si}——脂肪酸甲酯的峰面积;

c_{11}——混标中十一碳酸甲酯的浓度,单位为毫克每毫升(mg/mL)。

测定结果用平行测定的算术平均值表示，保留三位有效数字。

8 精密度

在重复性条件下获得的两次独立测定结果的相对差值不得超过算术平均值的10%。

在再现性条件下获得的两次独立测定结果的相对差值不得超过算术平均值的15%。

附 录 A
(资料性附录)
气相色谱法测定各脂肪酸甲酯的典型图谱

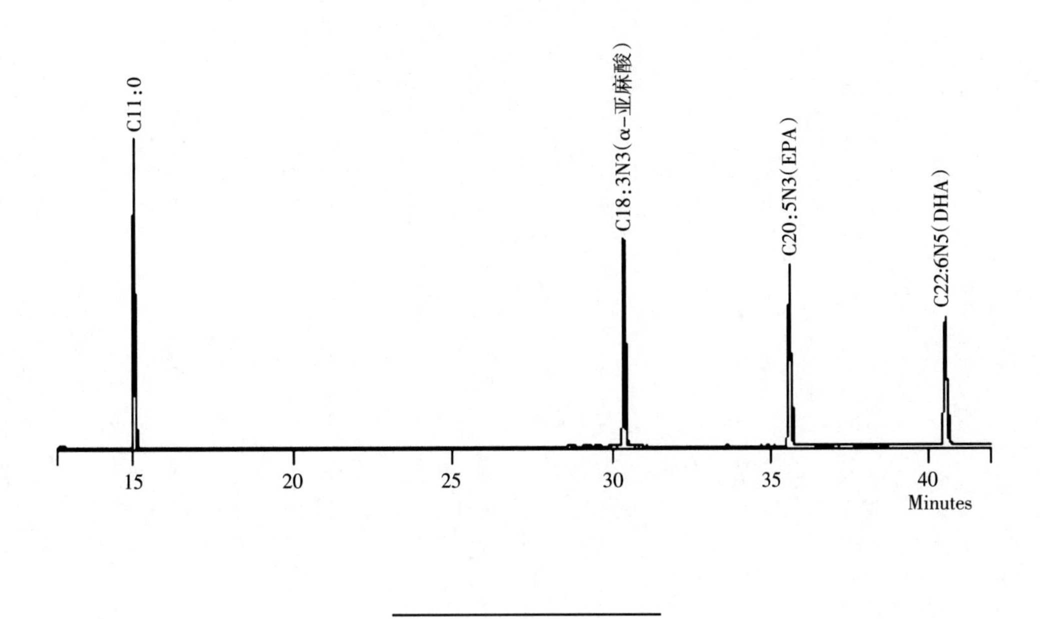

ICS 67.100.01
X 16

中华人民共和国农业行业标准

NY/T 2069—2011

牛乳中孕酮含量的测定　高效液相色谱—质谱法

Determination of progesterone in milk by HPLC-MS

2011-09-01 发布　　2011-12-01 实施

中华人民共和国农业部　发布

前　言

本标准按照GB/T 1.1—2009给出的规则起草。

本标准由中华人民共和国农业部畜牧业司提出。

本标准由全国畜牧业标准化技术委员会(SAC/TC 274)归口。

本标准负责起草单位:中国科学院沈阳应用生态研究所农产品安全与环境质量检测中心。

本标准起草人:王颜红、张红、齐伟、王世成、林桂凤、李波、王姗姗。

牛乳中孕酮含量的测定　高效液相色谱—质谱法

1　范围

本标准规定了牛乳中孕酮含量的高效液相色谱—质谱测定方法。

本标准适用于牛乳中孕酮含量的测定。

本标准的方法检出限为 1 μg/kg。

2　规范性引用文件

下列文件对于本文件的应用是必不可少的。凡是注日期的引用文件，仅注日期的版本适用于本文件。凡是不注日期的引用文件，其最新版本(包括所有的修改单)适用于本文件。

GB/T 6682　分析实验室用水规格和试验方法

3　原理

试料经甲醇溶液提取后，经 C_{18} 萃取柱净化，经电喷雾离子源高效液相色谱—质谱测定，保留时间和选择离子丰度比定性，外标法定量。

4　试剂和材料

除特殊注明外，本方法仅使用确认为分析纯的试剂。水应为 GB/T 6682 一级用水。

4.1　乙腈：色谱纯。

4.2　甲醇。

4.3　乙酸铵溶液[$c(CH_3COONH_4)$=3 mmol/L]：称取 0.231 g 乙酸铵于 1 000 mL 容量瓶中，定容，过 0.45 μm 水相滤膜。

4.4　乙酸铅溶液：称取 20 g 乙酸铅三水合物[$Pb(CH_3COO)_2 \cdot 3H_2O$]，溶解于 100 mL 的水中，配成质量分数为 20%的乙酸铅溶液。

4.5　标准溶液

4.5.1　孕酮标准贮备液：质量浓度为 100 μg/mL。

准确称取 0.010 g(精确到 0.000 1 g)孕酮(纯度≥98%)，用甲醇(4.2)溶解并定容至 100 mL。于 0℃～4℃贮存，贮存期三个月。

4.5.2　孕酮标准使用液

根据工作需要，用甲醇对标准贮备液(4.5.1)进行稀释。于 0℃～4℃贮存。贮存期一个月。

5　仪器设备

5.1　高效液相色谱—质谱联用仪：配有电喷雾离子源和四级杆质量分析器。

5.2　高速离心机：10 000 r/min。

5.3　超声波发生器。

5.4　涡旋震荡仪。

5.5　分析天平：感量为 0.000 1 g。

5.6　天平：感量为 0.001 g。

5.7　C_{18} 固相萃取柱：500 mg，6 mL。

5.8 滤膜:孔径0.45 μm。

6 测定步骤

6.1 样品提取

准确称取5 g试料(精确至0.001 g),置于50 mL离心管中,加入15 mL甲醇(4.2)和1 mL乙酸铅溶液(4.4),涡旋30 s,超声提取10 min,10 000 r/min离心10 min。取上清液于25 mL容量瓶,残渣再加入5 mL甲醇(4.2),涡旋30 s,超声提取10 min,10 000 r/min离心10 min。合并上清液,用甲醇(4.2)定容,得到甲醇提取液。

6.2 样品净化

取C_{18}萃取柱进行活化处理,加入5 mL甲醇(4.2),近流干时,加入5 mL水淋洗,抽至水面刚达到填料表面。取5.00 mL甲醇(4.2)提取液,加入5 mL水混合后,倾入C_{18}萃取柱(流速为1 mL/min),用5 mL水淋洗,抽干后,用乙腈(4.1)洗脱,定容至2.00 mL。洗脱液过0.45 μm滤膜,供高效液相色谱—质谱联用仪测定。

6.3 基质标准曲线的制备

应用本标准方法进行牛乳中孕酮含量的检测,获得总离子流图和质谱谱图。试样总离子流图在孕酮标准总离子流图对应的保留时间±5%范围内中无色谱峰,且该范围内无孕酮特征离子,则该牛乳为基质试样。

称取5 g(精确至0.001 g)基质试样6份,分别准确移取标准使用液(4.5.2)0.00 mL、0.01 mL、0.05 mL、0.10 mL、0.50 mL、1.00 mL,加入到空白试样中,按6.1、6.2步骤操作,供高效液相色谱—质谱联用仪测定,制作标准曲线。

6.4 测定

6.4.1 高效液相色谱参考条件

色谱柱:C_{18},3.5 μm,2.1 mm×150 mm,或相当者。

流动相:乙腈(4.1)+乙酸铵溶液(4.3)(65+35)。

流速:0.3 mL/min。

柱温:40℃。

进样量:10 μL。

6.4.2 质谱参考条件

离子源:电喷雾离子源。

扫描方式:正离子扫描。

毛细管电压:4.00 kV。

锥孔电压:30.0 V。

源温度:120℃。

脱溶剂气温度:350℃。

锥孔反吹气流速:100 L/h。

脱溶剂气流速:450 L/h。

特征选择离子(m/z):97,109,315。

6.4.3 高效液相色谱—质谱测定

取孕酮标准工作溶液系列(6.3)及试液各10 μL,分别注入高效液相色谱—质谱联用仪进行分析。孕酮标准总离子流图和质谱图参见图A.1和图A.2。

6.4.4 定性与定量

6.4.4.1 定性

样品特征离子色谱图的保留时间与孕酮标准品的保留时间相差不大于5%；样品色谱峰的特征离子的相对丰度与相应浓度孕酮标准品色谱峰的特征离子的相对丰度相比较，若相对相差不超过最大允许差±10%，则可以判断样品中存在相应的待测物。

6.4.4.2 定量

以标准溶液中定量离子峰面积为纵坐标，标准浓度为横坐标绘制标准工作曲线，用标准工作曲线对试样定量。样品溶液中的孕酮含量应在标准曲线线性范围内。外标法定量，定量离子为315。

7 结果计算

试样中孕酮含量以质量分数 ω 计，单位以毫克每千克（μg/kg）表示，按式（1）计算：

$$\omega = \frac{c \times V_0 \times V_2}{m \times V_1} \times 1000 \quad \cdots\cdots (1)$$

式中：

c——从标准曲线上得到的待测样液中孕酮的质量浓度，单位为微克每毫升（μg/mL）；

V_0——提取液总体积，单位为毫升（mL）；

V_1——提取液分取体积，单位为毫升（mL）；

V_2——提取液最终定容体积，单位为毫升（mL）；

m——称取的试样量，单位为克（g）。

测定结果用平行测定结果的算术平均值表示，保留至小数点后一位。

8 精密度

在重复性条件下获得的两次独立测定结果的绝对差值不得超过算术平均值的10%。

附　录　A
（资料性附录）
标准物质总离子流图和质谱参考图

A.1　孕酮标准物质总离子流图见图 A.1。

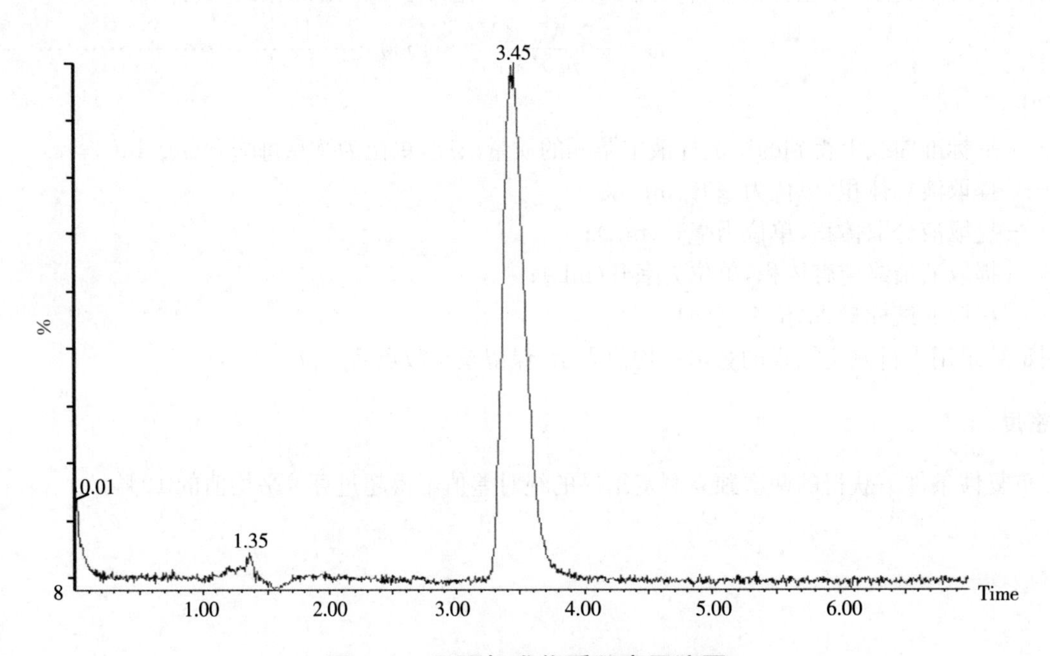

图 A.1　孕酮标准物质总离子流图

A.2 孕酮标准物质质谱图见图 A.2。

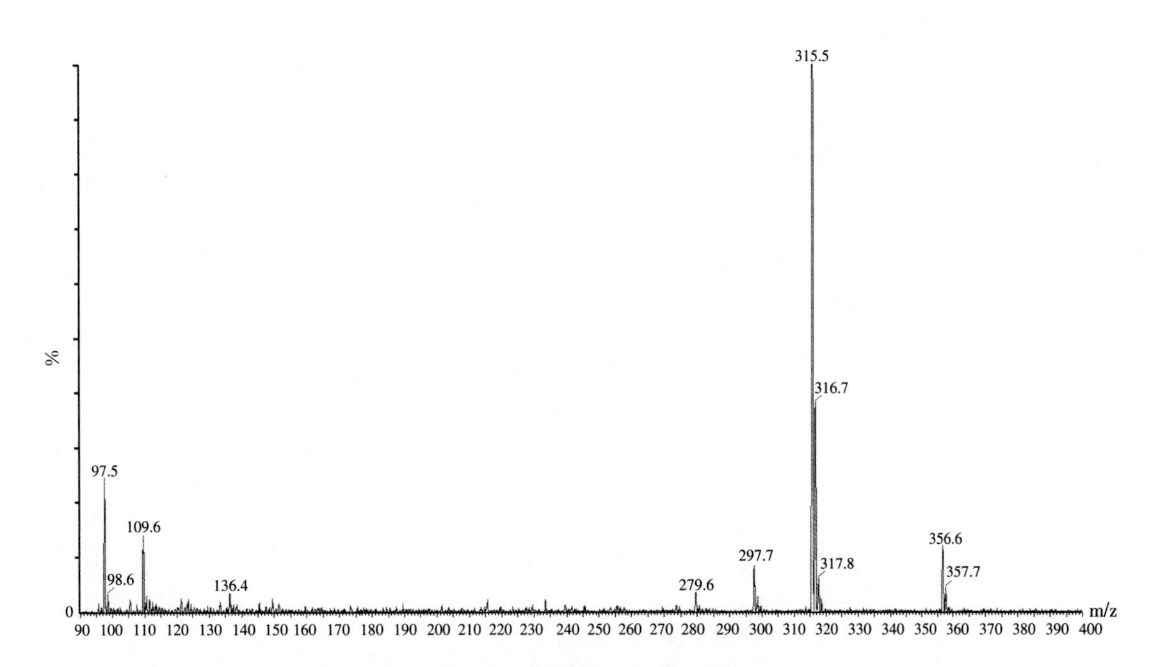

图 A.2 孕酮标准物质质谱图

ICS 67.100.01
X 16

中华人民共和国农业行业标准

NY/T 2070—2011

牛初乳及其制品中免疫球蛋白IgG的测定 分光光度法

Determination of immunoglobulin G in bovine colostrum and its products—Spectrophotometry

2011-09-01 发布　　2011-12-01 实施

中华人民共和国农业部　发布

前　言

本标准按照GB/T 1.1—2009给出的规则起草。

本标准由中华人民共和国农业部畜牧业司提出。

本标准由全国畜牧业标准化技术委员会(SAC/TC 274)归口。

本标准起草单位:中国农业科学院农业质量标准与检测技术研究所、东北农业大学。

本标准主要起草人:邵华、金茂俊、姜瞻梅、金芬、肖航、杨锚、王静、刘宁。

牛初乳及其制品中免疫球蛋白 IgG 的测定　分光光度法

1　范围

本标准规定了牛初乳及其制品中免疫球蛋白 IgG 的测定方法。

本标准适用于牛初乳及其制品中免疫球蛋白 IgG 的测定。

本方法检出限:0.2 mg/mL。

2　规范性引用文件

下列文件对于本文件的应用是必不可少的。凡是注日期的引用文件,仅注日期的版本适用于本文件。凡是不注日期的引用文件,其最新版本(包括所有的修改单)适用于本文件。

GB/T 6682　分析实验用水规格和试验方法

3　原理

试样中可溶性抗原 IgG 与抗体形成可溶性免疫复合物,复合物在聚乙二醇作用下自液相析出,形成微粒,使试液浊度发生变化,试液浊度与所含 IgG 抗原量成正比,在 340 nm 测定免疫球蛋白 IgG 含量。

4　试剂与材料

除非另有说明,在分析中仅使用确认为分析纯的试剂。实验用水应符合 GB/T 6682 规定的二级水要求。

4.1　0.01 mol/L 磷酸盐缓冲液(pH 7.4)

取 0.27 g 磷酸二氢钾(KH_2PO_4),2.86 g 磷酸氢二钠($Na_2HPO_4 \cdot 12H_2O$),0.20 g 氯化钾(KCl),8.80 g 氯化钠(NaCl),水溶解后调 pH 至 7.4,用蒸馏水定容至 1 000 mL,置 4℃保存。

4.2　4%聚乙二醇缓冲液

取 40 g 聚乙二醇,加磷酸盐缓冲液(4.1)定容至 1 000 mL,置 4℃保存。

4.3　IgG 标准贮备液

称取 0.010 g IgG 标准品,精确至 0.000 1 g,用磷酸盐缓冲液(4.1)溶解并定容至 10.0 mL,摇匀。此标准贮备液质量浓度为 1.0 mg/mL,置－18℃保存备用。

4.4　IgG 标准系列溶液

取 IgG 标准贮备液,用 4%聚乙二醇缓冲液稀释(4.2),配制浓度为 0.20 mg/mL、0.30 mg/mL、0.40 mg/mL、0.50 mg/mL、0.60 mg/mL、0.70 mg/mL 和 0.80 mg/mL 的 IgG 标准系列溶液,临用时配制。

4.5　抗 IgG 抗体贮备液

取 10 mg 兔抗牛 IgG 抗体粉剂(效价≥10 000)溶于 2 mL 的磷酸盐缓冲液(4.1)中,每管分装成 100 μL,置－18℃保存备用。

4.6　抗 IgG 抗体稀释液

取 100 μL 的抗体贮备液,加入 4.9 mL 的聚乙二醇缓冲液(4.2),将抗体稀释 50 倍。临用时配制。

5　仪器与设备

5.1　紫外分光光度计,340 nm,配有微量比色皿。

5.2　微量移液器。

5.3　反应管,0.5 mL。

5.4　冷冻离心机。

5.5　分析天平,感量 0.1 mg 和 0.01 g。

5.6　恒温水浴锅。

6　分析步骤

6.1　试样制备

6.1.1　液态牛初乳

取 2.0 mL 液态牛初乳试样于离心管中,在 1℃～5℃、5 000 r/min 条件下离心 30 min。去上层脂肪,取 1.0 mL 脱脂牛初乳试样,用 4%聚乙二醇缓冲液(4.2)稀释至 100 mL～200 mL,混匀,备用。

6.1.2　固态牛初乳

将固态牛初乳样品粉碎后,称取 0.2 g 试样,精确至 0.001 g,加 2.0 mL 水,混匀,在 1℃～5℃、5 000 r/min 条件下离心 30 min。去上层脂肪,取 1.0 mL 脱脂牛初乳试样,用 4%聚乙二醇缓冲液(4.2)稀释至 50 mL～100 mL,混匀,备用。

6.2　测定

6.2.1　标准曲线的绘制

向各个反应管中加入 250 μL 的抗 IgG 抗体稀释液(4.6),再分别取 10 μL 浓度为 0.20 mg/mL、0.30 mg/mL、0.40 mg/mL、0.50 mg/mL、0.60 mg/mL、0.70 mg/mL、0.80 mg/mL 的 IgG 标准系列溶液(4.4)依次加入各反应管中,混匀后,置于 37℃水浴中反应 40 min。以 4%聚乙二醇缓冲液(4.2)进行调零,在 340 nm 波长下测定吸光值,以标准溶液浓度为横坐标、吸光值为纵坐标,绘制标准曲线。

6.2.2　试样的测定

向各个反应管中加入 250 μL 的抗 IgG 抗体稀释液(4.6),再取 10 μL 待测试样加入各反应管中,混匀后,置于 37℃水浴中反应 40 min。以 4%聚乙二醇缓冲液(4.2)调整分光光度计的零点,在 340 nm 波长下,测定吸光值。根据标准曲线,计算待测试样中 IgG 含量。

6.3　空白实验

采用脱脂乳为空白样品,按照 6.1 和 6.2.2 的步骤进行操作。

7　结果计算

试样中 IgG 的含量以质量分数 ω 计,单位为克每百克(g/100 g)或克每百毫升(g/100 mL)表示,按式(1)计算:

$$\omega = \frac{\rho \times V \times 2 \times 100}{m \times 1000} \qquad (1)$$

式中:

m——试样的质量或体积,单位为克(g)或毫升(mL)。

ρ——被测液中 IgG 的质量浓度,单位为毫克每毫升(mg/mL);

V——试样稀释后的体积,单位为毫升(mL)。

计算结果保留两位有效数字。

8　精密度

在重复性条件下获得的两次独立测定结果的绝对差值不得超过算术平均值的 10%。

ICS 67.120.10
B 45

中华人民共和国农业行业标准

NY/T 2073—2011

调理肉制品加工技术规范

Technical regulation for processing of prepared meat products

2011-09-01 发布　　2011-12-01 实施

中华人民共和国农业部　发布

前　言

本标准按照 GB/T 1.1—2009 给出的规则起草。

本标准由中华人民共和国农业部农产品加工局提出并归口。

本标准主要起草单位：中国农业科学院农产品加工研究所、河南大用实业有限公司、中华人民共和国漯河出入境检验检疫局。

本标准主要起草人：张德权、张春晖、饶伟丽、石亮、夏双梅、李春红、朱捷、李娟。

调理肉制品加工技术规范

1 范围

本标准规定了调理肉制品产品分类、加工技术要求、质量安全要求、包装与标识、贮存、运输与销售、质量安全要求和召回。

本标准适用于预制类和预加热类调理肉制品的生产加工。

2 规范性引用文件

下列文件对于本文件的应用是必不可少的。凡是注日期的引用文件，仅注日期的版本适用于本文件。凡是不注日期的引用文件，其最新版本(包括所有的修改单)适用于本文件。

GB 191 包装储运图示标志

GB 2707 鲜(冻)畜肉卫生标准

GB 2717 酱油卫生标准

GB 2719 食醋卫生标准

GB 2721 食用盐卫生标准

GB 2758 发酵酒卫生标准

GB 2760 食品添加剂使用卫生标准

GB 2762 食品中污染物限量

GB 2763 食品中农药最大残留限量

GB 6388 运输包装收发货标志

GB/T 6543 运输包装用单瓦楞纸箱和双瓦楞纸箱

GB 7102.1 食用植物油煎炸过程中的卫生标准

GB 7718 预包装食品标签通则

GB/T 8883 食用小麦淀粉

GB/T 8884 食用马铃薯淀粉

GB/T 8885 食用玉米淀粉

GB 9681 食品包装用聚氯乙烯成型品卫生标准

GB 9683 复合食品包装袋卫生标准

GB 9687 食品包装用聚乙烯成型品卫生标准

GB 9688 食品包装用聚丙烯成型品卫生标准

GB 9689 食品包装用聚苯乙烯成型品卫生标准

GB 12694 肉类加工厂卫生规范

GB 13104 食糖卫生标准

GB 14881 食品企业通用卫生规范

GB 16869 鲜、冻禽产品

GB/T 17306 包装 消费者的需求

GB/T 19480 肉与肉制品术语

GB/T 20940 肉类制品企业良好操作规范

《食品召回管理制度》 国家质量监督检验检疫总局令 2007 年第 98 号

3 术语和定义

GB/T 19480界定的以及下列术语和定义适用于本文件。

3.1

调理肉制品 prepared meat products

以畜禽肉为主要原料，绞制或切制后添加调味料、蔬菜等辅料，经滚揉、搅拌、调味或预加热等工艺加工而成，需在冷藏或冻藏条件下贮藏、运输及销售，食用前需经二次加工的非即食类肉制品。

3.2

预制 pre-processing

在原料肉中加入调味料、蔬菜等辅料，以及滚揉、搅拌、成型等加工过程。

3.3

预加热 pre-heating

原料预制后，经蒸煮或油炸等工艺，使之成型或部分熟化的加工过程。

3.4

冷藏 chilling storage

调理肉制品经快速冷却后，在0℃～4℃下贮存。

3.5

冻藏 frozen storage

调理肉制品经速冻后，在－18℃以下贮存。

4 产品分类

4.1 按加热工艺分类

分为预制调理肉制品和预加热调理肉制品两类。

4.2 按贮藏方式分类

分为冷藏调理肉制品和冷冻调理肉制品两类。

5 加工技术要求

5.1 调理肉制品加工企业应符合GB 12694和GB 14881的规定。

5.2 原辅料要求

5.2.1 鲜(冻)畜产品应符合GB 2707的规定。

5.2.2 鲜(冻)禽产品应符合GB 16869的规定。

5.2.3 蔬菜应新鲜、无腐烂，污染物和农药含量应符合GB 2762、GB 2763的规定。

5.2.4 酱油应符合GB 2717的规定。

5.2.5 食醋应符合GB 2719的规定。

5.2.6 食盐应符合GB 2721的规定。

5.2.7 食糖应符合GB 13104的规定。

5.2.8 发酵酒应符合GB 2758的规定。

5.2.9 小麦淀粉应符合GB/T 8883的规定。

5.2.10 马铃薯淀粉应符合GB/T 8884的规定。

5.2.11 玉米淀粉应符合GB/T 8885的规定。

5.2.12 食品添加剂应符合GB 2760的规定。

5.2.13 其他辅料应符合相关国家标准、行业标准的规定。

5.3 原料肉存放与解冻要求

5.3.1 生鲜肉进入加工车间后，若 6 h 内不能进行加工，应冷藏或冻藏。冷藏时间不应超过 3 d。

5.3.2 冷冻肉解冻后的中心温度应不高于 5℃。

5.4 加工工艺要求

5.4.1 调理肉制品在进行绞制或切制、搅拌、腌制等加工时，加工操作应符合 GB/T 20940 的规定。

5.4.2 预制车间温度应不高于 15℃，预制过程中调理肉制品中心温度应不高于 12℃。

5.4.3 蒸煮、油炸等预加热过程中，蒸煮温度应不高于 100℃，油炸温度应不高于烟点温度。煎炸过程中，食用植物油的卫生标准应符合 GB 7102.1 的规定。

5.5 冷藏、冻藏要求

5.5.1 冷却时，应在 0℃～4℃下进行冷却处理，使产品中心温度降到 4℃以下。

5.5.2 冷冻时，应在－23℃以下进行冻结处理，使产品中心温度降到－18℃以下。

6 包装与标识、贮存、运输与销售

6.1 包装与标识

6.1.1 调理肉制品包装容器应符合 GB/T 17306 的规定。

6.1.2 调理肉制品包装材料应符合 GB 9681、GB 9683、GB 9687、GB 9688、GB 9689、GB/T 6543 的规定。

6.1.3 调理肉制品标签标识应符合 GB 7718 的规定，包装储运标识应符合 GB 191 和 GB 6388 的规定。

6.2 贮存、运输与销售

6.2.1 冷藏类调理肉制品应贮存在 0℃～4℃，冷冻类调理肉制品应贮存在－18℃以下。冷库温度在±1℃以内。

6.2.2 不同类别、批次、规格的调理肉制品应分别堆垛，垛与垛之间应有 1 m 以上的通道。

6.2.3 运输冷藏类调理肉制品的车辆厢内温度应控制在 0℃～4℃，运输冷冻类调理肉制品的车辆厢内温度应控制在－10℃以下。

6.2.4 冷藏类调理肉制品应在冷藏柜中销售，冷藏柜温度应控制在 12℃以下；冷冻类调理肉制品应在冷冻柜中销售，冷冻柜温度应控制在－10℃以下。

7 调理肉制品质量安全要求

7.1 调理肉制品应新鲜，无异味，无杂质。

7.2 调理肉制品中食品添加剂、重金属含量应符合 GB 2760、GB 2762 的规定。

7.3 预制类调理肉制品中细菌总数应不高于 1×10^{6} cfu/g，预加热类调理肉制品中细菌总数应不高于 1×10^{5} cfu/g，致病菌不得检出。

8 召回

问题产品应按照《食品召回管理制度》执行。

ICS 67.160.10
X 63

中华人民共和国农业行业标准

NY/T 2104—2011

绿色食品　配制酒

Green food—Mixed wine

2011-09-01 发布　　2011-12-01 实施

中华人民共和国农业部 发布

前　言

本标准按照GB/T 1.1—2009给出的规则起草。

本标准由中华人民共和国农业部农产品质量安全监管局提出。

本标准由中国绿色食品发展中心归口。

本标准起草单位:农业部食品质量监督检验测试中心(济南)、中国绿色食品发展中心。

本标准主要起草人:滕葳、李鹏、柳琪。

绿色食品　配制酒

1　范围

本标准规定了绿色食品配制酒的术语和定义、要求、试验方法、检验规则、标志、标签、包装、运输和贮存。

本标准适用于绿色食品配制酒(包括植物类配制酒、动物类配制酒、动植物类配制酒和其他类配制酒)。

2　规范性引用文件

下列文件对于本文件的应用是必不可少的。凡是注日期的引用文件,仅注日期的版本适用于本文件。凡是不注日期的引用文件,其最新版本(包括所有的修改单)适用于本文件。

GB/T 191　包装储运图示标志
GB 2757　蒸馏酒及配制酒卫生标准
GB 2758　发酵酒卫生标准
GB/T 4789.25　食品卫生微生物学检验　酒类检验
GB/T 5009.35—2003　食品中合成着色剂的测定
GB/T 5009.48　蒸馏酒与配制酒卫生标准的分析方法
GB/T 5009.49　发酵酒及其配制酒卫生标准的分析方法
GB/T 5009.97　食品中环己基氨基磺酸钠的测定
GB/T 5009.141—2003　食品中诱惑红的测定
GB 7718　预包装食品标签通则
GB 10344　预包装饮料酒标签通则
GB/T 15038　葡萄酒、果酒通用分析方法
GB/T 23495　食品中苯甲酸、山梨酸和糖精钠的测定　高效液相色谱法
JJF 1070　定量包装商品净含量计量检验规则
NY/T 392　绿色食品　食品添加剂使用准则
NY/T 658　绿色食品　包装通用准则
NY/T 1055　绿色食品　产品检验规则
NY/T 1056　绿色食品　贮藏运输准则
《定量包装商品计量监督管理办法》　国家质量监督检验检疫总局令2005年第75号
中国绿色食品商标标志设计使用规范手册

3　术语和定义

下列术语和定义适用于本文件。

3.1

配制酒　mixed wine

以发酵酒或蒸馏酒为酒基,加入可食用的辅料或食品添加剂,进行直接浸泡或复蒸馏、调配、混合或再加工制成的、已改变了其原有酒基风格的酒。

注:配制酒又称露酒,分为植物类配制酒、动物类配制酒、动植物类配制酒和其他类配制酒。

3.2

植物类配制酒　mixed wine from plant

利用植物的花、叶、根、茎、果为香源及营养源，经再加工制成的、具有明显植物香及有效成分的配制酒。

3.3

动物类配制酒　mixed wine from animal

利用食用动物及其制品为香源及营养源，经再加工制成的、具有明显动物脂香及有效成分的配制酒。

3.4

动植物类配制酒　mixed wine from plant and animal

同时利用动物、植物有效成分制成的配制酒。

4　要求

4.1　原料及生产加工

4.1.1　配制酒的原料应符合 GB 2757、GB 2758 和 NY/T 392 的要求及绿色食品对生产原料的有关规定。

4.1.2　生产加工过程应符合绿色食品生产加工规定。

4.1.3　不应使用转基因原料生产绿色食品配制酒。

4.2　感官

应符合表 1 的规定。

表 1　感　官

项目	指标			
	植物类	动物类	动植物类	其他类
色泽	透明无色液体或具有该品种酒固有的色泽			
澄清度	澄清透明，无沉淀、杂质及悬浮物			
香气	具有相应的植物香和酒香，诸香和谐纯正	具有相应的动物脂香和酒香，诸香和谐纯正	具有相应的动植物香和酒香，诸香和谐纯正	具有本类型酒应有的香气，诸香和谐纯正
滋味	具有该产品固有的滋味，醇和、舒顺协调，无异味。			
风格	具有本品固有的风格			
12 个月以上的瓶装产品允许出现少量的沉淀。				

4.3　理化指标

应符合表 2 的规定。

表 2　理化指标

项　目	指　标
酒精度(20℃)，%(体积分数)	产品明示质量要求
滴定酸(以乙酸计)，g/L	≤6.0
总糖(以葡萄糖计)，g/L	≤200
具有保健功能的配制酒还应符合保健食品的相关要求。	

4.4　卫生指标

应符合表 3 的规定。

表 3 卫生指标

项 目	指 标
苯甲酸[a],g/kg	不得检出(<0.001 8)
山梨酸[a],g/kg	≤0.2
糖精钠,g/kg	不得检出(<0.003)
环已基氨基磺酸钠(甜蜜素),g/kg	不得检出(<0.000 2)
合成着色剂[b](定性)	阴性
甲醇[c],g/100mL	≤0.04
氰化物[c](以 HCN 计),mg/L	≤2
铅(以 Pb 计),mg/L	≤1(以蒸馏酒为酒基),≤0.2(以发酵酒为酒基)
锰(以 Mn 计),mg/L	≤2
总二氧化硫[d](SO_2),(mg/L)	不得检出(≤1)
展青霉素[e],μg/L	≤50
菌落总数[d],cfu/mL	≤50
大肠菌群[d],MPN/100mL	≤3
致病菌(沙门氏菌、致贺氏菌、金黄色葡萄球菌)[d]	不得检出
本表指标系指 60 度蒸馏酒的标准,高于或低于 60 度者,按 60 度折算。	

[a] 适用于酒精度≤24%(体积分数)的产品;
[b] 合成着色剂具体检测项目视产品色泽而定;
[c] 适用于以蒸馏酒为酒基的产品;
[d] 适用于以发酵酒为酒基的产品;
[e] 适用于以苹果酒、山楂酒为酒基的发酵酒。

4.5 净含量

净含量应符合《定量包装商品计量监督管理办法》的规定。

5 试验方法

5.1 感官、酒精度、滴定酸、总糖

按 GB/T 15038 的规定执行。

5.2 苯甲酸、山梨酸、糖精钠

按 GB/T 23495 的规定执行。

5.3 环己基氨基磺酸钠

按 GB/T 5009.97 的规定执行。

5.4 合成着色剂

按 GB/T 5009.35—2003 中 9.3 和 GB/T 5009.141—2003 中 5.1 的规定执行。

5.5 甲醇、氰化物、铅、锰

按 GB/T 5009.48 的规定执行。

5.6 总二氧化硫、展青霉素、菌落总数、大肠菌群、致病菌(沙门氏菌、致贺氏菌、金黄色葡萄球菌)

按 GB/T 5009.49 和 GB/T 4789.25 的规定执行。

5.7 净含量

按 JJF 1070 的规定执行。

6 检验规则

按 NY/T 1055 的规定执行。

7 标志、标签

7.1 标志

产品销售和运输包装上应标注绿色食品标志，标注办法按《中国绿色食品商标标志设计使用规范手册》的规定执行。储运图示按 GB/T 191 的规定执行。

7.2 标签

应符合 GB 7718 及 GB 10344 的要求。

8 包装、运输和贮存

8.1 包装

包装应符合 NY/T 658 及食品卫生标准的要求和有关规定。包装容器应清洁，封装严密，无漏气、漏酒现象。外包装应使用合格的包装材料，并符合相应的标准。

8.2 运输和贮存

按 NY/T 1056 的规定执行。运输和贮存时应保持清洁，避免强烈振荡、日晒、雨淋，防止冰冻，装卸时应轻拿轻放。存放地点应阴凉、干燥、通风良好；严防日晒、雨淋，严禁火种。成品不应与潮湿地面直接接触；不应与有毒、有害、有异味、有腐蚀性物品同贮同运。运输温度宜保持在 5℃～35℃；贮存温度宜保持在 5℃～25℃。

ICS 67.040
X 79

中华人民共和国农业行业标准

NY/T 2105—2011

绿色食品　汤类罐头

Green food—Canned soups

2011-09-01 发布　　2011-12-01 实施

中华人民共和国农业部 发布

前 言

本标准按照GB/T 1.1—2009给出的规则起草。

本标准由中华人民共和国农业部农产品质量安全监管局提出。

本标准由中国绿色食品发展中心归口。

本标准起草单位:浙江省农业科学院农产品质量标准研究所、中国绿色食品发展中心、农业部农产品及转基因产品质量安全监督检验测试中心(杭州)、农业部食品质量监督检验测试中心(武汉)、杭州市拱墅区疾病预防控制和妇幼保健中心、泰安出入境检验检疫局。

本标准主要起草人:张志恒、陈倩、袁玉伟、樊铭勇、王强、胡文兰、郑蔚然、孙彩霞、杨桂玲、王超、龚艳。

绿色食品　汤类罐头

1　范围

本标准规定了绿色食品汤类罐头的术语和定义、要求、试验方法、检验规则、标志、标签、包装、运输和贮存。

本标准适用于各类绿色食品汤类罐头;本标准不适用于其他绿色食品罐头类标准已涵盖的产品。

2　规范性引用文件

下列文件对于本文件的应用是必不可少的。凡是注日期的引用文件,仅注日期的版本适用于本文件。凡是不注日期的引用文件,其最新版本(包括所有的修改单)适用于本文件。

GB/T 191　包装储运图示标志

GB/T 4789.26　食品卫生微生物学检验　罐头食品商业无菌的检验

GB/T 5009.11　食品中总砷及无机砷的测定

GB 5009.12　食品安全国家标准　食品中铅的测定

GB/T 5009.15　食品中镉的测定

GB/T 5009.16　食品中锡的测定

GB/T 5009.17　食品中总汞及有机汞的测定

GB/T 5009.29　食品中山梨酸、苯甲酸的测定

GB 5009.33　食品安全国家标准　食品中亚硝酸盐和硝酸盐的测定

GB/T 5009.123　食品中铬的测定

GB/T 5009.190　食品中指示性多氯联苯含量的测定

GB 5749　生活饮用水卫生标准

GB 7718　预包装食品标签通则

GB 8950　罐头厂卫生规范

GB/T 10786　罐头食品的检验方法

GB/T 12457　食品中氯化钠的测定

GB/T 20361　水产品中孔雀石绿和结晶紫残留量的测定　高效液相色谱荧光检测法

GB/T 22286　动物源性食品中多种β-受体激动剂残留量的测定　液相色谱串联质谱法

GB/T 23296.16　食品接触材料　高分子材料　食品模拟物中2,2-二(4-羟基苯基)丙烷(双酚A)的测定　高效液相色谱法

JJF 1070　定量包装商品净含量计量检验规范

NY/T 392　绿色食品　食品添加剂使用准则

NY/T 658　绿色食品　包装通用准则

NY/T 1055　绿色食品　产品检验规则

NY/T 1056　绿色食品　贮藏运输准则

《定量包装商品计量监督管理办法》　国家质量监督检验检疫总局令2005年第75号

中国绿色食品商标标志设计使用规范手册

3　术语和定义

下列术语和定义适用于本文件。

3.1

汤类罐头 canned soups

以符合要求的畜禽产品、水产品和蔬菜类等为原料，经加水烹调等加工后装罐而制成的罐头产品。

4 要求

4.1 原辅料

4.1.1 所有原料应符合相应的绿色食品产品标准的规定。

4.1.2 加工用水应符合 GB 5749 的规定。

4.1.3 食品添加剂应符合 NY/T 392 的规定。

4.2 加工过程的卫生规范

按 GB 8950 的规定执行。

4.3 感官

应为液体或固液混合体，具有该产品应有色泽、形态、气味和滋味，无异色、异味和可见杂物。

4.4 理化指标

应符合表 1 的规定。

表 1 理化指标

项　目	指　标
固形物，g/100 g	按产品标识执行
氯化钠，g/100 g	≤1.25

4.5 卫生指标

应符合表 2 的规定。

表 2 卫生指标

项　目	指　标
铅(以 Pb 计)，mg/kg	≤0.5
镉(以 Cd 计)，mg/kg	≤0.1
铬(以 Cr 计)，mg/kg	≤1.0
总砷(以 As 计)，mg/kg	≤0.2
总汞(以 Hg 计)[a]，mg/kg	≤0.05
甲基汞[b]，mg/kg	≤0.5
锡(以 Sn 计)[c]，mg/kg	≤100
双酚 A，mg/kg	≤0.1
多氯联苯[d]，mg/kg	≤0.3
孔雀石绿[e]，μg/kg	不得检出(<0.5)
盐酸克伦特罗[f]，μg/kg	不得检出(<0.5)
亚硝酸盐，mg/kg	≤3
山梨酸，mg/kg	≤500
苯甲酸，mg/kg	不得检出(<1)
微生物	商业无菌

[a] 仅适用于以非水产品为主要原料的汤类罐头；
[b] 仅适用于以水产品为主要原料的汤类罐头；
[c] 仅适用于采用镀锡薄板容器包装的产品；
[d] 仅适用于以水产品为主要原料的汤类罐头，以 PCB28、PCB52、PCB101、PCB118、PCB138、PCB153 和 PCB180 总和计；
[e] 仅适用于含有水产品类原料的汤类罐头；
[f] 仅适用于含有畜产品类原料的汤类罐头。

4.6 净含量

应符合《定量包装商品计量监督管理办法》的规定。

5 试验方法

5.1 感官

按 GB/T 10786 的规定执行。

5.2 理化指标

5.2.1 固形物

按 GB/T 10786 的规定执行。

5.2.2 氯化钠

按 GB/T 12457 的规定执行。

5.3 卫生指标

5.3.1 铅

按 GB 5009.12 的规定执行。

5.3.2 镉

按 GB/T 5009.15 的规定执行。

5.3.3 铬

按 GB/T 5009.123 的规定执行。

5.3.4 无机砷

按 GB/T 5009.11 的规定执行。

5.3.5 总汞

按 GB/T 5009.17 的规定执行。

5.3.6 甲基汞

按 GB/T 5009.17 的规定执行。

5.3.7 锡

按 GB/T 5009.16 的规定执行。

5.3.8 双酚 A

按 GB/T 23296.16 的规定执行。

5.3.9 多氯联苯

按 GB/T 5009.190 的规定执行。

5.3.10 孔雀石绿

按 GB/T 20361 的规定执行。

5.3.11 盐酸克伦特罗

按 GB/T 22286 的规定执行。

5.3.12 亚硝酸盐

按 GB 5009.33 的规定执行。

5.3.13 山梨酸

按 GB/T 5009.29 的规定执行。

5.3.14 苯甲酸

按 GB/T 5009.29 的规定执行。

5.3.15 商业无菌

按 GB/T 4789.26 的规定执行。

5.4 净含量

按 JJF 1070 的规定执行。

6 检验规则

按 NY/T 1055 的规定执行。

7 标志和标签

7.1 标志

产品包装应有绿色食品标志，标注办法应符合《中国绿色食品商标标志设计使用规范手册》的规定。储运图示标志按 GB/T 191 的规定执行。

7.2 标签

按 GB 7718 的规定执行。

8 包装、运输和贮存

8.1 包装

按 NY/T 658 的规定执行。

8.2 运输和贮存

按 NY/T 1056 的规定执行。

ICS 67.040
X 79

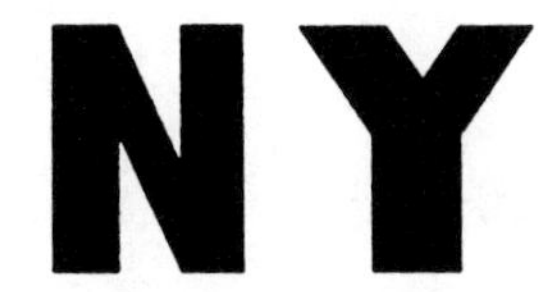

中华人民共和国农业行业标准

NY/T 2106—2011

绿色食品　谷物类罐头

Green food—Canned cereals

2011-09-01 发布　　　　2011-12-01 实施

中华人民共和国农业部　发布

前　言

本标准按照GB/T 1.1—2009给出的规则起草。

本标准由中华人民共和国农业部农产品质量安全监管局提出。

本标准由中国绿色食品发展中心归口。

本标准起草单位:河南省农业科学院农业质量标准与检测技术研究中心、农业部农产品质量监督检验测试中心(郑州)、中国绿色食品发展中心。

本标准主要起草人:郝学飞、张玲、张军锋、陈丛梅、胡京枝、赵光华、刘继红、马俊峰、余大杰、张正军、马红芳。

绿色食品　谷物类罐头

1　范围

本标准规定了绿色食品谷物类罐头的产品分类、要求、试验方法、检验规则、标志、标签、包装、运输与贮存。

本标准适用于绿色食品谷物类罐头，包括面食罐头，米饭罐头，粥类罐头。

本标准不适用于玉米罐头。

2　规范性引用文件

下列文件对于本文件的应用是必不可少的。凡是注日期的引用文件，仅注日期的版本适用于本文件。凡是不注日期的引用文件，其最新版本(包括所有的修改单)适用于本文件。

GB/T 191　包装储运图示标志

GB 2760　食品添加剂使用卫生标准

GB/T 4789.26　食品卫生微生物学检验　罐头食品商业无菌的检验

GB/T 5009.7　食品中还原糖的测定

GB/T 5009.8　食品中蔗糖的测定

GB/T 5009.11　食品中总砷及无机砷的测定

GB 5009.12　食品安全国家标准　食品中铅的测定

GB/T 5009.15　食品中镉的测定

GB/T 5009.16　食品中锡的测定

GB/T 5009.17　食品中总汞及有机汞的测定

GB/T 5009.22　食品中黄曲霉毒素 B_1 的测定

GB/T 5009.37　食用植物油卫生标准的分析方法

GB/T 5009.56　糕点卫生标准的分析方法

GB/T 5009.97　食品中环己基氨基磺酸钠的测定

GB/T 5009.140　饮料中乙酰磺胺酸钾的测定

GB 7718　预包装食品标签通则

GB 8950　罐头厂卫生规范

GB/T 10786　罐头食品的检验方法

GB/T 18415　小麦粉中过氧化苯甲酰的测定方法

GB/T 23373　食品中抗氧化剂丁基羟基茴香醚(BHA)、二丁基羟基甲苯(BHT)与特丁基对苯二酚(TBHQ)的测定

GB/T 23495　食品中苯甲酸、山梨酸和糖精钠的测定

JJF 1070　定量包装商品净含量计量检验规则

NY/T 392　绿色食品　食品添加剂使用准则

NY/T 658　绿色食品　包装通用准则

NY/T 1055　绿色食品　产品检验规则

NY/T 1056　绿色食品　贮藏运输准则

《定量包装商品计量监督管理办法》　国家质量监督检验检疫总局令 2005 年第 75 号

中国绿色食品商标标志设计使用规范手册

3 术语及定义

下列术语和定义适用于本文件。

3.1

罐头食品 canned food

将符合要求的原料经处理、分选、修整、烹调(或不经烹调)、装罐(包括马口铁罐、铝合金罐、玻璃罐、复合薄膜袋或其他包装材料容器)、密封、杀菌、冷却或无菌条件下制成的达到商业无菌的罐藏食品。

3.2

面食罐头 canned pasta

以谷物面粉为原料制成面条,经蒸煮或油炸、调配,配或不配蔬菜、肉类等配菜罐装制成的罐头产品。如茄汁肉沫面、鸡丝炒面、刀削面、面筋等罐头。

3.3

粥类罐头 canned porridge

以谷物为主要原料配以豆类、干果、蔬菜、水果中的一种或几种原料经处理后装罐制成的内容物为粥状的罐头产品。如八宝粥罐头、水果粥罐头、蔬菜粥罐头等。

3.4

米饭罐头 canned rice

以大米为原料经蒸煮成熟,配以蔬菜、肉类等配菜调配罐装成的罐头产品,以及经过处理后的谷物、干果及其他原料(桂圆、枸杞等)装罐制成的罐头产品。如米饭罐头、八宝饭罐头等。

4 产品分类

4.1 面食罐头

4.2 粥类罐头

其中八宝粥罐头根据产品中糖含量的不同分为普通型八宝粥、低糖型八宝粥(糖含量不大于5%)。

4.3 米饭罐头

5 要求

5.1 原料

应是绿色食品或符合相应绿色食品标准的规定。

5.2 加工过程

加工过程的卫生要求应符合 GB 8950 的规定。

5.3 食品添加剂

应符合 NY/T 392、GB 2760 的规定。

5.4 感官

5.4.1 外观:容器密封完好,无泄漏、胖听现象;容器外表无锈蚀,内壁涂料无脱落。

5.4.2 内容物应符合表1的规定。

表 1 感官

项目	要求
组织形态	具有该品种固有形态
色泽	具有该品种应有的色泽
滋味气味	具有该品种应有的滋味和气味，无异味
杂质	无肉眼可见杂质

5.5 理化指标

应符合表 2 的规定。

表 2 理化指标

项目	指标		
	面食罐头	米饭罐头	粥类罐头[b]
酸价(以脂肪计)[a]，mg/g	≤3.0	≤3.0	—
过氧化值(以脂肪计)[a]，g/100 g	≤0.25	≤0.25	—
固形物，%	—	—	≥55
干燥物含量，%	—	—	≥16(13[c])
可溶性固形物，%	—	—	≥9[d]
pH	—	—	5.4～6.5
糖含量，%			≤5[e]

[a] 酸价、过氧化值测定包括料包。
[b] 粥类罐头中的固形物、干燥物含量、pH、糖含量等要求只适用于八宝粥罐头，其他粥类罐头固形物应符合该产品标签标识的规定。
[c] 为低糖八宝粥应符合的指标。
[d] 低糖八宝粥该指标不做要求。
[e] 为低糖八宝粥应符合的指标，糖含量指游离的单糖和双糖的总量。

5.6 卫生指标

谷物类罐头产品应符合表 3 规定，若配有料包，料包应符合表 4 规定。

表 3 谷物类罐头产品卫生指标

项目	指标		
	面食罐头	米饭罐头	粥类罐头
无机砷(以 As 计)，mg/kg	—	≤0.2	≤0.2
总砷(以 As 计)，mg/kg	≤0.2	—	—
铅(以 Pb 计)，mg/kg	≤0.2(0.5[a])	≤0.2	≤0.2
总汞(以 Hg 计)，mg/kg	≤0.02	≤0.02	≤0.02
镉(以 Cd 计)，mg/kg	≤0.1	≤0.2(0.1[b])	≤0.1
锡(以 Sn 计)[c]，mg/kg	≤200		
山梨酸，mg/kg	不得检出(<1.2)		
苯甲酸，mg/kg	不得检出(<1.8)		
黄曲霉毒素 B_1，μg/kg	≤5		
过氧化苯甲酰，mg/kg	不得检出(<1.0)[d]	—	—
糖精钠，mg/kg	—	不得检出(<3.0)	不得检出(<3.0)
乙酰磺胺酸钾(安赛蜜)，g/kg	—	≤0.3	≤0.3
环己基氨基磺酸钠(甜蜜素)，mg/kg	—	不得检出(<2)	不得检出(<2)
微生物	商业无菌		

注 1：甜味剂测定仅适用于甜味米饭罐头、粥类罐头；
注 2：其他添加剂应符合 NY/T 392 要求。

[a] 仅适用于面筋罐头；
[b] 仅适用于八宝饭罐头；
[c] 仅适用于金属罐装罐头；
[d] 仅适用于以小麦粉为主要原料的罐头。

表 4　料包卫生指标

项　　目	指　　标
总砷(以 As 计),mg/kg	≤0.2
总汞(以 Hg 计),mg/kg	≤0.05
镉(以 Cd 计),mg/kg	≤0.2
铅(以 Pb 计),mg/kg	≤0.2
山梨酸,mg/kg	≤100
苯甲酸,mg/kg	不得检出(<1.8)
黄曲霉毒素 B_1,μg/kg	≤10
叔丁基羟基茴香醚(BHA),mg/kg	≤200
2,6-二叔丁基对甲酚(BHT),mg/kg	≤200
特丁基对苯二酚(TBHQ),mg/kg	≤200
BHA+BHT,mg/kg	≤200
微生物	商业无菌
注 1:料包为所有料包混合后的指标; 注 2:其他添加剂应符合 NY/T 392 要求。	

5.7　**净含量**

应符合《定量包装商品计量监督管理办法》的规定。

6　试验方法

6.1　**感官检验**

按 GB/T 10786 的规定执行。

6.2　**净含量**

按 JJF 1070 的规定执行。

6.3　**酸价、过氧化值**

按 GB/T 5009.37 的规定执行;油脂提取按 GB/T 5009.56—2003 中 4.2 试样处理执行。

6.4　**固形物、可溶性固形物、干燥物含量、pH**

按 GB/T 10786 的规定进行,可溶性固形物以 20℃计。

6.5　**糖含量**

产品的糖含量按还原糖和蔗糖含量的总和计。还原糖含量按 GB/T 5009.7 规定的方法测定,蔗糖含量按照 GB/T 5009.8 规定的方法测定。

6.6　**卫生检验**

6.6.1　**无机砷和总砷**

按 GB/T 5009.11 的规定执行。

6.6.2　**铅**

按 GB 5009.12 的规定执行。

6.6.3　**总汞**

按 GB/T 5009.17 的规定执行。

6.6.4　**镉**

按 GB/T 5009.15 的规定执行。

6.6.5　**锡**

按 GB/T 5009.16 的规定执行。

6.6.6　**山梨酸、苯甲酸、糖精钠**

按 GB/T 23495 的规定执行。

6.6.7 黄曲霉毒素 B_1

按 GB/T 5009.22 的规定执行。

6.6.8 过氧化苯甲酰

按 GB/T 18415 的规定执行。

6.6.9 乙酰磺胺酸钾(安赛蜜)

按 GB/T 5009.140 的规定执行。

6.6.10 环己基氨基磺酸钠(甜蜜素)

按 GB/T 5009.97 的规定执行。

6.6.11 叔丁基羟基茴香醚(BHA)、2,6-二叔丁基对甲酚(BHT)、特丁基对苯二酚(TBHQ)

按 GB/T 23373 的规定执行。

6.7 微生物检验

按 GB/T 4789.26 的规定执行。

7 检验规则

按 NY/T 1055 的规定执行。

8 标志和标签

8.1 标志

产品销售和运输包装上应标注绿色食品标志,标注办法按《中国绿色食品商标标志设计使用规范手册》规定执行。储运图示按 GB/T 191 的规定执行。

8.2 标签

应符合 GB 7718 的规定。

9 包装、运输和贮存

9.1 包装

包装应符合 NY/T 658 的要求,软包装罐头应有足够的支撑强度,连同产品复热用的托盘衬盒等容器,应能维持食品成熟或耐温特性,不变形。

9.2 运输和贮存

应符合 NY/T 1056 的规定。

ICS 67.040
X 10

中华人民共和国农业行业标准

NY/T 2107—2011

绿色食品 食品馅料

Green food—Filling of food

2011-09-01 发布 2011-12-01 实施

中华人民共和国农业部 发布

前　言

本标准按照 GB/T 1.1—2009 给出的规则起草。

本标准由中华人民共和国农业部农产品质量安全监管局提出。

本标准由中国绿色食品发展中心归口。

本标准起草单位：农业部食品质量监督检验测试中心（石河子）、呼图壁县禧悦食品有限公司。

本标准主要起草人：罗小玲、鲁立良、李冀新、刘长勇、魏向利、王东健、唐宗贵、何文红、周军。

绿色食品　食品馅料

1　范围

本标准规定了绿色食品食品馅料的术语和定义、分类、要求、试验方法、检验规则、标志、标签、包装、运输和贮存。

本标准适用于绿色食品食品馅料。

2　规范性引用文件

下列文件对于本文件的应用是必不可少的。凡是注日期的引用文件，仅注日期的版本适用于本文件。凡是不注日期的引用文件，其最新版本（包括所有的修改单）适用于本文件。

GB/T 191　包装储运图示标志
GB 4789.2　食品安全国家标准　食品微生物学检验　菌落总数测定
GB 4789.3　食品安全国家标准　食品微生物学检验　大肠菌群计数
GB 4789.4　食品安全国家标准　食品微生物学检验　沙门氏菌检验
GB/T 4789.5　食品卫生微生物学检验　志贺氏菌检验
GB 4789.10　食品安全国家标准　食品微生物学检验　金黄色葡萄球菌检验
GB 4789.15　食品安全国家标准　食品微生物学检验　霉菌和酵母计数
GB 5009.3　食品安全国家标准　食品中水分的测定
GB/T 5009.6　食品中脂肪的测定
GB/T 5009.11　食品中总砷及无机砷的测定
GB 5009.12　食品安全国家标准　食品中铅的测定
GB/T 5009.15　食品中镉的测定
GB/T 5009.17　食品中总汞及有机汞的测定
GB/T 5009.22　食品中黄曲霉毒素 B_1 的测定
GB/T 5009.28　食品中糖精钠的测定
GB/T 5009.29　食品中山梨酸、苯甲酸的测定
GB/T 5009.34　食品中亚硫酸盐的测定
GB/T 5009.35　食品中合成着色剂的测定
GB/T 5009.37　食用植物油卫生标准的分析方法
GB/T 5009.44　肉与肉制品卫生标准的分析方法
GB/T 5009.97　食品中环己基氨基磺酸钠的测定
GB 5749　生活饮用水卫生标准
GB 7718　预包装食品标签通则
GB 8957　糕点厂卫生规范
GB/T 23780　糕点质量检验方法
JJF 1070　定量包装商品净含量计量检验规则
NY/T 391　绿色食品　产地环境技术条件
NY/T 392　绿色食品　食品添加剂使用准则
NY/T 421　绿色食品　小麦粉
NY/T 422　绿色食品　食用糖

NY/T 436　绿色食品　蜜饯
NY/T 658　绿色食品　包装通用准则
NY/T 751　绿色食品　食用植物油
NY/T 754　绿色食品　蛋与蛋制品
NY/T 1041　绿色食品　干果
NY/T 1042　绿色食品　坚果
NY/T 1055　绿色食品　产品检验规则
NY/T 1056　绿色食品　贮藏运输准则
NY/T 1509　绿色食品　芝麻及其制品
《定量包装商品计量监督管理办法》　国家质量监督检验检疫总局令 2005 年第 75 号
中国绿色食品商标标志设计使用规范手册

3　术语和定义

下列术语和定义适用于本文件。

3.1

食品馅料　filling of food

以植物的果实或块茎、肉与肉制品、蛋及蛋制品、水产制品、油等为原料，加糖或不加糖，添加或不添加其他辅料，经工业化生产用于食品行业的产品。

3.2

冷链　cold chain

易腐食品从生产到消费的各个环节中，连续不断采用冷藏的方法保存食品的一个系统。

4　产品分类

4.1　按用途分类

4.1.1　焙烤食品用馅料

主要用于制作糕点、面包、月饼等焙烤食品的食品馅料。

4.1.2　冷冻饮品用馅料

主要用于制作冰淇淋、雪糕、冰品等冷冻饮品的食品馅料。

4.1.3　速冻食品用馅料

主要用于制作速冻食品(如:速冻豆沙包、速冻汤圆等)的食品馅料。

4.2　按工艺分类

4.2.1　常温保存馅料

经高温杀菌后，可在常温条件下保存的馅料。

4.2.2　冷链保存馅料

经低温(或高温)杀菌，可在冷链条件下保存的馅料。

4.3　按原料分类

分为六类，参见附录 A。

5　要求

5.1　原料产地环境

应符合 NY/T 391 的规定。

5.2　加工环境要求

加工环境应符合 GB 8957 的规定。

5.3 原辅料

5.3.1 小麦粉应符合 NY/T 421 的规定。

5.3.2 食用糖应符合 NY/T 422 的规定。

5.3.3 蜜饯应符合 NY/T 436 的规定。

5.3.4 干果应符合 NY/T 1041 的规定。

5.3.5 坚果应符合 NY/T 1042 的规定。

5.3.6 芝麻应符合 NY/T 1509 的规定。

5.3.7 食用植物油应符合 NY/T 751 的规定。

5.3.8 蛋与蛋制品应符合 NY/T 754 的规定。

5.3.9 食品添加剂应符合 NY/T 392 的规定。

5.3.10 加工用水应符合 GB 5749 的规定。

5.3.11 其他原辅料应符合相应的绿色食品和国家标准、行业标准和地方标准的要求。

5.4 感官

应具有该品种特有的正常色泽、气味、滋味及组织形态。不得有酸败、发霉等不良异味，无肉眼可见杂质。

5.5 理化指标

应符合表 1 的规定。

表 1 理化指标

项　　目	焙烤食品用馅料	冷冻饮品用馅料	速冻食品用馅料
干燥失重，%	≤40	≤68	≤40
总糖，%	≤60	≤48	≤48
脂肪，%	≤33	≤28	≤30

5.6 卫生指标

应符合表 2 的规定。

表 2 卫生指标

项　　目	指　　标		
	焙烤食品用馅料	冷冻饮品用馅料	速冻食品用馅料
酸价[a]（以脂肪计），mg KOH/g	≤5	—	≤3
过氧化值[b]（以脂肪计），g/100g	≤0.25	—	≤0.15
二氧化硫，mg/kg	≤50	—	≤50
无机砷（以 As 计），mg/kg	≤0.2		
铅（以 Pb 计），mg/kg	≤0.2		
总汞（以 Hg 计），mg/kg	≤0.02		
镉（以 Cd 计），mg/kg	≤0.1		
挥发性盐基氮[c]，mg/100g	≤15		
黄曲霉毒素 B_1[d]，μg/kg	≤5		
糖精钠，mg/kg	不得检出（≤0.15）		
苯甲酸，mg/kg	不得检出（≤1.0）		
山梨酸，g/kg	≤1.0		
环己基氨基磺酸钠，mg/kg	不得检出（≤2.0）		
胭脂红，mg/kg	不得检出（≤0.32）		

表 2（续）

项　　目	指　　标		
	焙烤食品用馅料	冷冻饮品用馅料	速冻食品用馅料
苋菜红，mg/kg	不得检出（≤0.24）		
赤藓红，mg/kg	不得检出（≤0.72）		
柠檬黄，mg/kg	不得检出（≤0.16）		
日落黄，mg/kg	不得检出（≤0.28）		
注：根据产品的颜色测定相应的色素。			
[a,b] 仅适用于以肉、禽、蛋、水产品、坚果、粮油（如芝麻等）及其制品为主要原料制成的食品馅料； [c] 仅适用于以肉、禽、蛋、水产品及其制品为主要原料制成的食品馅料； [d] 仅适用于以坚果、粮油及其制品、豆类产品为主要原料制成的食品馅料。			

5.7 微生物学指标

应符合表 3 的规定。

表 3　微生物学指标

项　　目	指　　标	
	常温保存馅料	冷链保存馅料
菌落总数，cfu/g	≤1 500	≤100 000
大肠菌群，MPN/g	≤3.0	≤23
霉菌，cfu/g	≤100	≤50
致病菌（沙门氏菌、志贺氏菌、金黄色葡萄球菌）	不得检出	

5.8 净含量

应符合《定量包装商品计量监督管理办法》的规定。

6 试验方法

6.1 感官检验

取样品一份，去除包装，置于清洁的白瓷盘中，目测形态、色泽，然后用刀按四分法切开观察内部组织，品味并与标准规定对照，作出评价。

6.2 理化检验

6.2.1 干燥失重

按 GB 5009.3 规定的直接干燥法方法测定。

6.2.2 脂肪

按 GB/T 5009.6 规定的方法测定。

6.2.3 总糖

按 GB/T 23780 规定的方法测定。

6.3 卫生检验

6.3.1 酸价、过氧化值

按 GB/T 5009.37 规定的方法测定。

6.3.2 二氧化硫

按 GB/T 5009.34 规定的方法测定。

6.3.3 无机砷

按 GB/T 5009.11 规定的方法测定。

6.3.4 铅

按 GB 5009.12 规定的方法测定。

6.3.5 总汞

按 GB/T 5009.17 规定的方法测定。

6.3.6 镉

按 GB/T 5009.15 规定的方法测定。

6.3.7 挥发性盐基氮

按 GB/T 5009.44 规定的方法测定。

6.3.8 黄曲霉毒素 B_1

按 GB/T 5009.22 规定的方法测定。

6.3.9 糖精钠

按 GB/T 5009.28 规定的方法测定。

6.3.10 苯甲酸、山梨酸

按 GB/T 5009.29 规定的方法测定。

6.3.11 环己基氨基磺酸钠

按 GB/T 5009.97 规定的方法测定。

6.3.12 胭脂红、苋菜红、赤藓红、柠檬黄、日落黄

按 GB/T 5009.35 规定的方法测定。

6.4 微生物学检验

6.4.1 菌落总数

按 GB 4789.2 规定的方法检验。

6.4.2 大肠菌群

按 GB 4789.3 规定的方法检验。

6.4.3 致病菌

沙门氏菌、志贺氏菌、金黄色葡萄球菌分别按 GB 4789.4、GB/T 4789.5、GB 4789.10 规定的方法检验。

6.4.4 霉菌

按 GB 4789.15 规定的方法检验。

6.5 净含量

按 JJF 1070 规定的方法测定。

7 检验规则

按 NY/T 1055 的规定执行。

8 标签和标志

8.1 标签

包装标签应符合 GB 7718 的规定。

8.2 标志

产品销售和运输包装上应标注绿色食品标志，其标注办法应符合《中国绿色食品商标标志设计使用规范手册》规定。储运图示按 GB/T 191 的规定执行。

9 包装、运输和贮存

9.1 包装

应符合 NY/T 658 的规定。

9.2 贮存和运输

应符合 NY/T 1056 的规定。

附 录 A
(资料性附录)
食品馅料按原料分类

A.1 蓉沙类

A.1.1 莲蓉类

以莲籽为主要原料加工而成的馅料。除油、糖外的馅料原料中,莲籽含量应不低于60%。莲籽含量为100%,可称为纯莲蓉类。

A.1.2 豆蓉(沙)类

以各种豆类为主要原料加工而成的馅料。

A.1.2.1 细蓉(沙)类

A.1.2.1.1 油性豆沙馅料

配料中添加油脂的馅料。

A.1.2.1.2 水性豆沙馅料

配料中不添加油脂的馅料。

A.1.2.1.3 豆沙干粉

经煮制、磨碎、去皮、取沙、烘干、粉碎、过筛等工序制成的粉状馅料。

A.1.2.2 粒蓉(沙)类

A.1.2.2.1 粒沙馅料

经用水煮熟等工序制成的内见原料颗粒的馅料。

A.1.2.2.2 糖水粒沙馅料

经用水煮熟等工序制成的内见原料颗粒与糖水混合的馅料。

A.1.3 栗蓉类

以板栗、油、糖为主要原料加工而成的馅料。除油、糖外的馅料原料中,板栗含量应不低于60%。

A.1.4 杂蓉类

以其他含淀粉的原料加工而成的馅料。

A.2 果仁类

以核桃仁、杏仁、橄榄仁、瓜子仁、芝麻等果仁为主要原料加工而成的馅料。馅料中果仁含量应不低于20%。

A.3 果蔬类

A.3.1 枣蓉(泥)类

以枣、糖为主要原料加工而成的馅料。

A.3.2 水果类

以水果及其制品为主要原料加工而成的馅料。馅料中水果及其制品的用量应不低于25%。

A.3.3 蔬菜类(含水果味馅料)

以蔬菜(冬瓜、胡萝卜等)及其制品为基料,加糖或不加糖,添加或不添加食用香精、着色剂加工而成的馅料。

A.4 肉禽制品类

以蓉沙类、果仁类等馅料为基料添加火腿、叉烧、牛肉、禽类等肉制品加工而成的馅料。

A.5 水产制品类

以蓉沙类、果仁类等馅料为基料添加虾米、鱼翅(水发)、鲍鱼等水产制品的馅料。

A.6 其他类

以其他原料加工而成的馅料。

ICS 67.060
X 11

中华人民共和国农业行业标准

NY/T 2108—2011

绿色食品　熟粉及熟米制糕点

Green food—Pastry made of cooked flour or rice

2011-09-01 发布　　2011-12-01 实施

中华人民共和国农业部　发布

前　言

本标准按照 GB/T 1.1—2009 给出的规则起草。

本标准由中华人民共和国农业部农产品质量安全监管局提出。

本标准由中国绿色食品发展中心归口。

本标准起草单位:农业部农产品质量监督检验测试中心(郑州)、河南省农业科学院农业质量标准与检测技术研究中心。

本标准主要起草人:钟红舰、张玲、张军锋、刘开、丁华锋、董小海、刘进玺、马婧玮、魏红、赵光华、王铁良、蔡敏。

绿色食品　熟粉及熟米制糕点

1　范围

本标准规定了绿色食品熟粉及熟米制糕点的术语和定义、要求、试验方法、检验规则、标志、标签、包装、运输和贮存。

本标准适用于绿色食品熟粉及熟米制糕点。

2　规范性引用文件

下列文件对于本文件的应用是必不可少的。凡是注日期的引用文件，仅注日期的版本适用于本文件。凡是不注日期的引用文件，其最新版本(包括所有的修改单)适用于本文件。

GB/T 191　包装储运图示标志
GB 4789.2　食品安全国家标准　食品微生物学检验　菌落总数测定
GB 4789.3　食品安全国家标准　食品微生物学检验　大肠菌群计数
GB 4789.4　食品安全国家标准　食品微生物学检验　沙门氏菌检验
GB/T 4789.5　食品卫生微生物学检验　志贺氏菌检验
GB 4789.10　食品安全国家标准　食品微生物学检验　金黄色葡萄球菌检验
GB 4789.15　食品安全国家标准　食品微生物学检验　霉菌和酵母计数
GB 5009.3　食品安全国家标准　食品中水分的测定
GB/T 5009.11　食品中总砷及无机砷的测定
GB 5009.12　食品安全国家标准　食品中铅的测定
GB/T 5009.15　食品中镉的测定
GB/T 5009.17　食品中总汞及有机汞的测定
GB/T 5009.22　食品中黄曲霉毒素 B_1 的测定
GB/T 5009.34　食品中亚硫酸盐的测定
GB/T 5009.35　食品中合成着色剂的测定
GB/T 5009.56　糕点卫生标准的分析方法
GB/T 5009.97　食品中环己基氨基磺酸钠的测定
GB/T 5009.182　面制食品中铝的测定
GB 7718　预包装食品标签通则
GB 8957　糕点厂卫生规范
GB/T 21126　小麦粉与大米粉及其制品中甲醛次硫酸氢钠含量的测定
GB/T 23495　食品中苯甲酸、山梨酸和糖精钠的测定　高效液相色谱法
GB/T 23780　糕点质量检验方法
JJF 1070　定量包装商品净含量计量检验规则
NY/T 658　绿色食品　包装通用准则
NY/T 1055　绿色食品　产品检验规则
NY/T 1056　绿色食品　贮藏运输准则
《定量包装商品计量监督管理办法》 国家质量监督检验检疫总局令 2005 年第 75 号
中国绿色食品商标标志设计使用规范手册

3 术语和定义

下列术语和定义适用于本文件。

3.1

糕点 pastry

以谷物粉、油、糖、蛋等为主料，添加(或不添加)适量辅料，经调制、成型、熟制等工序制成的食品。

3.2

熟粉糕点 steamed or fried flour pastry

将谷物粉或豆粉预先熟制，然后与其他原辅料混合而成的一类糕点。

3.3

熟米制糕点 pastry made of cooked rice

将米预先熟制，添加(或不添加)适量辅料，加工(黏合)成型的一类糕点。

3.4

热调软糕类 soft pudding made of cooked rice flour, sugar and hot water

用糕粉、糖和沸水调制成有较强韧性的软质糕团，经成形制成的柔软糕类制品。

3.5

印模糕类 moulding pudding

以熟制的原辅料，经拌合、印模成型而成的口感松软的糕类制品。

3.6

切片糕类 flake pudding

以米粉为主要原料，经拌粉、装模、蒸制或炖糕、切片而成的口感绵软的糕类制品。

3.7

热加工糕点 heat-processed pastry

以烘烤、油炸、水蒸、炒制等加热熟制为最终工艺的一类糕点。

3.8

冷加工糕点 reprocessed pastry at room or low temperature after heated

在各种加热熟制工序后，在常温或低温条件下再进行二次加工的一类糕点。

4 要求

4.1 原料和辅料

原料和辅料应符合相应绿色食品标准的规定。

4.2 加工过程

应符合 GB 8957 的规定。

4.3 感官

应符合表 1 的规定。

表 1 感官

项　　目		要　　求
形态		外形整齐,具有本糕点应有的形态特征,无霉变
色泽		颜色均匀,具有本糕点应有的色泽特征
组织	熟粉糕点	粉料细腻,紧密不松散,黏结适宜,不黏片,具有本糕点应有的组织特征
	熟米制糕点	具有本糕点应有的组织特征
气味、滋味与口感		味纯正,无异味,具有本糕点应有的风味和口感特征
杂质		无可见杂质

4.4 理化指标

应符合表 2 的规定。

表 2 理化指标

项　　目	指　　标	
	切片糕类	热调软糕类、印模糕类、熟米制糕点及其他
干燥失重,g/100 g	≤22.0	≤25.0
总糖,g/100 g	≤50.0	≤45.0

4.5 卫生指标

应符合表 3 的规定。

表 3 卫生指标

项　　目	指　　标
总砷(以 As 计),mg/kg	≤0.1
铅(以 Pb 计),mg/kg	≤0.2
总汞(以 Hg 计),mg/kg	≤0.02
镉(以 Cd 计),mg/kg	≤0.1
铝(以 Al 计),mg/kg	≤50
酸价(以脂肪计),mgKOH/g	≤5
过氧化值(以脂肪计),g/100g	≤0.25
苯甲酸,mg/kg	不得检出(<1.8)
山梨酸, g/kg	≤1.0
糖精钠,mg/kg	不得检出(<3.0)
环己基氨基磺酸钠,mg/kg	不得检出(<1.0)
合成着色剂,mg/kg	不得检出
黄曲霉毒素 B_1,μg/kg	<5
二氧化硫,mg/kg	≤50
甲醛次硫酸氢钠,mg/kg	不得检出(≤10)

4.6 微生物学指标

应符合表 4 规定。

表 4　微生物学指标

项　　目	指　　标	
	热加工	冷加工
菌落总数,cfu/g	≤1 500	≤10 000
大肠菌群,MPN/g	<3	
霉菌,cfu/g	≤100	≤150
致病菌(沙门氏菌、志贺氏菌、金黄色葡萄球菌)	不得检出	

4.7　净含量

应符合《定量包装商品计量监督管理办法》的规定。

5　试验方法

5.1　感官检验

按 GB/T 23780 的规定执行。

5.2　理化检验

5.2.1　干燥失重

按 GB 5009.3 的规定执行。

5.2.2　总糖

按 GB/T 23780 的规定执行。

5.3　卫生检验

5.3.1　总砷

按 GB/T 5009.11 的规定执行。

5.3.2　铅

按 GB 5009.12 的规定执行。

5.3.3　总汞

按 GB/T 5009.17 的规定执行。

5.3.4　镉

按 GB/T 5009.15 的规定执行。

5.3.5　铝

按 GB/T 5009.182 的规定执行。

5.3.6　酸价、过氧化值

按 GB/T 5009.56 的规定执行。

5.3.7　苯甲酸、山梨酸、糖精钠

按 GB/T 23495 的规定执行。

5.3.8　环己基氨基磺酸钠

按 GB/T 5009.97 的规定执行。

5.3.9　合成着色剂

按 GB/T 5009.35 的规定执行。

5.3.10　黄曲霉毒素 B_1

按 GB/T 5009.22 的规定执行。

5.3.11　二氧化硫

按 GB/T 5009.34 的规定执行。

5.3.12 甲醛次硫酸氢钠

按 GB/T 21126 的规定执行。

5.4 微生物学检验

5.4.1 菌落总数

按 GB 4789.2 的规定执行。

5.4.2 大肠菌群

按 GB 4789.3 的规定执行。

5.4.3 霉菌

按 GB 4789.15 的规定执行。

5.4.4 致病菌

按 GB 4789.4、GB/T 4789.5 和 GB 4789.10 的规定执行。

5.5 净含量检验

按 JJF 1070 的规定执行

6 检验规则

按 NY/T 1055 的规定执行。

7 标志和标签

7.1 标志

产品销售和运输包装上应标注绿色食品标志，标注办法按《中国绿色食品商标标志设计使用规范手册》规定执行；运输包装上还应标注明显的包装储运图示标志，标注办法按 GB/T 191 的规定执行。

7.2 标签

应符合 GB 7718 的规定。

8 包装、运输和贮存

8.1 包装

包装要求应符合 NY/T 658 的规定及食品卫生标准要求和有关规定。包装容器应清洁，封装严密，无漏气、漏洒现象。外包装应使用合格的包装材料，并符合相应的标准。

8.2 运输

运输产品时应避免日晒、雨淋。不应与有毒、有害、有异味或影响产品质量的物品混装运输。其他运输要求应符合 NY/T 1056 的规定。

8.3 贮存

产品应贮存在适宜的场所。不应与有毒、有害、有异味、易挥发、易腐蚀的物品同处贮存。其他贮存要求应符合 NY/T 1056 的规定。

ICS 67.120.30
X 20

中华人民共和国农业行业标准

NY/T 2109—2011

绿色食品　鱼类休闲食品

Green food—Fish snack

2011-09-01 发布　　2011-12-01 实施

中华人民共和国农业部　发布

前言

本标准按照GB/T 1.1—2009给出的规则起草。

本标准由中华人民共和国农业部农产品质量安全监管局提出。

本标准由中国绿色食品发展中心归口。

本标准起草单位:国家水产品质量监督检验中心、中国水产科学研究院黄海水产研究所。

本标准主要起草人:周德庆、朱兰兰、赵峰、耿冠男、刘楠、孙永。

绿色食品　鱼类休闲食品

1　范围

本标准规定了绿色食品鱼类休闲食品的术语和定义、要求、试验方法、检验规则、标签、标志、包装、运输和贮存。

本标准适用于绿色食品鱼类休闲食品，主要包括以鱼和鱼肉为主要原料进行生产加工，开袋即食的调味鱼干、鱼脯、鱼松、鱼粒、鱼块等；本标准不适用于鱼类罐头制品、鱼类膨化食品、鱼骨制品等。

2　规范性引用文件

下列文件对于本文件的应用是必不可少的。凡是注日期的引用文件，仅注日期的版本适用于本文件。凡是不注日期的引用文件，其最新版本(包括所有的修改单)适用于本文件。

GB 4789.2　食品安全国家标准　食品微生物学检验　菌落总数测定
GB 4789.3　食品安全国家标准　食品微生物学检验　大肠菌群测定
GB 4789.4　食品安全国家标准　食品微生物学检验　沙门氏菌检验
GB/T 4789.5　食品卫生微生物学检验　志贺氏菌检验
GB/T 4789.6　食品卫生微生物学检验　致泻大肠埃希氏菌检验
GB/T 4789.7　食品卫生微生物学检验　副溶血性弧菌检验
GB 4789.10　食品安全国家标准　食品微生物学检验　金黄色葡萄球菌检验
GB 4789.30　食品安全国家标准　食品微生物学检验　单核细胞增生李斯特氏菌检验
GB 5009.3　食品安全国家标准　食品中水分的测定
GB/T 5009.11　食品中总砷及无机砷的测定
GB 5009.12　食品安全国家标准　食品中铅的测定
GB/T 5009.15　食品中镉的测定
GB/T 5009.17　食品中总汞及有机汞的测定
GB/T 5009.28—2003　食品中糖精钠的测定
GB/T 5009.29—2003　食品中山梨酸、苯甲酸的测定
GB/T 5009.34　食品中亚硫酸盐的测定
GB/T 5009.37　食用植物油卫生标准的分析方法
GB/T 5009.44　肉与肉制品卫生标准的分析方法
GB/T 5009.97—2003　食品中环己基氨基磺酸钠的测定
GB 5749　生活饮用水卫生标准
GB 7718　预包装食品标签通则
JJF 1070　定量包装商品净含量计量检验规则
NY/T 392　绿色食品　食品添加剂使用准则
NY/T 422　绿色食品　食用糖
NY/T 658　绿色食品　包装通用准则
NY/T 842　绿色食品　鱼
NY/T 1040　绿色食品　食用盐
NY/T 1053　绿色食品　味精
NY/T 1055　绿色食品　产品检验规则

NY/T 1056 绿色食品 贮藏运输准则
SC/T 3009 水产品加工质量管理规范
SC/T 3011 水产品中盐分的测定
SC/T 3025 水产品中甲醛的测定
SC/T 3041 水产品中苯并[a]芘的测定 高效液相色谱法
《定量包装商品计量监督管理办法》 国家质量监督检验检疫总局令 2005 年第 75 号
中国绿色食品商标标志设计使用规范手册

3 术语和定义

下列术语和定义适用于本文件。

3.1

鱼类休闲食品 fish snack

以鲜或冻鱼及鱼肉为主要原料直接或经过腌制、熟制、干制、调味等工艺加工制成的开袋即食产品。

4 要求

4.1 加工原料

应符合 NY/T 842 的规定。

4.2 加工辅料

食用盐应符合 NY/T 1040 的规定;食用糖应符合 NY/T 422 的规定;味精应符合 NY/T 1053 的规定;其他辅料应符合相应标准的规定。

4.3 食品添加剂

应符合 NY/T 392 的规定。

4.4 加工用水

应符合 GB 5749 的规定。

4.5 加工

加工过程的卫生要求及加工企业质量管理,应符合 SC/T 3009 的规定。

4.6 感官

应符合表 1 的规定。

表 1 感官

分类	指标		
	色泽	滋味及气味	组织状态
鱼松	具有本品应有的正常色泽	滋味适宜,有鱼香味,无焦糊味,无异味	口感肉质细腻、疏松,韧性适中,无僵丝,无结块
鱼脯	具有本品应有的正常色泽	具有该品种鱼的特有滋味,无油脂酸败及其他异味	组织紧密,外形平整,厚薄适宜,形体相对完整,无僵片,无结块
鱼粒	具有本品应有的正常色泽	具有该品种鱼应有的滋味	组织紧密,软硬适中,质地均匀,无粉质感
其他	具有本品应有的正常色泽	具有该品种鱼的特有滋味,无油脂酸败及其他异味	组织紧密,软硬适中,质地均匀

4.7 净含量

应符合《定量包装商品计量监督管理办法》的规定。

4.8 理化指标

应符合表2的规定。

表2 理化指标

项　　目	指　　标
水分，% 　真空包装类 　其他	 ≤40 ≤22
盐分，%	≤6

4.9 卫生指标

应符合表3的规定。

表3 卫生指标

项　　目	指　　标
铅(以 Pb 计)，mg/kg	≤0.5
镉(以 Cd 计)，mg/kg	≤0.1
无机砷(以 As 计)，mg/kg	≤0.1
甲基汞，mg/kg 　鱼类(不包括食肉鱼类)及其他类 　食肉鱼类(鲨鱼、旗鱼、金枪鱼、梭鱼等)	 ≤0.5 ≤1.0
亚硫酸盐(以 SO_2 计)，mg/kg	≤30.0
苯并(a)芘，μg/kg	≤5
糖精钠，g/kg	不得检出(<0.000 15)
环己基氨基磺酸钠，g/kg	不得检出(<0.002)
苯甲酸及其钠盐(以苯甲酸计)，g/kg	不得检出(<0.001)
山梨酸及其钾盐(以山梨酸计)，g/kg	≤1.0
甲醛，mg/kg	≤10.0
酸价(以脂肪计)(KOH)，mg/g	≤130
过氧化值(以脂肪计)，g/100g	≤0.6

4.10 微生物学指标

应符合表4的规定。

表4 微生物学指标

项　　目	指　　标
菌落总数，cfu/g	≤30 000
大肠菌群，MPN/g	≤0.3
致病菌(沙门氏菌、金黄色葡萄球菌、志贺氏菌、副溶血性弧菌、致泻大肠埃希氏菌、单核细胞增生李斯特氏菌)	不得检出

5 试验方法

5.1 感官检验

取至少三个包装的样品，将试样平摊于白色搪瓷平盘内，在光线充足、无异味、清洁卫生的环境中，用眼、鼻、口、手等感觉器官检验。

5.2 净含量

按 JJF 1070 的规定执行。

5.3 理化指标检验

5.3.1 水分

按 GB 5009.3 的规定执行。

5.3.2 盐分

按 SC/T 3011 的规定执行。

5.4 卫生指标检验

5.4.1 铅

按 GB 5009.12 的规定执行。

5.4.2 镉

按 GB/T 5009.15 的规定执行。

5.4.3 无机砷

按 GB/T 5009.11 的规定执行。

5.4.4 甲基汞

按 GB/T 5009.17 的规定执行。

5.4.5 亚硫酸盐

按 GB/T 5009.34 的规定执行。

5.4.6 苯并(a)芘

按 SC/T 3041 的规定执行。

5.4.7 糖精钠

按 GB/T 5009.28—2003 第一法　高效液相色谱法的规定执行。

5.4.8 环己基氨基磺酸钠

按 GB/T 5009.97—2003 第一法　气相色谱法的规定执行。

5.4.9 苯甲酸及其钠盐

按 GB/T 5009.29—2003 第一法　气相色谱法的规定执行。

5.4.10 山梨酸及其钾盐

按 GB/T 5009.29 的规定执行。

5.4.11 甲醛

按 SC/T 3025 的规定执行。

5.4.12 酸价

按 GB/T 5009.44 的规定执行。

5.4.13 过氧化值

按 GB/T 5009.37 的规定执行。

5.5 微生物检验

5.5.1 菌落总数

按 GB 4789.2 的规定执行。

5.5.2 大肠菌群

按 GB 4789.3 的规定执行。

5.5.3 致病菌

沙门氏菌、志贺氏菌、致泻大肠埃希氏菌、副溶血性弧菌、金黄色葡萄球菌、单核细胞增生李斯特氏菌分别按 GB 4789.4、GB/T 4789.5、GB/T 4789.6、GB/T 4789.7、GB 4789.10 和 GB 4789.30 的规定执行。

6 检验规则

按 NY/T 1055 的规定执行。

7 标志、标签

7.1 标志

包装上应标注绿色食品标志，标志设计和使用应符合《中国绿色食品商标标志设计使用规范手册》的规定。

7.2 标签

按GB 7718的规定执行。

8 包装、运输和贮存

8.1 包装

包装及包装材料按NY/T 658的规定执行。

8.2 运输、贮存

运输及贮存按NY/T 1056的规定执行。

ICS 67.180.10
X 30

中华人民共和国农业行业标准

NY/T 2110—2011

绿色食品　淀粉糖和糖浆

Green food—Corn sweetener and syrup

2011-09-01 发布　　2011-12-01 实施

中华人民共和国农业部 发布

前　言

本标准按照GB/T 1.1—2009给出的规则起草。

本标准由中华人民共和国农业部农产品质量安全监管局提出。

本标准由中国绿色食品发展中心归口。

本标准起草单位:农业部乳品质量监督检验测试中心。

本标准主要起草人:张宗城、梁志超、胡红英、张均媚、刘伟娟、薛刚、郑维君、孙丽新。

绿色食品　淀粉糖和糖浆

1　范围

本标准规定了绿色食品淀粉糖和糖浆的术语和定义、产品分类、要求、试验方法、检验规则、标签和标志、包装、运输和贮存。

本标准适用于以绿色食品玉米为原料生产的淀粉，经酸法、酶法或两者结合方法水解制成的淀粉糖和糖浆，包括食用葡萄糖、葡萄糖浆、果葡糖浆、麦芽糖、低聚异麦芽糖和麦芽糊精。

本标准不适用于以淀粉糖为部分原料，加工成的酥糖、麻糖、花生糖和麦芽糖块等；也不适用于未经淀粉水解的大豆低聚糖等以及虽经淀粉水解，但不用作糖制品的麦芽酚等。

2　规范性引用文件

下列文件对于本文件的应用是必不可少的。凡是注日期的引用文件，仅注日期的版本适用于本文件。凡是不注日期的引用文件，其最新版本(包括所有的修改单)适用于本文件。

GB/T 191　包装储运图示标志
GB 4789.2　食品安全国家标准　食品微生物学检验　菌落总数测定
GB 4789.3　食品安全国家标准　食品微生物学检验　大肠菌群计数
GB 4789.4　食品安全国家标准　食品微生物学检验　沙门氏菌检验
GB/T 4789.5　食品卫生微生物学检验　志贺氏菌检验
GB 4789.10　食品安全国家标准　食品微生物学检验　金黄色葡萄球菌检验
GB/T 5009.11　食品中总砷及无机砷的测定
GB 5009.12　食品安全国家标准　食品中铅的测定
GB/T 5009.15　食品中镉的测定
GB/T 5009.17　食品中总汞及有机汞的测定
GB/T 5009.18　食品中氟的测定
GB/T 5009.23　食品中黄曲霉毒素 B_1、B_2、G_1、G_2 的测定
GB/T 5009.28　食品中糖精钠的测定
GB/T 5009.29　食品中山梨酸、苯甲酸的测定
GB 5009.33　食品安全国家标准　食品中亚硝酸盐与硝酸盐的测定
GB/T 5009.34　食品中亚硫酸盐的测定
GB/T 5009.97　食品中环己基氨基磺酸钠的测定
GB/T 5009.111　谷物及其制品中脱氧雪腐镰刀菌烯醇的测定
GB/T 5009.123　食品中铬的测定
GB 5749　生活饮用水卫生标准
GB 7718　预包装食品标签通则
GB/T 20880—2007　食用葡萄糖
GB/T 20881—2007　低聚异麦芽糖
GB/T 20882—2007　果葡糖浆
GB/T 20883—2007　麦芽糖
GB/T 20884—2007　麦芽糊精
GB/T 20885—2007　葡萄糖浆

JJF 1070 定量包装商品净含量计量检验规则
NY/T 392 绿色食品 食品添加剂使用准则
NY/T 658 绿色食品 包装通用准则
NY/T 1055 绿色食品 产品检验规则
NY/T 1056 绿色食品 贮藏运输准则
《定量包装商品计量监督管理办法》 国家质量监督检验检疫总局令2005年第75号
中国绿色食品商标标志设计使用规范手册

3 术语和定义

GB/T 20880、GB/T 20881、GB/T 20883、GB/T 20884、GB/T 20885界定的术语和定义适用于本文件。

4 产品分类

按组织状态分为：
——固态淀粉糖：包括食用葡萄糖、麦芽糖粉、结晶麦芽糖、低聚异麦芽糖粉、麦芽糊精；
——液态淀粉糖：包括葡萄糖浆、果葡糖浆、液体麦芽糖、低聚异麦芽糖浆。

5 要求

5.1 原料要求

5.1.1 玉米淀粉或玉米原料应是绿色食品。

5.1.2 水解用酸、酶应是食品级。

5.1.3 食品添加剂应符合NY/T 392的规定。

5.1.4 加工用水应符合GB 5749的规定。

5.2 感官要求和理化要求

5.2.1 食用葡萄糖应分别符合GB/T 20880—2007中5.1和5.2的规定，结晶葡萄糖理化要求应符合其中优级品规定。

5.2.2 葡萄糖浆应分别符合GB/T 20885—2007中5.1和5.2的规定。

5.2.3 果葡糖浆应分别符合GB/T 20882—2007中4.1和4.2的规定。

5.2.4 麦芽糖应分别符合GB/T 20883—2007中5.1和5.2的规定。

5.2.5 低聚异麦芽糖应分别符合GB/T 20881—2007中5.1和5.2的规定。

5.2.6 麦芽糊精应分别符合GB/T 20884—2007中5.1和5.2的规定。

5.3 卫生要求

应符合表1的规定。

表1 卫生要求

项 目	指 标	
	固 体	液 体
铅(以Pb计),mg/kg	≤0.2	≤0.12
镉(以Cd计),mg/kg	≤0.1	≤0.06
总汞(以Hg计),mg/kg	≤0.01	≤0.01
无机砷(以As计),mg/kg	≤0.2	≤0.12
铬(以Cr计),mg/kg	≤1.0	≤0.6

表 1（续）

项　目	指　　标	
	固　体	液　体
氟(以 F 计),mg/kg	≤1.0	≤0.6
亚硝酸盐(以 $NaNO_2$ 计),mg/kg	≤3.0	≤1.8
二氧化硫残留量,mg/kg	≤0.2	
糖精钠,mg/kg	不得检出(<0.15)	
环己基氨基磺酸钠,mg/kg	不得检出(<0.2)	
苯甲酸,mg/kg	不得检出(<1)	
黄曲霉毒素 B1,μg/kg	不得检出(<0.20)	
脱氧雪腐镰刀菌烯醇,μg/kg	≤1 000	≤600
菌落总数,cfu/g	≤3 000	
大肠菌群,MPN/100g	≤30	
致病菌(沙门氏菌、志贺氏菌、金黄色葡萄球菌)	不得检出	

5.4 净含量

应符合《定量包装商品计量监督管理办法》的规定。

6 试验方法

6.1 感官和理化指标

6.1.1 食用葡萄糖

试验方法为:取代表性样品 5 g,均匀平置于白色搪瓷盘中,用肉眼观察外观和颜色,用鼻嗅气味,口尝滋味。理化指标应按 GB/T 20880—2007 中第 6 章的规定执行。

6.1.2 葡萄糖浆

按 GB/T 20885—2007 中第 6 章的规定执行。

6.1.3 果葡糖浆

按 GB/T 20882—2007 中 5.1～5.8 的规定执行。

6.1.4 麦芽糖

按 GB/T 20883—2007 中第 6 章的规定执行。

6.1.5 低聚异麦芽糖

按符合 GB/T 20881—2007 中 6.1～6.8 的规定执行。

6.1.6 麦芽糊精

按 GB/T 20884—2007 中第 6 章的规定执行。

6.2 卫生指标

6.2.1 铅

按 GB 5009.12 的规定执行。

6.2.2 镉

按 GB/T 5009.15 的规定执行。

6.2.3 总汞

按 GB/T 5009.17 的规定执行。

6.2.4 无机砷

按 GB/T 5009.11 的规定执行。

6.2.5 铬

按 GB/T 5009.123 的规定执行。

6.2.6 氟

按 GB/T 5009.18 的规定执行。

6.2.7 亚硝酸盐

按 GB 5009.33 的规定执行。

6.2.8 二氧化硫残留量

按 GB/T 5009.34 的规定执行。

6.2.9 糖精钠

按 GB/T 5009.28 的规定执行。

6.2.10 环己基氨基磺酸钠

按 GB/T 5009.97 的规定执行。

6.2.11 苯甲酸

按 GB/T 5009.29 的规定执行。

6.2.12 黄曲霉毒素 B_1

按 GB/T 5009.23 的规定执行。

6.2.13 脱氧雪腐镰刀菌烯醇

按 GB/T 5009.111 的规定执行。

6.2.14 菌落总数

按 GB 4789.2 的规定执行。

6.2.15 大肠菌群

按 GB 4789.3 的规定执行。

6.2.16 沙门氏菌

按 GB 4789.4 的规定执行。

6.2.17 志贺氏菌

按 GB/T 4789.5 的规定执行。

6.2.18 金黄色葡萄球菌

按 GB 4789.10 的规定执行。

6.2.19 净含量

按 JJF 1070 的规定执行。

7 检验规则

按 NY/T 1055 的规定执行。

8 标志和标签

8.1 标志

应有绿色食品标志，标注办法应符合《中国绿色食品商标标志设计使用规范手册》的规定。贮运图示按 GB/T 191 的规定执行。

8.2 标签

按 GB 7718 的规定执行。

9 包装、运输和贮存

9.1 包装

按 NY/T 658 的规定执行。

9.2 运输和贮存

按 NY/T 1056 的规定执行。

ICS 67.200.10
X 14

中华人民共和国农业行业标准

NY/T 2111—2011

绿色食品　调味油

Green food —Edible flavoring oil

2011-09-01 发布　　2011-12-01 实施

中华人民共和国农业部 发布

前　言

本标准按照 GB/T 1.1—2009 给出的规则起草。

本标准由中华人民共和国农业部农产品质量安全监管局提出。

本标准由中国绿色食品发展中心归口。

本标准起草单位:农业部农产品质量监督检验测试中心(昆明)、四川省绿色食品发展中心、云南省农业科学院质量标准与检测技术研究所。

本标准主要起草人:黎其万、汪庆平、张逸先、周南华、闫志农、和丽忠、梅文泉、刘宏程、汪禄祥。

绿色食品　调味油

1　范围

本标准规定了绿色食品调味油的术语和定义、要求、试验方法、检验规则、标志和标签、包装、运输和贮存。

本标准适用于绿色食品调味油(包括调味植物油和香辛料调味油)。

2　规范性引用文件

下列文件对于本文件的应用是必不可少的。凡是注日期的引用文件,仅注日期的版本适用于本文件。凡是不注日期的引用文件,其最新版本(包括所有的修改单)适用于本文件。

GB/T 191　包装储运图示标志

GB/T 5009.11　食品中总砷及无机砷的测定

GB 5009.12　食品安全国家标准　食品中铅的测定

GB/T 5009.22　食品中黄曲霉毒素 B_1 的测定

GB/T 5009.27　食品中苯并[a]芘的测定

GB/T 5009.37　食用植物油卫生标准的分析方法

GB/T 5528　动植物油脂　水分及挥发物含量测定

GB/T 5530　动植物油脂　酸值和酸度测定

GB/T 5538　动植物油脂　过氧化值测定

GB 7718　预包装食品标签通则

GB 8955　食用植物油厂卫生规范

GB/T 15688　动植物油脂　不溶性杂质含量的测定

GB/T 19681　食品中苏丹红染料的检测方法　高效液相色谱法

GB/T 23373　食品中抗氧化剂丁基羟基茴香醚(BHA)、二丁基羟基甲苯(BHT)与特丁基对苯二酚(TBHQ)的测定

JJF 1070　定量包装商品净含量计量检验规则

NY/T 392　绿色食品　食品添加剂使用准则

NY/T 658　绿色食品　包装通用准则

NY/T 1055　绿色食品　产品检验规则

NY/T 1056　绿色食品　贮存运输准则

《定量包装商品计量监督管理办法》　国家质量监督检验检疫总局令 2005 年第 75 号

中国绿色食品商标标志设计使用规范手册

3　术语和定义

下列术语和定义适用于本文件。

3.1

调味油 edible flavoring oil

以食用植物油为原料,萃取(或不萃取)、添加(或不添加)可食用植物或植物籽粒中的呈味成分的植物油。调味油包括调味植物油和香辛料调味油。

3.2

调味植物油 flavoring vegetable oil

按照食用植物油加工工艺，经压榨或萃取植物果实或籽粒中的呈味成分的植物油。如花椒籽油等。

3.3

香辛料调味油 spice flavoring oil

以食用植物油为主要原料，萃取或添加香辛料植物或籽粒中呈味成分于植物油中，制成的植物油。如蒜油、姜油、辣椒油、花椒油、藤椒油、芥末油、草果油、麻辣油等。

4 要求

4.1 原辅料及生产加工

4.1.1 加工用原料应符合绿色食品标准要求或产自全国绿色食品原料标准化生产基地，不应使用转基因植物原料、转基因食用植物油和非食用植物油。

4.1.2 生产及加工过程应符合 GB 8955 的要求。食品添加剂应符合 NY/T 392 的要求。

4.2 感官

应符合表 1 的规定。

表 1 感 官

项 目	指 标
色泽	具有该产品固有的色泽
透明度	澄清透明
滋味、气味	具有该产品正常的滋味和气味，无焦臭、酸败味及其他异味

4.3 理化指标

应符合表 2 的规定。

表 2 理化指标

项 目	指 标	
	调味植物油	香辛料调味油
水分及挥发物，%	≤0.20	≤0.80
酸值(以 KOH 计)，mg/g	≤3.0	≤3.0
过氧化值，mmol/kg	≤6.0	≤7.5
不溶性杂质，%	≤0.05	
溶剂残留，mg/kg	不得检出(<10)	
调味植物油的其他理化指标应符合该产品国家标准、行业标准或企业标准的要求。		

4.4 净含量

应符合《定量包装商品计量监督管理办法》的规定。

4.5 卫生指标

应符合表 3 的规定。

表 3 卫生指标

项 目	指 标	
	调味植物油	香辛料调味油
总砷(以 As 计)，mg/kg	≤0.1	
铅(以 Pb 计)，mg/kg	≤0.1	
黄曲霉毒素 B_1，μg/kg	≤5	≤5[a](10)
苯并[a]芘，μg/kg	≤5	

表3（续）

项　　目	指　　标	
	调味植物油	香辛料调味油
特丁基对苯二酚(TBHQ),mg/kg	≤100	
丁基羟基茴香醚(BHA),mg/kg	≤150	
二丁基羟基甲苯(BHT),mg/kg	≤50	
TBHQ、BHA和BHT中任何两种混合使用的总量,mg/kg	≤150	
苏丹红,μg/kg	—	不得检出(<10)[b]
[a] 括号内指标值仅适用于含花椒、藤椒、辣椒的香辛料调味油； [b] 仅适用于含辣椒的香辛料调味油。		

5 试验方法

5.1 感官检验

按GB/T 5009.37的规定执行。

5.2 理化检验

5.2.1 水分及挥发物

按GB/T 5528的规定执行。

5.2.2 酸值

按GB/T 5530的规定执行。

5.2.3 过氧化值

按GB/T 5538的规定执行。

5.2.4 不溶性杂质

按GB/T 15688的规定执行。

5.2.5 溶剂残留

按GB/T 5009.37的规定执行。

5.3 净含量检验

按JJF 1070的规定执行。

5.4 卫生检验

5.4.1 总砷

按GB/T 5009.11的规定执行。

5.4.2 铅

按GB 5009.12的规定执行。

5.4.3 黄曲霉毒素B_1

按GB/T 5009.22的规定执行。

5.4.4 苯并[a]芘

按GB/T 5009.27的规定执行。

5.4.5 特丁基对苯二酚(TBHQ)、丁基羟基茴香醚(BHA)和二丁基羟基甲苯(BHT)

按GB/T 23373的规定执行。

5.4.6 苏丹红

按GB/T 19681的规定执行。

6 检验规则

按NY/T 1055的规定执行。

7 标志和标签

7.1 标志

产品销售和运输包装上应标注绿色食品标志，标注办法按《中国绿色食品商标标志设计使用规范手册》的规定执行。储运图示按 GB/T 191 的规定执行。

7.2 标签

按 GB 7718 的规定执行。

8 包装、运输和贮存

8.1 包装

按 NY/T 658 的规定执行。

8.2 运输和贮存

按 NY/T 1056 的规定执行。

ICS 65.120
B 54

中华人民共和国农业行业标准

NY/T 2112—2011

绿色食品 渔业饲料及饲料添加剂使用准则

Green food—Guideline for use of feeds and feed additives in fishery

2011-09-01 发布 2011-12-01 实施

中华人民共和国农业部 发布

前　言

本标准按照GB/T 1.1—2009给出的规则起草。

本标准由中华人民共和国农业部农产品质量安全监管局提出。

本标准由中国绿色食品发展中心归口。

本标准起草单位:中国农业科学院农业质量标准与检测技术研究所。

本标准主要起草人:田河山、赵小阳、李兰、李丽蓓、高生、李玉芳。

绿色食品　渔业饲料及饲料添加剂使用准则

1　范围

本标准规定了生产绿色食品渔业产品允许使用的饲料和饲料添加剂的基本要求、使用原则、加工、贮存和运输以及不应使用的饲料添加剂品种。

本标准适用于A级和AA级绿色食品渔业产品生产过程中饲料和饲料添加剂的使用、管理和认定。

2　规范性引用文件

下列文件对于本文件的应用是必不可少的。凡是注日期的引用文件，仅注日期的版本适用于本文件。凡是不注日期的引用文件，其最新版本(包括所有的修改单)适用于本文件。

GB/T 10647　饲料工业术语

GB 13078　饲料卫生标准

GB/T 16764　配合饲料企业卫生规范

GB/T 19164　鱼粉

GB/T 19424　天然植物饲料添加剂通则

NY/T 393　绿色食品　农药使用准则

NY/T 915　饲料用水解羽毛粉

NY/T 5072　无公害食品　渔用配合饲料安全限量

SC/T 1024　草鱼配合饲料

SC/T 1026　鲤鱼配合饲料

SC/T 1077　渔用配合饲料通用技术要求

《饲料和饲料添加剂管理条例》　中华人民共和国国务院令2001年第327号

《单一饲料产品目录(2008)》　中华人民共和国农业部公告第977号(2008)

《饲料添加剂品种目录》　中华人民共和国农业部公告第1126号(2008)

《饲料添加剂安全使用规范》　中华人民共和国农业部公告第1224号(2009)

3　术语和定义

GB/T 10647和SC/T 1077界定的以及下列术语和定义适用于本文件。

3.1

天然植物饲料添加剂　natural plant feed additives

以天然植物全株或其部分为原料，经物理提取或生物发酵法加工，具有营养、促生长、提高饲料利用率和改善动物产品品质等功效的饲料添加剂。

4　基本要求

4.1　质量要求

4.1.1　饲料和饲料添加剂应符合单一饲料、饲料添加剂、配合饲料、浓缩饲料和添加剂预混合产品质量标准的规定，其中单一饲料还应符合《单一饲料产品目录》的要求，饲料添加剂应符合《饲料添加剂品种目录》的要求。

4.1.2　饲料添加剂和添加剂预混合饲料应来源于有生产许可证的企业，并且具有产品批准文号及其质量标准。进口饲料和饲料添加剂应具有进口产品许可证及我国进出口检验检疫部门出具的有效合格检验报告。

4.1.3 进口鱼粉应有鱼粉官方原产地证明、卫生证明(声明)和合格有效质量检验报告,鱼粉进口贸易商进口许可证、国家检验检疫合格报告和绿色食品产品质量定点监测机构出具的鱼粉合格有效质量检验报告,产品质量应满足 GB/T 19164 中一级品以上要求,其中砂分和盐分指标为“砂分+盐分≤5%”。

4.1.4 感官要求:具有该饲料应有的色泽、气味及组织形态特征,质地均匀,无发霉、变质、结块、虫蛀、鼠咬及异味、异物。颗粒饲料的颗粒均匀,表面光滑。

4.1.5 配合饲料应营养全面、平衡。配合饲料的营养成分指标应符合 SC/T 1077、SC/T 1024、SC/T 1026 等有关国家标准或行业标准的要求。

4.1.6 应做好饲料原料和添加剂的相关记录,确保对所有成分的追溯。

4.2 卫生要求

4.2.1 饲料和饲料添加剂卫生指标应符合 GB 13078、NY 5072 的规定,且使用中符合 NY/T 393 的要求。

4.2.2 饲料用水解羽毛粉应符合 NY/T 915 的要求。

4.2.3 鱼粉应符合 GB/T 19164 安全卫生指标的要求。

5 使用原则

5.1 饲料原料

5.1.1 饲料原料可以是已经通过认定的绿色食品,也可以是全国绿色食品原料标准化生产基地的产品,或是经中国绿色食品发展中心认定、按照绿色食品生产方式生产、达到绿色食品标准的自建基地生产的产品。

5.1.2 配合饲料中应控制棉籽粕和菜籽粕的用量,建议使用脱毒棉籽粕和菜籽粕。棉籽粕用量不超过15%,菜籽粕用量不超过20%。

5.1.3 不应使用转基因饲料原料。

5.1.4 不应使用工业合成的油脂和回收油。

5.1.5 不应使用畜禽粪便。

5.1.6 不应使用制药工业副产品。

5.1.7 饲料如经发酵处理,所使用的微生物制剂应是《饲料添加剂品种目录》中所规定的品种或是农业部公布批准使用的新饲料添加剂品种。

5.1.8 生产 AA 级绿色食品渔业产品的饲料原料,除须满足 5.1.3~5.1.7 的要求外,还应满足以下要求:

——不应使用化学合成的生产资料作为饲料原料;

——原料生产过程应使用有机肥、种植绿肥、作物轮作、生物或物理方法等技术培肥土壤、控制病虫草害、保护或提高产品品质。

5.2 饲料添加剂

5.2.1 经中国绿色食品发展中心认定的生产资料可以作为饲料添加剂来源。

5.2.2 饲料添加剂品种应是《饲料添加剂品种目录》中所列的饲料添加剂和允许进口的饲料添加剂品种,或是农业部公布批准使用的饲料添加剂品种,但附录 A 中所列的饲料添加剂品种不准使用。

5.2.3 饲料添加剂的性质、成分和使用量应符合产品标签的规定。

5.2.4 矿物质饲料添加剂的使用按照营养需要量添加,减少对环境的污染。

5.2.5 不应使用任何药物饲料添加剂。

5.2.6 严禁使用任何激素。

5.2.7 天然植物饲料添加剂应符合 GB/T 19424 的要求。

5.2.8 化学合成维生素、常量元素、微量元素和氨基酸在饲料中的推荐量以及限量应符合《饲料添加剂安全使用规范》的规定。

5.2.9 生产 AA 级绿色食品渔业产品的饲料添加剂，除须满足 5.2.1～5.2.8 的要求外，不得使用化学合成的饲料添加剂。

5.2.10 接收和处理应保持安全有序，防止误用和交叉污染。

5.3 配合饲料、浓缩饲料和添加剂预混合饲料

5.3.1 经中国绿色食品发展中心认定的生产资料可以作为配合饲料、浓缩饲料和添加剂预混合饲料来源。

5.3.2 饲料配方应遵循安全、有效、不污染环境的原则。

5.3.3 应按照产品标签所规定的用法、用量使用。

5.3.4 应做好所有饲料配方的记录，确保对所有饲料成分的可追溯。

6 加工、贮存和运输

6.1 饲料企业的工厂设计与设施卫生、工厂卫生管理和生产过程的卫生应符合 GB/T 16764 的要求。

6.2 在配料和混合生产过程中，应严格控制其他物质的污染。

6.3 饲料原料的粉碎粒度应符合 SC/T 1077 的要求。

6.4 做好生产过程的档案记录，为调查和追踪有缺陷的产品提供有案可查的依据。

6.5 所有加工设备都应符合我国有关国家标准或行业标准的要求。

6.6 成品的加工质量指标(混合均匀度、粒径、粒长、水中稳定性、颗粒粉化率)应符合有关国家标准或行业标准的要求。

6.7 加工中应特别注意调质充分和淀粉熟化。

6.8 生产绿色食品的饲料和饲料添加剂的加工、贮存、运输全过程都应与非绿色食品饲料严格区分管理。

6.9 袋装饲料不应直接放在地上，应放在货盘上；要避免阳光直接照射。

6.10 贮存中应注意通风，防止霉变；防止害虫、害鸟和老鼠的进入，不应使用任何化学合成的药物毒害虫鼠。

附 录 A
（规范性附录）
生产绿色食品渔业产品不应使用的饲料添加剂

种 类	品 种
矿物元素及其络(螯)合物	稀土(铈和镧)壳糖胺螯合盐
抗氧化剂	乙氧基喹啉、二丁基羟基甲苯(BHT),丁基羟基茴香醚(BHA)
防腐剂	苯甲酸、苯甲酸钠
着色剂	各种人工合成的着色剂
调味剂和香料	各种人工合成的调味剂和香料
粘结剂	羟甲基纤维素钠

第二部分

农业机械及农业工程类标准

ICS 65.060.80
B 95

中华人民共和国农业行业标准

NY/T 232—2011
代替 NY/T 232.1~232.3—1994

天然橡胶初加工机械　基础件

Machinery for primary processing of natural rubber—Basic parts

2011-09-01 发布　　2011-12-01 实施

中华人民共和国农业部 发布

前　言

本标准按照GB/T 1.1—2009给出的规则起草。

本标准代替NY/T 232.1—1994(制胶设备基础件　辊筒)、NY/T 232.2—1994(制胶设备基础件　筛网)、NY/T 232.3—1994(制胶设备基础件　锤片)。

本标准与NY/T 232.1—1994、NY/T 232.2—1994和NY/T 232.3—1994相比,主要变化如下:

——标准名称改为:NY/T 232—2011天然橡胶初加工机械　基础件;

——修改和完善了主要尺寸参数(3.1);

——明确规定了部分性能指标,如辊筒硬度指标(4.2.1);

——修订了试验方法,具体规定了各性能指标的检测方法(第5章);

——修订了检验规则,增加了出厂检验项目和型式检验项目及其不合格分类等(6.2.4和7.2.5);

——增加了运输和贮存等要求(第7章)。

本标准由中华人民共和国农业部农垦局提出。

本标准由农业部热带作物及制品标准化技术委员会归口。

本标准起草单位:农业部热带作物机械质量监督检验测试中心、广东广垦机械有限公司。

本标准主要起草人:李明、王金丽、孙悦平、邓怡国。

本标准所代替标准的历次版本发布情况为:

——NY/T 232.1—1994、NY/T 232.2—1994、NY/T 232.3—1994。

天然橡胶初加工机械　基础件

1　范围

本标准规定了天然橡胶初加工机械辊筒、筛网、锤片的主要尺寸参数、结构型式、技术要求、试验方法、检验规则及标志、包装、运输和贮存要求。

本标准适用于天然橡胶初加工机械辊筒、筛网、锤片。

2　规范性引用文件

下列文件对于本文件的应用是必不可少的。凡是注日期的引用文件,仅注日期的版本适用于本文件。凡是不注日期的引用文件,其最新版本(包括所有的修改单)适用于本文件。

GB/T 230.1　金属洛氏硬度试验　第1部分　试验方法(A、B、C、D、E、F、G、H、K、N、T标尺)

GB/T 231.1　金属材料　布氏硬度试验　第1部分　试验方法

GB/T 232　金属材料　弯曲试验方法

GB/T 699　优质碳素结构钢

GB/T 1031　产品几何技术规范(GPS)　表面结构　轮廓法表面粗糙度参数及其数值

GB/T 1184　形状和位置公差　未注公差值

GB/T 1348　球墨铸铁件

GB/T 1800.2　产品几何技术规范(GPS)　极限与配合第2部分:标准公差等级和孔、轴极限偏差表

GB/T 1801　产品几何技术规范(GPS)　极限与配合　公差带和配合的选择

GB/T 1804　一般公差　未注公差的线性和角度尺寸的公差

GB/T 1958　产品几何技术规范(GPS)　形状和位置公差　检测规定

GB/T 2822　标准尺寸

GB/T 2828.1　计数抽样检验程序　第1部分:按接收质量限(AQL)检索的逐批检验抽样计划

GB/T 3177　产品几何技术规范(GPS)　光滑工件尺寸的检验

GB/T 3280　不锈钢冷轧钢板和钢带

GB/T 3880.2　一般工业用铝及铝合金板、带材　第2部分:力学性能

GB/T 5330　工业用金属丝编织方孔筛网

JB/T 7945　灰铸铁　力学性能试验方法

GB/T 9439　灰铸铁件

GB/T 9441　球墨铸铁金相检验

GB/T 10610　产品几何技术规范(GPS)　表面结构　轮廓法　评定表面结构的规则和方法

GB/T 11352　一般工程用铸造碳钢件

NY/T 460—2001　天然橡胶初加工机械　干燥车

YB/T 5349　金属弯曲力学性能试验方法

3　主要尺寸参数与结构型式

3.1　基础件中辊筒、筛网的主要尺寸参数应符合GB/T 2822的规定,可分别按表1、表2的规定执行。

表 1　辊筒主要尺寸参数

单位为毫米

辊筒直径			辊筒长度		
R10	R20	R40	R10	R20	R40
100			400		(420)
	112			450	(420)
	140		500		
		150			530
160				560	
	180		500		
200					600
250			630		
	280				670
		300	710	(750)	
	355		710	(800)	
		375			850
400				900	
	450				950
500			1 000		
		530	1 000		(1 060)
	560			1 120	(1 060)
注:按 R10、R20、R40 顺序选用。					

表 2　筛网主要尺寸参数

单位为毫米

<table>
<tr><th rowspan="2">筛网品种</th><th rowspan="2">筛网号</th><th colspan="2">筛孔直径</th><th colspan="2">筛孔间距</th></tr>
<tr><th>R10</th><th>R20</th><th>R10</th><th>R20</th></tr>
<tr><td rowspan="6">锤磨机筛网</td><td>20</td><td>20</td><td></td><td>25</td><td rowspan="2">28</td></tr>
<tr><td>22</td><td></td><td>22</td><td rowspan="2">32</td></tr>
<tr><td>25</td><td>25</td><td></td><td>30</td></tr>
<tr><td>28</td><td></td><td>28</td><td rowspan="2">40</td><td>36</td></tr>
<tr><td>32</td><td>32</td><td></td><td rowspan="2">45</td></tr>
<tr><td>36</td><td></td><td>36</td><td>50</td></tr>
<tr><td rowspan="6">干燥设备筛网</td><td>4</td><td>4</td><td></td><td>6</td><td rowspan="3">9</td></tr>
<tr><td>5</td><td>5</td><td></td><td>8</td></tr>
<tr><td>6</td><td>6</td><td></td><td>10</td></tr>
<tr><td>8</td><td>8</td><td></td><td>12</td><td>11</td></tr>
<tr><td>10</td><td>10</td><td></td><td rowspan="2">16</td><td>14</td></tr>
<tr><td>12</td><td>12</td><td></td><td>18</td></tr>
<tr><td colspan="6">注:按 R10、R20 顺序选用。</td></tr>
</table>

3.2 锤磨机筛网按孔分布位置可分为Ⅰ、Ⅱ两种型式，如图1。

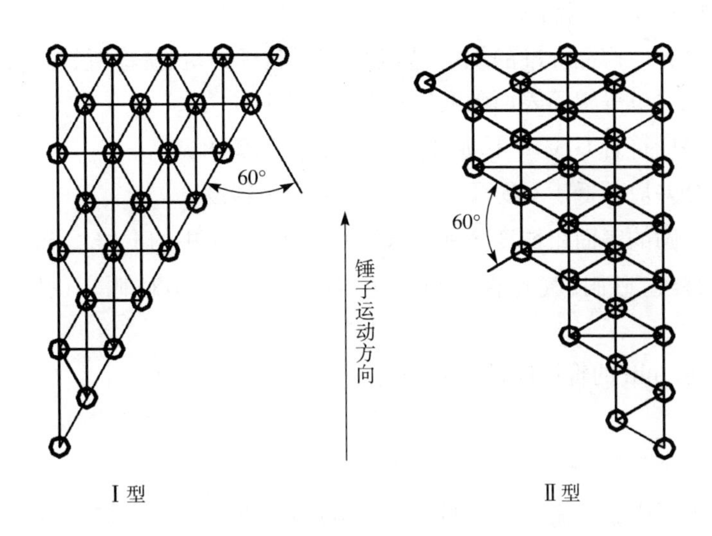

图1 锤磨机筛网孔结构型式

Ⅰ型筛网：由筛孔中心构成的等边三角形中有一边与锤片运动方向垂直。

Ⅱ型筛网：由筛孔中心构成的等边三角形中有一边与锤片运动方向平行。

3.3 锤磨机锤片可采用Ⅰ型或Ⅱ型结构型式制造，如图2。

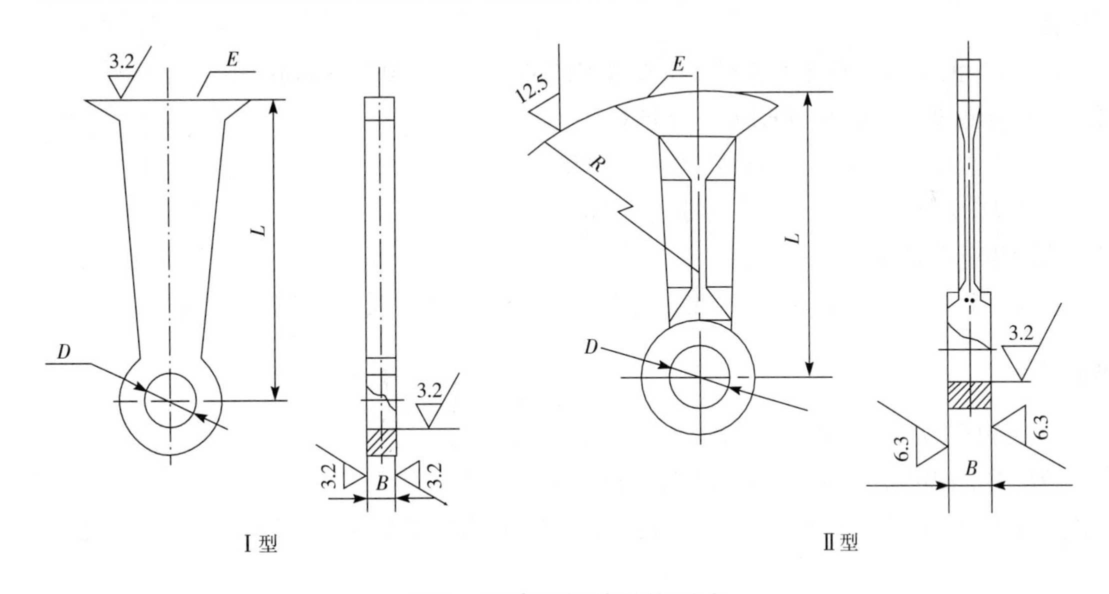

图2 锤磨机锤片结构型式

3.4 干燥设备筛网分为编织网和板材冲孔网。

4 技术要求

4.1 基本要求

4.1.1 应按批准的图样及技术文件制造与检验。

4.1.2 未注明公差的机械加工尺寸，应符合GB/T 1804中C级的规定。

4.2 辊筒

4.2.1 采用的材料应符合相应产品标准的规定，其中，绉片机、锤磨机、洗涤机、撕粒机等辊筒体应采用力学性能不低于GB/T 1348规定的QT 450-10或GB/T 11352规定的ZG 310-570制造；压片机、压薄机等辊筒体应采用力学性能不低于 GB/T 9439 规定的 HT200 制造；辊筒两端轴均应采用力学性能不低于 GB/T 699 规定的 45 钢制造。

4.2.2 表面硬度应符合相应产品标准的规定，其中，绉片机、锤磨机、洗涤机、撕粒机等辊筒表面硬度不低于 200 HB，压片机、压薄机等辊筒表面硬度应不低于 150 HB。

4.2.3 轴承位尺寸公差应符合 GB/T 1800.2 中 k6 或 h6 的要求。

4.2.4 轴承位同轴度公差应不低于 GB/T 1184 规定的 8 级精度。

4.2.5 轴承位和辊筒外圆的表面粗糙度分别不低于 GB/T 1031 中的 Ra3.2 和 Ra6.3。

4.2.6 辊筒体不应有裂纹，砂眼、气孔直径和深度均应小于 4 mm，砂眼、气孔之间的距离应不小于 40 mm。

4.2.7 转速大于 500 转/min 的辊筒应进行静平衡。

4.3 筛网

4.3.1 筛网开孔率应不小于 35%。

4.3.2 锤磨机筛网应采用机械性能不低于 GB/T 3280 规定的 0Cr13 的材料制造。

4.3.3 干燥设备筛网应符合 GB/T 5330 中的规定或采用机械性能不低于 GB 3880.2 规定的 1050 牌号的材料制造。

4.3.4 干燥设备筛网对角线差应符合 NY/T 460—2001 中表 2 的规定。

4.3.5 干燥设备筛网应可拆卸清洗。

4.4 锤片

4.4.1 应采用力学性能不低于 GB/T 11352 规定的 ZG 310～570 材料制造。

4.4.2 工作外圆表面硬度为 40 HRC～50 HRC。

4.4.3 不应有裂纹，外表面不应有砂眼、气孔等缺陷。

4.4.4 图中 D、B 和 L 的尺寸偏差应分别符合 GB/T 1801 中 B11、js13 和 js12 的规定。

4.4.5 表面粗糙度应符合图的规定。

4.4.6 按质量分组，以锤磨机转子每条销轴上锤片为一组，每组总质量差不大于 10 g。

5 试验方法

5.1 尺寸公差的测定应按 GB/T 3177 规定的方法执行。

5.2 形位公差的测定应按 GB/T 1958 规定的方法执行。

5.3 洛氏硬度的测定应按 GB/T 230.1 规定的方法执行，布氏硬度测定应按 GB/T 231.1 规定的方法执行。

5.4 表面粗糙度参数的测定应按 GB/T 10610 规定的方法执行。

5.5 材料性能试验：灰铸铁件应按 GB/T 7945 规定的方法执行；球墨铸铁件应按 GB/T 9441 规定的方法执行；结构钢应按 YB/T 5349 和 GB/T 232 规定的方法执行。

6 检验规则

6.1 出厂检验

6.1.1 产品均需经制造厂质检部门检验合格，并签发“产品合格证”后才能出厂。

6.1.2 出厂检验应采用随机抽样，抽样方法按 GB/T 2828.1 中正常检查一次抽样方案确定。

6.1.3 样本应在六个月内生产的产品中随机抽取。抽样检查批量应不少于 3 件(锤片则为 3 台锤磨机锤片)，样本大小为 2 件(锤片则为 2 台锤磨机锤片)。

6.1.4 出厂检验项目、不合格分类见表3。

6.1.5 判定规则。评定时采用逐项检验考核，A、B、C各类的不合格总数小于等于 *Ac* 为合格，大于等于 *Re* 为不合格。A、B、C各类均合格时，该批产品为合格品，否则为不合格品。

表3 出厂检验项目、不合格分类

不合格分类	检验项目		样本数	项目数	检查水平	样本大小字码	AQL	*Ac*	*Re*
A	辊筒	裂纹情况	2	1	S-I	A	6.5	0	1
	筛网	开孔率							
	锤片	裂纹情况							
B	辊筒	1. 工作表面硬度 2. 轴承位尺寸		2			25	1	2
	筛网	1. 筛网直径 2. 筛网间距							
	锤片	1. 工作表面硬度 2. 组间总质量差							
C	辊筒	1. 轴承位和辊筒体表面粗糙度 2. 外观质量 3. 合格证		3			25	1	2
	筛网	1. 对角线差 2. 尺寸 3. 合格证							
	锤片	1. 表面粗糙度 2. 尺寸 3. 合格证							

注：AQL为合格质量水平，*Ac* 为合格判定数，*Re* 为不合格判定数。

6.2 型式检验

6.2.1 有下列情况之一时，应对产品进行型式检验：

——新产品生产或产品转厂生产；

——正式生产后，结构、材料、工艺等有较大改变，可能影响产品性能；

——正常生产时，定期或周期性抽查检验；

——产品长期停产后恢复生产；

——出厂检验结果与上次型式检验有较大差异；

——质量监督机构提出进行型式检验要求。

6.2.2 型式检验应采用随机抽样，抽样方法按GB/T 2828.1中正常检查一次抽样方案确定。

6.2.3 样本应在六个月内生产的产品中随机抽取。抽样检查批量应不少于3件(锤片则为3台锤磨机的全部锤片)，样本大小为2件(锤片则为2台锤磨机的全部锤片)，应在生产企业成品库或销售部门已检验合格的零部件中抽取。

6.2.4 型式检验项目、不合格分类见表4。

表 4 型式检验项目、不合格分类

<table>
<tr><th>不合格
分类</th><th colspan="2">检 验 项 目</th><th>样本数</th><th>项目数</th><th>检查
水平</th><th>样本大小
字 码</th><th>AQL</th><th>Ac</th><th>Re</th></tr>
<tr><td rowspan="3">A</td><td>辊筒</td><td>1. 材料力学性能
2. 裂纹情况</td><td rowspan="9">2</td><td rowspan="3">2</td><td rowspan="9">I</td><td rowspan="9">D</td><td rowspan="3">6.5</td><td rowspan="3">0</td><td rowspan="3">1</td></tr>
<tr><td>筛网</td><td>1. 材料力学性能
2. 开孔率</td></tr>
<tr><td>锤片</td><td>1. 材料力学性能
2. 裂纹情况</td></tr>
<tr><td rowspan="3">B</td><td>辊筒</td><td>1. 工作表面硬度
2. 轴承位尺寸</td><td rowspan="3">2</td><td rowspan="3">25</td><td rowspan="3">1</td><td rowspan="3">2</td></tr>
<tr><td>筛网</td><td>1. 筛网直径
2. 筛网间距</td></tr>
<tr><td>锤片</td><td>1. 工作表面硬度和外表面砂眼、气孔等情况
2. 组间总质量差</td></tr>
<tr><td rowspan="3">C</td><td>辊筒</td><td>1. 轴承位和辊筒体表面粗糙度
2. 外观质量
3. 合格证</td><td rowspan="3">3</td><td rowspan="3">25</td><td rowspan="3">1</td><td rowspan="3">2</td></tr>
<tr><td>筛网</td><td>1. 对角线差
2. 尺寸
3. 合格证</td></tr>
<tr><td>锤片</td><td>1. 表面粗糙度
2. 尺寸
3. 合格证</td></tr>
<tr><td colspan="10">注:AQL 为合格质量水平,Ac 为合格判定数,Re 为不合格判定数。</td></tr>
</table>

6.2.5 判定规则

评定时采用逐项检验考核,A、B、C 各类的不合格总数小于等于 *Ac* 为合格,大于等于 *Re* 为不合格。A、B、C 各类均合格时,该批产品为合格品,否则为不合格品。

7 标志、包装、运输和贮存

7.1 标志

产品应有标牌和产品合格证。标牌上应包括产品名称、型号、技术规格、制造厂名称、商标和出厂年月内容。

7.2 包装

7.2.1 外露加工面应涂防锈剂或包防潮纸,防锈的有效期自产品出厂之日起应不少于 6 个月。

7.2.2 包装应符合运输和装载要求。

7.3 运输和贮存

产品在运输过程中,应保证其不受损坏。产品应贮存在干燥、通风的仓库内,在贮存时应保证其不受损坏。

ICS 65.060.80
B 95

中华人民共和国农业行业标准

NY/T 260—2011
代替 NY/T 260—1994

剑麻加工机械　制股机

Machinery for sisal hemp processing—Stranding machine

2011-09-01 发布　　2011-12-01 实施

中华人民共和国农业部　发布

前　言

本标准按照GB/T 1.1—2009给出的规则起草。

本标准代替NY/T 260—1994《剑麻制股机》。本标准与NY/T 260—1994相比，主要变化如下：

——标准名称由“剑麻制股机”改为“剑麻加工机械　制股机”；

——增加和删除了部分引用标准；

——增加了转定制股机的型号；

——对技术要求进行了分类、修改和补充；

——修改了空载和负载试验内容；

——修改了出厂检验内容；

——修改了型式检验要求和判定规则；

——铸件和焊接件按GB/T 15032—2008中第5章的规定；

——标志和包装按GB/T 15032—2008中第8章的规定。

本标准由中华人民共和国农业部农垦局提出。

本标准由农业部热带作物及制品标准化技术委员会归口。

本标准起草单位：中国热带农业科学院农业机械研究所、湛江农垦第二机械厂。

本标准主要起草人：张劲、欧忠庆、张文强、李明、邓干然。

本标准所代替标准的历次版本发布情况为：

——NY/T 260—1994。

剑麻加工机械　制股机

1　范围

本标准规定了剑麻加工机械制股机的术语和定义、型号规格、技术要求、试验方法、检验规则及标志和包装等要求。

本标准适用于将剑麻纱加工成股条的机械;其他采用天然纤维和合成纤维的纱线加工成股条的机械,也可参照使用。

2　规范性引用文件

下列文件对于本文件的应用是必不可少的。凡是注日期的引用文件,仅注日期的版本适用于本文件。凡是不注日期的引用文件,其最新版本(包括所有的修改单)适用于本文件。

GB/T 1184　形状和位置公差　未注公差值

GB/T 1800.2　产品几何技术规范(GPS)极限与配合　第2部分:标准公差等级和孔、轴极限偏差表

GB/T 2828.1　计数抽样检验程序　第1部分:按接收质量限(AQL)检索的逐批检验抽样计划

GB/T 3768　声学　声压法测定噪声源声功率级　反射面上方采用包络测量表面的简易法

GB/T 8196　机械安全　防护装置　固定式和活动式防护装置设计与制造一般要求

GB/T 10089　圆柱蜗杆、蜗轮精度

GB/T 15032—2008　制绳机械设备通用技术条件

JB/T 9050.2　圆柱齿轮减速器　接触斑点测定方法

JB/T 9832.2　农林拖拉机及机具　漆膜　附着性能测定方法　压切法

3　术语和定义

下列术语和定义适用于本文件。

3.1

制股　strand forming

将数根一定规格的纱线按照一定的排列规则,并以纱线相反的捻向加捻成股条的工艺。

3.2

S捻　S-twist

纱线、股条或绳索的倾斜方向与字母"S"的中部相一致的捻向。

3.3

Z捻　Z-twist

纱线、股条或绳索的倾斜方向与字母"Z"的中部相一致的捻向。

3.4

股饼　strand plate

用于在制股过程中卷绕绳股的装置。

3.5

恒锭　constant spindle

在加捻过程中,股饼架(摇篮)不随机器主轴运转的形式。

3.6

转锭 turning spindle

在加捻过程中，股饼除绕自身轴心线旋转外，还跟随框架轮绕机器主轴运转的形式。

4 型号和规格

4.1 型号规格的编制方法

产品型号规格的编制应符合 GB/T 15032 的规定。

4.2 型号规格表示方法

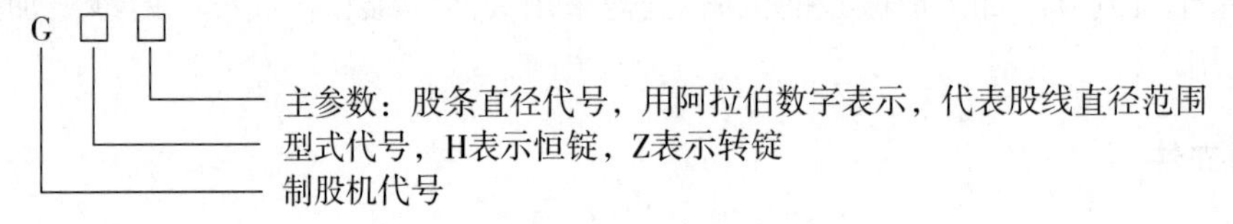

示例：GZ5 表示 5 号转锭制股机，股条直径为 3.3 mm～7.0 mm。

4.3 产品型号规格和主要参数

产品型号规格和主要参数见表 1。

表 1 产品型号规格和主要参数

类别	型号	股条直径范围 mm	主轴转速 r/min	电动机功率 kW	生产率 kg/h	净重 t
恒锭	GH6	1.7～4.0	1 000	1.5	2.5～16	0.8
	GH5	3.3～7.0	1 000	2.2	8～96	1.1
转锭	GZ6	1.7～4.0	500	0.75	1.5～8	0.1
	GZ5	3.3～7.0	300	1.5	4～24	0.5
	GZ4	5.8～11.0	180	2.2	9～55	1.1
	GZ3	9.6～16.0	120	4	40～105	2.3
	GZ2	14.0～22.0	120	4	75～300	2.4
	GZ1	19.9～32.0	80	5.5	150～750	3.0
	GZ0	30.0～40.0	100	7.5	200～950	4.0

5 技术要求

5.1 一般要求

5.1.1 应按批准的图样和技术文件制造。

5.1.2 机器运转应平稳，不应有异常撞击声；滑动、转动部位应运转灵活、平稳、无阻滞现象。

5.1.3 空载噪声应不大于 85 dB(A)。

5.1.4 使用可靠性应不小于 92%。

5.1.5 应具有制造 S 捻、Z 捻股条的性能。制作的股条应光滑坚实，没有严重擦伤和油污现象。

5.1.6 应设有股条长度显示装置。

5.1.7 阻尼装置应灵敏可靠，调节方便。

5.1.8 股饼装卸机构应便于操作，锁紧应安全可靠。

5.1.9 机器运转时，各轴承的温度不应有骤升现象。空运转时温升≤30℃，负荷运转时温升≤35℃。

5.1.10 减速箱不应有渗漏油现象，润滑油的最高温度≤60℃。

5.1.11 排线装置应能使股条均匀排布于股饼上，且整个行程内不应有卡滞现象。

5.2 主要零部件

5.2.1 **半轴**

轴径尺寸公差应符合 GB/T 1800.2 中 k7 的要求。

5.2.2 **轴承座**

转锭制股机两扁形机架轴承孔尺寸公差应符合 GB/T 1800.2 中 M7 的要求。其中,心距应符合 GB/T 1800.2 中 Js10 的要求。

5.2.3 **前、后锥形齿轮轴和齿轮**

前、后锥形齿轮轴和齿轮齿面硬度应为 22 HRC～28 HRC。

5.3 装配

5.3.1 所有零、部件应检验合格;外购件、协作件应有合格证明文件,并经检验合格后方可进行装配。

5.3.2 机器的润滑系统应清洗干净,其内部不应有切屑和其他污物。

5.3.3 离合器分离与接合应灵敏可靠。

5.3.4 蜗轮副侧隙应不低于 GB/T 10089 规定的 8C 要求。

5.3.5 前、后法兰径向跳动应不低于 GB/T 1184 规定的 9 级要求。

5.3.6 开式齿轮接触斑点,在齿高方向应≥30%,在齿宽方向应≥40%。

5.3.7 开式啮合齿轮的轴向错位≤1.5 mm。

5.4 外观

5.4.1 机器表面不应有明显的凸起、凹陷、粗糙不平和损伤等缺陷。

5.4.2 金属手轮轮缘和操纵手柄应镀防锈层并抛光。

5.4.3 机器的涂层喷漆,色泽应均匀,平整光滑,不应有严重的流痕,明显起泡、起皱应不多于 3 处。

5.4.4 漆层的漆膜附着力应符合 JB/T 9832.2 中 2 级 3 处的规定。

5.5 铸件

铸件质量应符合 GB/T 15032—2008 中 5.5 的规定。

5.6 焊接件

焊接件质量应符合 GB/T 15032—2008 中 5.6 的规定。

5.7 安全防护

5.7.1 外露运行部件的安全防护装置应符合 GB/T 8196 的规定。

5.7.2 整机应能满足吊装和运输要求。

5.7.3 电气设备应有可靠的接地保护装置,接地电阻≤10 Ω。

6 试验方法

6.1 空载试验

6.1.1 空载试验应在总装检验合格后进行。

6.1.2 在额定转速下连续运转时间应不少于 2 h。

6.1.3 空载试验项目和要求见表 2。

表 2 空载试验项目、方法和要求

试验项目	试验方法	标准要求
工作平稳性及声响	感观	符合 5.1.2 的规定
噪声	符合 GB/T 3768 的规定	符合 5.1.3 的规定
排线装置在全行程内卡滞情况	目测	符合 5.1.11 的规定
离合器操作灵敏可靠性	感观	符合 5.3.3 的规定

表 2（续）

试验项目	试验方法	标准要求
轴承温升	测温仪	符合 5.1.9 的规定
减速箱油温及渗漏油情况	测温仪及目测	符合 5.1.10 的规定
开式齿轮接触斑点	符合 JB/T 9050.2 的规定	符合 5.3.6 的规定

6.2 负载试验

6.2.1 负载试验应在空载试验合格后进行。

6.2.2 在额定转速及满负荷条件下，连续运转时间应不少于 2 h。

6.2.3 负载试验项目和要求见表 3。

表 3 负载试验项目、方法和要求

试验项目	试验方法	标准要求
工作平稳性及声响	感观	符合 5.1.2 的规定
排线装置在全行程内运行及卡滞情况	目测	符合 5.1.11 的规定
离合器操作灵敏可靠性	感观	符合 5.3.3 的规定
阻尼装置工作情况	目测	符合 5.1.7 的规定
轴承温升	测温仪	符合 5.1.9 的规定
减速箱油温及渗漏油情况	测温仪及目测	符合 5.1.10 的规定
制股质量	按加工工艺要求及有关试验方法	符合 5.1.5 和 4.3 的规定
生产率	测定单位时间内剑麻股条产量	符合或超过 4.3 的规定

7 检验规则

7.1 出厂检验

7.1.1 每台出厂产品应经检验合格，在用户方安装调试合格后，方可签发合格证。

7.1.2 出厂检验项目及要求：

——外观和涂漆应符合 5.4 的规定；

——装配应符合 5.3 的规定；

——安全防护应符合 5.7 的规定；

——空载试验应符合 6.1 的规定。

7.1.3 用户有要求时，可进行负载试验，负载试验应符合 6.2 的规定。

7.2 型式检验

7.2.1 有下列情况之一时，应进行型式检验：

——新产品生产或产品转厂生产；

——正式生产后，结构、材料、工艺等有较大改变，可能影响产品性能；

——正常生产时，定期或周期性抽查检验；

——产品长期停产后恢复生产；

——出厂检验结果与上次型式检验有较大差异；

——质量监督机构提出进行型式检验要求。

7.2.2 型式检验应采用随机抽样，抽样方法按 GB/T 2828.1 中正常检查一次抽样方案确定。

7.2.3 样本应在六个月内生产的产品中随机抽取。抽样检查批量应不少于 3 台(件)，样本大小为 2 台(件)。

7.2.4 样本应在生产企业成品库或销售部门抽取，零部件在零部件成品库或装配线上已检验合格的零部件中抽取。

7.2.5 型式检验项目、不合格分类见表4。

表4 检验项目、不合格分类

<table>
<tr><th>不合格分类</th><th>检验项目</th><th>样本数</th><th>项目数</th><th>检查水平</th><th>样本大小字码</th><th>AQL</th><th>Ac</th><th>Re</th></tr>
<tr><td>A</td><td>1. 生产率
2. 使用可靠性
3. 安全防护</td><td rowspan="3">2</td><td>3</td><td rowspan="3">S-I</td><td rowspan="3">A</td><td>6.5</td><td>0</td><td>1</td></tr>
<tr><td>B</td><td>1. 制股质量
2. 齿轮齿面和前、后锥形齿轮轴硬度
3. 噪声
4. 轴承温升、油温和渗漏油
5. 轴承与孔、轴配合精度</td><td>5</td><td>25</td><td>1</td><td>2</td></tr>
<tr><td>C</td><td>1. 侧隙、接触斑点和轴向错位(开式齿轮)
2. 零部件结合面尺寸
3. 漆膜附着力
4. 外观质量
5. 标志和技术文件</td><td>5</td><td>40</td><td>2</td><td>3</td></tr>
<tr><td colspan="9">注:AQL为合格质量水平,Ac为合格判定数,Re为不合格判定数。</td></tr>
</table>

7.2.6 判定规则

评定时采用逐项检验考核,A、B、C各类的不合格总数小于等于*Ac*为合格,大于等于*Re*为不合格。A、B、C各类均合格时,该批产品为合格品,否则为不合格品。

8 标志和包装

按GB/T 15032—2008中第8章的规定。

ICS 65.060.80
B 95

中华人民共和国农业行业标准

NY/T 340—2011
代替 NY/T 340—1998

天然橡胶初加工机械　洗涤机

Machinery for primary processing of natural rubber—Scrap washer

2011-09-01 发布　　2011-12-01 实施

中华人民共和国农业部　发布

前　言

本标准按照GB/T 1.1—2009给出的规则起草。

本标准代替NY/T 340—1998《天然橡胶初加工机械　洗涤机》。本标准与NY/T 340—1998相比，除编辑性修改外，主要技术变化如下：

——修改了“杂胶”的定义（见3.1，1998年版的3.1）；

——删除了“杯凝胶”、“胶线”、“树皮胶线”、“泥胶”、“湿胶块”、“早凝块”、“撇泡胶片”、“工厂杂胶”、“碎胶”及“洗涤”的术语和定义（见1998年版的3.1.1～3.1.9和3.2）；

——增加了“洗涤机”的术语和定义（见3.2）；

——修改了产品主要技术参数生产率、电机功率（见4.3，1998年版的4.2）；

——增加了产品一般技术要求（见5.1）；

——增加了使用可靠性、接地电阻指标（见5.1.8和5.4.2）；

——修改了空载试验项目（见6.1.3，1998年版的6.1.3）；

——修改了负载试验项目（见6.2.3，1998年版的6.2.3）；

——增加了生产率、使用可靠性、尺寸公差、形位公差、洛氏硬度等指标的试验方法（见6.3）；

——修改了型式检验项目（见7.2.5，1998年版的7.3.3）；

——增加了对产品贮存的要求（见第8章）。

本标准由中华人民共和国农业部农垦局提出。

本标准由农业部热带作物及制品标准化技术委员会归口。

本标准起草单位：中国热带农业科学院农业机械研究所、农业部热带作物机械质量监督检验测试中心、海南省农垦营根机械厂。

本标准主要起草人：黄晖、王金丽、刘智强、张文。

本标准所代替标准的历次版本发布情况为：

——NY/T 340—1998。

天然橡胶初加工机械　洗涤机

1　范围

本标准规定了天然橡胶初加工机械洗涤机的术语和定义、型号规格和主要技术参数、技术要求、试验方法、检验规则及标志、包装、运输和贮存等要求。

本标准适用于天然橡胶初加工机械洗涤机。

2　规范性引用文件

下列文件对于本文件的应用是必不可少的。凡是注日期的引用文件，仅注日期的版本适用于本文件。凡是不注日期的引用文件，其最新版本(包括所有的修改单)适用于本文件。

GB/T 230.1　金属材料　洛氏硬度试验　第1部分:试验方法(A、B、C、D、E、F、G、H、K、N、T标尺)

GB/T 699　优质碳素结构钢

GB/T 1184　形状和位置公差　未注公差值

GB/T 1348　球墨铸铁件

GB/T 1800.2　产品几何技术规范(GPS)　极限与配合　第2部分:标准公差等级和孔、轴的极限偏差表

GB/T 1804　一般公差　未注公差的线性和角度尺寸的公差

GB/T 1958　产品几何量技术规范(GPS)形状和位置公差　检测规定

GB/T 2828.1　计数抽样检验程序　第1部分:按接收质量限(AQL)检索的逐批检验抽样计划

GB/T 3768　声学　声压法测定噪声源声功率级　反射面上方采用包络测量表面的简易法

GB 5226.1　机械安全　机械电气设备　第1部分:通用技术条件

GB/T 5667　农业机械　生产试验方法

GB/T 9439　灰铸铁件

GB/T 11352　一般工程用铸造碳钢件

JB/T 5673　农林拖拉机及机具涂漆　通用技术条件

JB/T 9050.1　圆柱齿轮减速器　通用技术条件

JB/T 9832.2　农林拖拉机及机具　漆膜附着性能测定方法　压切法

NY/T 408　天然橡胶初加工机械产品质量分等

NY/T 409　天然橡胶初加工机械　通用技术条件

NY/T 1036—2006　热带作物机械　术语

NY 1494　辊筒式天然橡胶初加工机械　安全技术要求

3　术语和定义

下列术语和定义适用于本文件。

3.1

杂胶　scrap

指胶线、树皮胶线、杯凝胶、泥胶、湿胶块、撇泡胶片、工厂杂胶及碎胶等物质。

3.2

洗涤机　scrap washer

采用一对辊筒将杂胶反复揉搓、挤压使其破碎，并用水冲洗除去其中杂质的设备。

注：改写 NY/T 1036—2006，定义 2.1.2.19。

4 产品型号规格和主要技术参数

4.1 产品型号规格的编制方法

产品型号规格的编制应符合 NY/T 409 的有关规定。

4.2 产品型号规格的表示方法

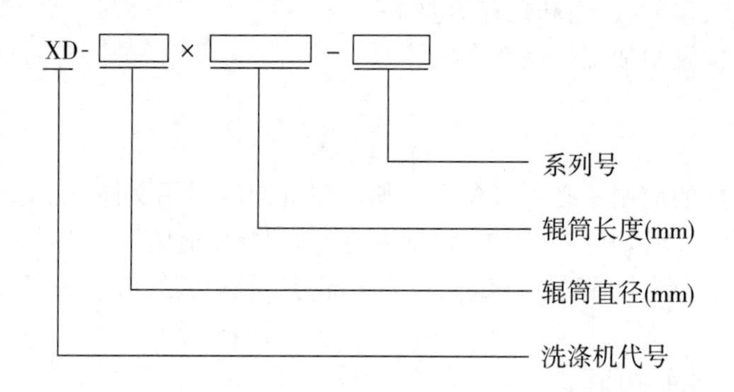

示例：

XD-250×500 表示产品为洗涤机，其辊筒直径为 250 mm，辊筒长度为 500 mm。

4.3 产品型号规格和主要技术参数

产品的主要型号规格及其主要技术参数见表 1。

表 1 产品型号规格和主要技术参数

项目		型号规格				
		XD-250×500	XD-250×800	XD-250×800-A	XD-250×800-B	XD-350×800
辊筒尺寸 mm	直径	250	250	250	250	350
	长度	500	800	800	800	800
辊筒波纹槽 mm	深度×宽度	20×53	20×53	20×53	20×53	20×56
辊筒转速 r/min	前辊	27～29	16～24	18～24	16～24	26～30
	后辊	32～34	23～35	25～35	23～35	31～35
驱动大齿轮	模数，mm	8	8	10	—	—
	齿数	98	98	75	—	—
电机功率，kW		15	30	30	30	45～55
每次投料量(湿胶)，kg		18	25	25	25	35
生产率(干胶)，kg/h		≥100	≥180	≥180	≥180	≥400

5 技术要求

5.1 一般要求

5.1.1 设备应按规定程序批准的图样和技术文件制造。

5.1.2 整机应运行平稳，不应有明显的振动、冲击和异常声响。

5.1.3 调整装置应灵活可靠，紧固件无松动，出料挡板铰接部位应启闭灵活、轻便可靠。

5.1.4 整机运行 2 h 以上，空载时轴承温升应不大于 20℃，负载时应不大于 40℃。

5.1.5 整机运行过程中，减速器等各密封部位不应有渗漏现象，减速箱油温应不大于 65℃。

5.1.6 产品图样未注公差尺寸应符合 GB/T 1804 中 C 公差等级的规定。

5.1.7 空载噪声应不大于 85 dB(A)。

5.1.8 使用可靠性应不小于 93%。

5.1.9 外观质量、铸锻件质量、焊接件质量和装配质量应符合 NY/T 409 的有关规定;安全性应符合 NY/T 409 和 NY 1494 的有关规定。

5.2 主要零部件要求

5.2.1 辊筒

辊筒如图 1 所示。

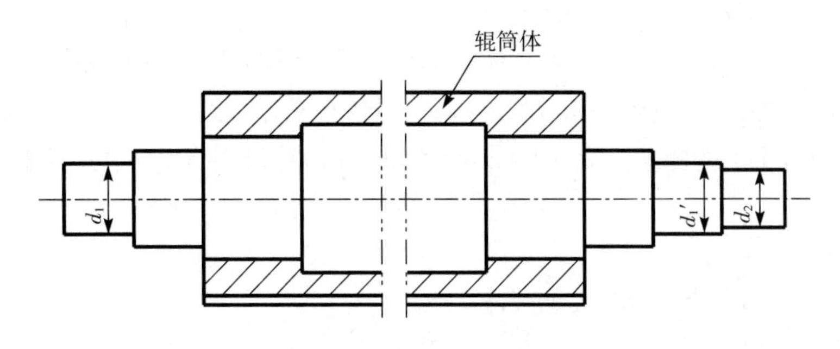

图 1 辊 筒

5.2.1.1 辊筒体材料力学性能应不低于 GB/T 1348 中规定的 QT 450-10 或 GB/T 11352 中规定的 ZG 270-500 的要求;两端轴材料力学性能应不低于 GB/T 699 中规定的 45 号钢的要求。

5.2.1.2 辊筒体不应有裂纹,其外圆与端面处直径小于 3 mm、深度小于 2 mm 的气孔、砂眼应不超过 8 处,其间距应不少于 40 mm。

5.2.1.3 轴承位 d_1、d_1'的尺寸公差应符合 GB/T 1800.2 中 j7 的要求,d_2 应符合 h7 的要求。

5.2.1.4 d_1、d_1'与 d_2 的同轴度应不低于 GB/T 1184 中 8 级精度的要求。

5.2.1.5 d_1、d_1'的表面粗糙度应不低于 Ra3.2,d_2 的表面粗糙度应不低于 Ra6.3。

5.2.2 轴承座

轴承座如图 2 所示。

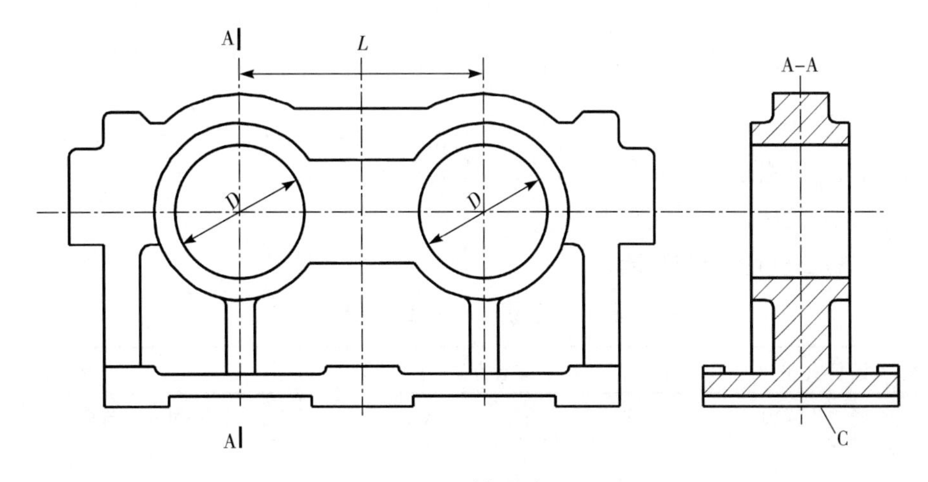

图 2 轴承座

5.2.2.1 材料力学性能应不低于 GB/T 9439 中规定的 HT 200 的要求。

5.2.2.2 内孔直径 D 的尺寸公差应符合 GB/T 1800.2 中 H7 的要求,表面粗糙度应不低于 Ra3.2。

5.2.2.3 两孔中心距 L 应符合 GB/T 1800.2 中 H9 的要求。

5.2.2.4 两孔轴线平行度和两孔轴线对 C 面的平行度均应不低于 GB/T 1184 中 8 级精度的要求。

5.2.3 驱动齿轮副和速比齿轮副

5.2.3.1 驱动大齿轮材料力学性能应不低于 GB/T 9439 中规定的 HT200 或 GB/T 11352 中规定的 ZG 270-500 的要求。

5.2.3.2 驱动大齿轮不应有裂纹，齿部、内孔及键槽表面不应有气孔、缩孔等缺陷，齿圈两端面直径小于 2 mm、深度小于 3 mm 的气孔、砂眼应不超过 5 处，其间距应不少于 40 mm。

5.2.3.3 驱动大齿轮齿面粗糙度应不低于 Ra6.3。

5.2.3.4 驱动小齿轮、速比齿轮材料力学性能应不低于 GB/T 699 中规定的 45 号钢或 GB/T 11352 中规定的 ZG 310-570 的要求。

5.2.3.5 驱动小齿轮、速比齿轮齿面硬度应为 40 HRC～50 HRC，齿面粗糙度应不低于 Ra3.2。

5.2.3.6 齿轮内孔尺寸公差应符合 GB/T 1800.2 中 H8 的要求，表面粗糙度应不低于 Ra3.2。

5.2.3.7 驱动大、小齿轮副的侧隙应为 0.25 mm～0.53 mm，接触斑点沿齿高方向应不小于 30%，沿齿长方向应不小于 40%。

5.2.4 齿轮减速器

应不低于 JB/T 9050.1 中 9 级精度的要求。

5.2.5 箱体及底座

5.2.5.1 箱体材料力学性能应不低于 GB/T 9439 中规定的 HT200 的要求，底座材料力学性能应不低于 GB/T 9439 中规定的 HT150 的要求。

5.2.5.2 底座上安装轴承座与减速箱体的两平面的平行度应不低于 GB/T 1184 中 8 级精度的要求。

5.3 涂漆质量要求

5.3.1 设备表面涂漆质量应符合 JB/T 5673 中普通耐候涂层的规定。

5.3.2 漆膜附着力应符合 JB/T 9832.2 中Ⅱ级 3 处的规定。

5.4 电气要求

5.4.1 电气装置应安全可靠，并符合 GB 5226.1 中的有关规定。

5.4.2 设备应有可靠的接地保护装置，接地电阻应不大于 10 Ω。

5.4.3 电气控制系统应有短路、过载和失压保护装置。

6 试验方法

6.1 空载试验

6.1.1 每台产品均应在总装配检验合格后进行空载试验。

6.1.2 在额定转速下连续运转时间应不少于 2 h。

6.1.3 按表 2 的规定进行检查和测试。

表 2 空载试验项目和方法

序号	试验项目	试验方法	标准要求
1	运转平稳性及声响	感官	运转应平稳，无异常声响
2	安全性	感官	符合 NY/T 409 和 NY 1494 的有关规定
3	噪声	按 GB/T 3768 的规定	≤85 dB(A)
4	轴承温升	用测温仪分别测试试验前后的轴承温度	≤20℃
5	减速箱油温及渗漏油情况	油温：用测温仪测试 渗漏油情况：目测	油温≤65℃，无渗漏油现象

6.2 负载试验

6.2.1 应在空载试验合格后进行。

6.2.2 在额定转速及满负荷条件下连续运转时间应不少于 2 h。

6.2.3 按表 3 的规定进行检查和测试。

表 3 负载试验项目和方法

序号	试验项目	试验方法	标准要求
1	运转平稳性及声响	感官	运转应平稳,无异常声响
2	安全性	感官	符合 NY/T 409 和 NY 1494 的有关规定
3	接地电阻	用接地电阻测试仪器测试	≤10 Ω
4	轴承温升	用测温仪分别测试试验前后的轴承温度	≤40℃
5	减速箱油温及渗漏油情况	油温:用测温仪测试 渗漏油情况:目测	油温≤65℃,无渗漏油现象
6	生产率	按 NY/T 408 的规定(测定单位时间内的干胶产量)	应符合表 1 的规定

6.3 其他试验方法

6.3.1 使用可靠性的测试应按 GB/T 5667 规定的方法执行。

6.3.2 尺寸公差的测试应按 GB/T 1804 规定的方法执行。

6.3.3 形位公差的测试应按 GB/T 1958 规定的方法执行。

6.3.4 洛氏硬度的测试应按 GB/T 230.1 规定的方法执行。

6.3.5 漆膜附着力的测试应按 JB/T 9832.2 规定的方法执行。

7 检验规则

7.1 出厂检验

7.1.1 每台出厂产品需经制造厂检验合格并签发“产品合格证”后方可出厂。

7.1.2 出厂检验项目及要求:

——外观质量应符合 NY/T 409 的有关规定;

——安全性应符合 NY/T 409 和 NY 1494 的有关规定;

——涂漆质量应符合 5.3 的规定;

——装配质量应符合 NY/T 409 的有关规定;

——空载试验应符合 6.1 的规定。

7.1.3 用户有要求时,可进行负载试验,负载试验应符合 6.2 的规定。

7.2 型式检验

7.2.1 有下列情况之一时,应对产品进行型式检验:

——新产品生产或产品转厂生产;

——正式生产后,结构、材料、工艺等有较大改变,可能影响产品性能;

——正常生产时,定期或周期性的抽查检验;

——产品长期停产后恢复生产;

——出厂检验发现产品质量显著下降;

——质量监督机构提出进行型式检验要求。

7.2.2 型式检验应符合第 5 章要求,抽样方法应符合 GB/T 2828.1 中正常检查一次抽样方案的规定。

7.2.3 样本应在近 6 个月内生产的产品中随机抽取。抽样检查批量应不少于 3 台,样本大小为 2 台。

7.2.4 整机应在生产企业成品库或销售部门抽取；零部件应在零部件成品库或装配线上已检验合格的零部件中抽取，也可在样机上拆取。

7.2.5 型式检验项目、不合格分类见表4。

表4 型式检验项目、不合格分类

不合格分类	检验项目	样本数	项目数	检查水平	样本大小字码	AQL	*Ac*	*Re*
A	1. 生产率 2. 使用可靠性 3. 安全性	2	3	S-Ⅰ	A	6.5	0	1
B	1. 噪声 2. 轴承温升 3. 轴承与孔、轴配合精度 4. 辊筒轴承座两孔轴线平行度 5. 齿轮副侧隙、接触斑点		5			25	1	2
C	1. 运转平稳性及声响 2. 减速箱油温及渗漏油情况 3. 齿轮公法线平均长度 4. 漆膜附着力 5. 外观质量 6. 标志和技术文件		6			40	2	3
注：AQL为合格质量水平，*Ac*为合格判定数，*Re*为不合格判定数。								

7.2.6 判定规则：评定时采用逐项检验考核，A、B、C各类的不合格项小于或等于*Ac*为合格，大于或等于*Re*为不合格。A、B、C各类均合格时，该批产品为合格品，否则为不合格品。

8 标志、包装、运输和贮存

产品的标志、包装、运输和贮存要求应符合NY/T 409的相关规定。

ICS 65.060.01
B 90

中华人民共和国农业行业标准

NY/T 373—2011
代替 NY/T 373—1999

风筛式种子清选机　质量评价技术规范

Technical specification of quality evaluation for wind siene seed separating machine

2011-09-01 发布　　2011-12-01 实施

中华人民共和国农业部　发布

前　言

本标准依据 GB/T 1.1—2009 给出的规则起草。

本标准代替 NY/T 373—1999《风筛清选机试验鉴定方法》。

本标准与 NY/T 373—1999 相比，主要技术内容变化如下：

——标准名称由"风筛清选机试验鉴定方法"改为"风筛式种子清选机　质量评价技术规范"；
——调整了标准的总体结构，修改了评价指标；
——增加了引用标准；
——修改了术语和定义；
——增加了产品规格确认表、可靠性用户调查表；
——增加了主要技术参数的核测项目与方法；
——增加了抽样办法；
——增加了可靠性和三包凭证的评价方法，规定了评价内容和指标；
——增加了密封性能和标牌的评价方法，规定了评价内容和指标；
——将调节装置灵活可靠性、涂层厚度和空运转机器状态评价指标分别调整为操纵方便性、漆膜厚度和空运转性能；
——删除了分等指标；
——删除了附录 A。

本标准由农业部农业机械化管理司提出。

本标准由全国农业机械标准化技术委员会农业机械化分技术委员会(SAC/TC201/SC2)归口。

本标准起草单位：农业部农业机械试验鉴定总站、农业部规划设计研究院。

本标准主要起草人：李博强、兰心敏、谢奇珍、陈兴和、石文海。

本标准所代替标准的历次版本发布情况为：

——NY/T 373—1999。

风筛式种子清选机　质量评价技术规范

1　范围

本标准规定了粮食作物种子加工用风筛式种子清选机的质量要求、检测方法和检验规则。

本标准适用于粮食作物种子加工用风筛式种子清选机的质量评定。

2　规范性引用文件

下列文件对于本文件的应用是必不可少的。凡是注日期的引用文件，仅注日期的版本适用于本文件。凡是不注日期的引用文件，其最新版本(包括所有的修改单)适用于本文件。

GBZ/T 192.1　工作场所空气中粉尘测定　第1部分：总粉尘浓度

GB/T 2828.1　计数抽样检验程序　第1部分：按接受质量限(AQL)检索的逐批检验抽样计划

GB/T 3543.1～3543.7　农作物种子检验规程

GB/T 3797　电气控制设备

GB/T 5262　农业机械试验条件　测定方法的一般规定

GB/T 5667　农业机械生产试验方法

GB/T 5983—2001　种子清选机试验方法

GB/T 9480　农林拖拉机和机械、草坪和园艺动力机械　使用说明书编写规则

GB 10395.1　农林机械　安全　第1部分：总则

GB 10396　农林拖拉机和机械、草坪和园艺动力机械　安全标志和危险图形　总则

GB/T 13306　标牌

JB/T 5673　农林拖拉机和机具涂漆　通用技术条件

JB/T 9832.2　农林拖拉机及机具　漆膜　附着性能测定方法　压切法

3　基本要求

3.1　所需的文件

a)　产品规格确认表(附录A)；

b)　企业产品执行标准或产品制造验收技术条件；

c)　产品使用说明书；

d)　三包凭证；

e)　样机照片。

3.2　主要技术参数核对与测量

对样机的主要技术参数按照表1进行核对与测量，确认样机与技术文件规定的一致性。

表1　核测项目与方法

<table>
<tr><th>序　号</th><th colspan="3">项　　目</th><th>方　法</th></tr>
<tr><td>1</td><td colspan="3">规格型号</td><td>核　对</td></tr>
<tr><td>2</td><td colspan="3">结构型式</td><td>核　对</td></tr>
<tr><td rowspan="5">3</td><td rowspan="5">配套动力</td><td colspan="2">总功率</td><td>核　对</td></tr>
<tr><td rowspan="2">振动电机</td><td>型号</td><td>核　对</td></tr>
<tr><td>功率/转速</td><td>核　对</td></tr>
<tr><td rowspan="2">风机电机</td><td>型号</td><td>核　对</td></tr>
<tr><td>功率/转速</td><td>核　对</td></tr>
</table>

表 1（续）

序　号	项　　目	方　法
4	外形尺寸(长×宽×高)	测　量
5	结构质量	测　量
6	纯工作小时生产率	核　对
7	筛片层数/片数	核　对
8	筛箱振幅	测　量
9	筛片面积	测　量
10	风量	核　对

3.3 试验条件

3.3.1 根据样机规定的加工种子范围，选用同一地点、同一品种、同一时期收获的质量基本一致的试验种子。每种试验种子准备的数量不少于样机 1.5 h 的加工量。对粮食作物种子清选加工试验时，种子容量不低于 750 g/L，种子原始净度为 94%～96%，含水率不大于 16%。

3.3.2 样机应按使用说明书的要求调整到正常工作状态，喂料量控制在企业明示生产率的±10%的范围内(水稻生产率按小麦的 70%计算)。

3.3.3 样机应按使用说明书的规定配备操作人员，并按使用说明书的规定进行操作。

3.3.4 试验用电源电压为 380 V，波动范围应在±5%以内。

3.4 主要仪器设备要求

仪器设备应进行检定或校准，且在有效期内。被测参数准确度要求应满足表 2 的规定。

表 2　主要仪器设备测量范围和准确度要求

被测参数	测量范围	测量准确度要求
长度，m	0～5	±1 mm
样品质量，g	0～200	±0.1 g
样品质量，g	0～3 000	±1 g
样品质量，kg	0～30	±0.05 kg
时间，h	0～24	±0.5 s/d
温度，℃	0～50	±1℃
湿度，RH	0～90%	±5%RH
噪声，dB(A)	34～130	±1dB(A)

4 质量要求

4.1 作业性能

在企业明示的生产率条件下，风筛式种子清选机的主要性能指标应符合表 3 的规定。

表 3　性能指标

序号	项　　目		质量指标	对应的检测方法条款号
1	净度(原始净度 92%～95%时)，%		≥98	5.1.3.3
2	有害杂草籽清除率，%		≥85	5.1.3.4
3	获选率，%		≥97	5.1.3.5
4	发芽率，%		高于选前	5.1.2.3
5	千粒质量，g		高于选前	5.1.2.3
6	纯工作小时生产率，kg/h		达到设计要求	5.1.3.1
7	千瓦小时生产率[a)]kg/(kW·h)	带上料装置	≥0.55	5.1.3.2
		不带上料装置	≥0.75	

表 3（续）

序号	项　　目	质量指标	对应的检测方法条款号
8	噪声，dB(A)	≤87	5.1.5
9	粉尘浓度，mg/m³	≤10	5.1.3.6
[a] 当机具带除尘装置时指标允许降低 1/4（不带上料装置）或 1/3（带上料装置）。			

4.2 安全性

4.2.1 外露回转件及发热部件应有防护装置，其结构和与危险件的安全距离应符合 GB 10395.1 的规定。

4.2.2 对操作人员存在危险的部位应设置永久性安全标志，安全标志应符合 GB 10396 的规定，并在使用说明书中再现和说明粘贴位置。

4.2.3 产品使用说明书中应规定安全的操作方法和注意事项。

4.2.4 电器装置应有漏电保护措施，电器控制部分绝缘电阻不小于 1 MΩ。

4.2.5 电控柜及所有电动机驱动的加工设备都应装有接地设置，并应符合 GB/T 3797 的规定。

4.2.6 除尘设备的集尘室应保持常压，无火源和电源。

4.3 整机装配与外观质量

整机装配与外观质量应符合表 4 的规定。

表 4　整机装配与外观质量要求

<table>
<tr><th>序号</th><th colspan="3">项　　目</th><th>质　量　指　标</th></tr>
<tr><td>1</td><td colspan="3">密封性能</td><td>无漏种、灰尘外扬等现象</td></tr>
<tr><td>2</td><td colspan="3">空运转性能</td><td>运转平稳，无异常声响和卡滞现象，紧固件无松动</td></tr>
<tr><td>3</td><td colspan="3">轴承温升，℃</td><td>≤25</td></tr>
<tr><td rowspan="3">4</td><td rowspan="3">筛框振动特性</td><td colspan="2">采用偏心机构时振幅允差，mm</td><td>≤振幅设计值的 12%</td></tr>
<tr><td rowspan="2">采用振动电机</td><td>四角振幅允差，mm</td><td>≤0.5</td></tr>
<tr><td>四角振动方向角允差，(°)</td><td>≤5</td></tr>
<tr><td>5</td><td colspan="3">焊接质量</td><td>焊缝平整、均匀，无烧穿、漏焊和脱焊现象，焊缝缺陷数不超过 3 处</td></tr>
<tr><td>6</td><td colspan="3">涂漆外观</td><td>色泽均匀，平整光滑，无露底，起泡和起皱现象</td></tr>
<tr><td>7</td><td colspan="3">漆膜厚度，μm</td><td>≥35</td></tr>
<tr><td>8</td><td colspan="3">漆膜附着力</td><td>3 处Ⅱ级以上</td></tr>
<tr><td>9</td><td colspan="3">标牌</td><td>应在产品的明显位置安装字迹清楚、牢固可靠的固定式标牌，其型式、尺寸和技术要求应符合 GB/T 13306 的规定，内容至少应包括产品型号、名称、商标、主要技术参数、出厂编号、出厂日期、制造厂名称、产品执行标准代号</td></tr>
</table>

4.4 操纵方便性

4.4.1 各操纵机构操作方便、有效，调节装置（包括装卸筛子和各项工作参数调节）灵活可靠。

4.4.2 各调整量的示值允差不大于±5%。

4.4.3 调整、更换零部件应方便。

4.4.4 保养点设置应合理，便于操作。

4.4.5 种子物料的装卸应方便。

4.4.6 应清扫方便。

4.5 可靠性

4.5.1 依据可靠性试验结果进行评价的，有效度 K_{300h}（是指对样机进行不少于 300 h 可靠性试验的有效度)应不低于93%。如果发生重大质量故障,可靠性试验不再继续进行,可靠性评价结果为不合格。

4.5.2 重大质量故障是指导致机具功能完全丧失、危及作业安全、造成人身伤亡或重大经济损失的故障,以及主要零部件或重要总成(如风机、风门调节机构、变频器、轴承等)损坏、报废,导致功能严重下降,无法正常作业的故障。

4.5.3 依据生产查定和可靠性用户调查结果进行评价的,有效度 K_{18h}(是指对样机进行不少于3个班次、18 h生产查定的有效度)应不小于98%,且调查结果中无重大质量故障发生,可靠性评价结果为合格。

4.6 使用说明书

使用说明书的编制应符合GB/T 9480的规定,至少应包括以下内容:

a) 再现安全警示标志、标识,明确表示粘贴位置;
b) 主要用途和适用范围;
c) 主要技术参数;
d) 正确的安装与调试方法;
e) 操作说明;
f) 安全注意事项;
g) 维护与保养要求;
h) 常见故障及排除方法;
i) 产品"三包"内容,也可单独成册;
j) 易损件清单;
k) 产品执行标准代号。

4.7 三包凭证

至少应包括以下内容:

a) 产品品牌、型号规格、生产日期、购买日期和产品编号;
b) 生产者的名称、联系地址和电话;
c) 销售者、修理者的名称、联系地址和电话;
d) 三包项目;
e) 三包有效期(包括整机三包有效期,主要部件质量保证期以及易损件和其他零部件的质量保证期,其中整机三包有效期和主要部件质量保证期不得少于一年);
f) 销售记录(应包括销售者、销售地点、销售日期和购机发票号码等项目);
g) 修理记录(应包括送修时间、交货时间、送修故障、修理情况、换退货证明等项目)。

5 检测方法

5.1 性能试验

5.1.1 试验条件测定

5.1.1.1 试验前种子分别按GB/T 5983—2001中4.3.1和4.3.2的规定取样并处理。

5.1.1.2 按GB/T 5262和GB/T 3543.1~3543.7的规定测定种子的净度、含水率、发芽率、含杂草籽率和千粒质量。

5.1.2 作业性能测定

5.1.2.1 性能试验应不少于3次,每次间隔时间不少于5 min。

5.1.2.2 样机正常运行后开始试验,每次试验时间不少于20 min,记录试验开始和终止时间及耗电量,分别称出各排出口的物料质量,按式(1)、式(2)计算纯工作小时生产率和千瓦小时生产率。

5.1.2.3 测定生产率的同时,分别在各排出口接取样品,接样时间不少于10 s。按GB/T 5262和GB/

T 3543.1～3543.7 的规定测定主排出口种子样品的净度、有害杂草籽清除率、获选率、发芽率和千粒质量。每次主排料口(好种子排出口)接取的种子中取样不少于 1 000 g,按式(3)～(5)分别计算清选后种子净度、有害杂草籽清除率和获选率。

注:千粒重从主排料口接取的样品中取小样进行测定。发芽率从主排料口接取的样品中取小样进行测定。其中在做净度分析分离样品时,应将未成熟的、瘦小的、皱缩的、破碎的、带病的及发过芽的净种子都按杂质处理。

5.1.3 性能指标计算

5.1.3.1 纯工作小时生产率按式(1)计算:

$$E_c = \frac{W}{T_C} \cdots\cdots (1)$$

式中:

E_c——纯工作小时生产率,单位为千克每小时(kg/h);

W——测定时间内各排出口排出物总质量,单位为千克(kg);

T_C——纯工作时间,单位为小时(h)。

5.1.3.2 千瓦小时生产率按式(2)计算:

$$E_d = \frac{W}{D} \cdots\cdots (2)$$

式中:

E_d——千瓦小时生产率,单位为千克每千瓦时[kg/(kW·h)];

D——测定时间的耗电量,单位为千瓦时(kW·h)。

5.1.3.3 清选后净度按式(3)计算:

$$J = \frac{\sum W_{zh}}{W_{zy}} \times 100 \cdots\cdots (3)$$

式中:

J——清选后净度,单位为百分率(%);

W_{zh}——主排料口样品中好种子重量,单位为克(g);

W_{zy}——主排料口样品重量,单位为克(g)。

主排料口样品重量是指在取样时间内所接取的全部物料重量,样品中好种子重量可全样挑选,按式(3)计算净度。但为了测定的方便,也可取小样挑选后按式(3)计算净度。此时,主排料口样品中好种子重量等于主排料口样品重量与清选后净度的乘积。

5.1.3.4 有害杂草籽清除率按式(4)计算:

$$q = \left(1 - p \times \frac{Z}{Z_0}\right) \times 100 \cdots\cdots (4)$$

式中:

q——有害杂草籽清除率,单位为百分率(%);

Z——主排料口排出物料含杂草籽率,单位为百分率(%);

Z_0——原始物料含杂草籽率,单位为百分率(%);

p——主排料口排出物料样品重量占同时间内各排料口排出物料样品重量之和的百分比,单位为百分率(%)。

5.1.3.5 获选率按式(5)计算:

$$H = \frac{W_{zh}}{W_{h0} + W_{hl}} \times 100 \cdots\cdots (5)$$

式中:

H——获选率,单位为百分率(%);

W_{h0}——各排出口样品中好种子质量之和，单位为克(g)；

W_{hl}——泄露的好种子质量，单位为克(g)。

各排出口包括主排料口。主排料口样品中好种子重量测定见本标准 5.1.2.3，其余排出口接取样品中的好种子重量可按全部接取的样品挑选，也可取小样挑选后再折算。

5.1.3.6 粉尘浓度

应选在喂料口和出料口距机具 1 m、距地面 1.5 m 的位置进行测定。测试方法及计算办法应符合 GBZ/T 192.1 的规定。

5.1.4 生产查定

按 GB/T 5983—2001 中 5.3.2 对样机进行连续不少于 3 个班次的生产查定，每班次的作业时间不少于 6 h；试验样机的技术状态良好，并严格按照产品使用说明书的规定进行使用、调整和保养；准确记录生产查定期间的作业时间、喂入量，按式(6)计算有效度；生产查定的时间分类按照 GB/T 5667 进行。

$$K_{18h} = \frac{\sum T_z}{\sum T_z + \sum T_g} \times 100 \quad \cdots\cdots (6)$$

式中：

K_{18h}——有效度，单位为百分率(%)；

T_g——生产查定期间每班次故障排除时间，单位为小时(h)；

T_z——生产查定期间每班次作业时间，单位为小时(h)。

5.1.5 噪声测定

在正常工作状态下，声级计置于“慢”挡，在样机四周距样机表面 1 m、离地高度 1.5 m 的不同位置处测定噪声值，测点不少于 5 点，取最大值作为检测结果。各测点的噪声值与背景噪声值之差应大于 10 dB(A)。

5.2 安全性检查

按本标准 4.2 的要求逐项检查。

5.3 整机装配与外观质量检查

5.3.1 在整个试验过程中，用观察法检查样机的密封性能。

5.3.2 样机在额定转速下空运转 30 min，检查空运转情况和紧固件紧固程度。测定空运转前后各主要轴承外表面温度，计算轴承温升，取最大值。

5.3.3 用振动传感器测定筛框振动特性。

5.3.4 按本标准 4.3 的要求用观察法检查焊接质量。

5.3.5 按 JB/T 5673 和 JB/T 9832.2 的规定检测涂漆外观质量和漆膜附着力，用电磁膜厚计测定涂层厚度。

5.3.6 按本标准 4.3 的要求检查标牌。

5.4 操纵方便性检查

按本标准 4.4 条的要求逐项检查。

5.5 可靠性试验

5.5.1 按 GB/T 5983—2001 中第 5 章进行可靠性试验，可靠性试验的时间不少于 300 h。试验期间应指定专人观察、监视试验情况，记录试验时间、生产量、耗电量、故障原因和故障排除时间等情况。能清选多种作物种子的风筛式清选机，应试验 2 种以上作物种子。试验结束后，按式(7)计算有效度：

$$K_{300h} = \frac{\sum T_z}{\sum T_z + \sum T_g} \times 100 \quad \cdots\cdots (7)$$

式中：

K_{300h}——有效度，单位为百分率(%)；

$\sum T_z$——累计工作时间，单位为小时(h)；

$\sum T_g$——故障时间(包括故障排除时间)，单位为小时(h)。

5.5.2 批量生产销售两年以上且市场累计销售量超过300台的产品，可以按生产查定并结合可靠性用户调查结果进行可靠性评价。调查用户数量不少于10户。

5.6 使用说明书审查

按本标准4.6的要求逐项检查。

5.7 三包凭证审查

按本标准4.7的要求逐项检查。

6 检验规则

6.1 抽样方法

6.1.1 抽样方案应符合GB/T 2828.1的规定。

6.1.2 样机由制造企业提供且应是近半年内生产的合格产品，在制造企业明示的产品存放处或生产线上随机抽取，抽样基数为26台～50台(市场或使用现场抽样不受此限)。

6.1.3 整机抽样数量2台。

6.2 不合格分类

所检测项目不符合本标准第4章质量要求的称为不合格。不合格按其对产品质量影响程度分为A、B、C三类。不合格分类见表5。

表5 检验项目及不合格分类

不合格项目分类		项目
类别	项数	
A	1	安全性
	2	获选率
	3	净度
	4	噪声
	5	可靠性
B	1	有害杂草籽清除率
	2	发芽率
	3	粉尘浓度
	4	千粒质量
	5	纯工作小时生产率
	6	千瓦小时生产率
	7	使用说明书
	8	三包凭证
C	1	密封性能
	2	空运转性能
	3	轴承温升
	4	筛框振动特性
	5	焊接质量
	6	涂漆外观
	7	漆膜附着力
	8	漆膜厚度
	9	标牌
	10	操纵方便性

6.3 评定规则

6.3.1 采用逐项考核,按类判定。各类不合格项目数均小于或等于相应接收数 *Ac* 时,判定产品合格,否则判定产品不合格。判定数组见表 6。

表 6 判定规则

不合格分类	A		B		C	
检验水平	S-1					
样本量字码	A					
样本量(n)	2		2		2	
项 次 数	5×2		8×2		10×2	
AQL	6.5		25		40	
Ac *Re*	0	1	1	2	2	3

注:表中 AQL 为接受质量限,*Ac* 为接收数,*Re* 为拒收数。

6.3.2 试验期间,因样机质量原因造成故障,致使试验不能正常进行,应判定产品不合格。

附 录 A
(规范性附录)
产品规格确认表

<table>
<tr><th>序 号</th><th colspan="3">项 目</th><th>单 位</th><th>设 计 值</th></tr>
<tr><td>1</td><td colspan="3">规格型号</td><td>/</td><td></td></tr>
<tr><td>2</td><td colspan="3">结构型式</td><td>/</td><td></td></tr>
<tr><td rowspan="5">3</td><td rowspan="5">配套动力</td><td colspan="2">总功率</td><td>kW</td><td></td></tr>
<tr><td rowspan="2">振动电机</td><td>型号</td><td>/</td><td></td></tr>
<tr><td>功率/转速</td><td>kW/(r/min)</td><td></td></tr>
<tr><td rowspan="2">风机电机</td><td>型号</td><td>/</td><td></td></tr>
<tr><td>功率/转速</td><td>kW/(r/min)</td><td></td></tr>
<tr><td>4</td><td colspan="3">外形尺寸(长×宽×高)</td><td>mm</td><td></td></tr>
<tr><td>5</td><td colspan="3">结构质量</td><td>kg</td><td></td></tr>
<tr><td>6</td><td colspan="3">纯工作小时生产率</td><td>kg/h</td><td></td></tr>
<tr><td>7</td><td colspan="3">筛片层数/片数</td><td>层/片</td><td></td></tr>
<tr><td>8</td><td colspan="3">筛箱振幅</td><td>mm</td><td></td></tr>
<tr><td>9</td><td colspan="3">筛片面积</td><td>m^2</td><td></td></tr>
<tr><td>10</td><td colspan="3">风量</td><td>m^3/h</td><td></td></tr>
<tr><td>备注</td><td colspan="5"></td></tr>
</table>

ICS 27.010
F 13

中华人民共和国农业行业标准

NY/T 667—2011
代替 NY/T 667—2003

沼气工程规模分类

Classification of scale for biogas engineering

2011-09-01 发布 2011-12-01 实施

中华人民共和国农业部 发布

前言

本标准按照 GB/T 1.1—2009 给出的规则起草。

本标准代替了 NY/T 667—2003。

本标准对《沼气工程规模分类》NY/T 667—2003 中的分类方法和分类指标进行了修订，主要修订内容如下：

——修改了规模分类方法；

——分类指标中以日产沼气量与厌氧消化装置总体容积为必要指标，厌氧消化装置单体容积和配套系统为选用指标；

——增加了特大型沼气工程规模；

——提高了各种规模的技术指标；

——附录中增加了日产沼气量、厌氧消化装置总体容积与日原料处理量的对应关系表。

本标准由中华人民共和国农业部科技教育司提出并归口。

本标准起草单位：农业部沼气科学研究所。

本标准主要起草人员：施国中、邓良伟、颜丽、梅自力、蒲小东、宋立。

本标准所代替标准的历次版本发布情况为：

——NY/T 667—2003。

沼气工程规模分类

1 范围

本标准规定了沼气工程规模的分类方法和分类指标。

本标准适用于各种类型新建、扩建与改建的农村沼气工程；其他类型沼气工程参照执行；本标准不适用于户用沼气池和生活污水净化沼气池。

2 术语和定义

下列术语和定义适用于本文件。

2.1

沼气工程 biogas engineering

采用厌氧消化技术处理各类有机废弃物(水)制取沼气的系统工程。

2.2

厌氧消化装置 anaerobic digester

对各类有机废弃物(水)等发酵原料进行厌氧消化并产生沼气、沼渣和沼液的密闭装置。

2.3

厌氧消化装置单体容积 volume of individual digester

一个沼气工程中单个厌氧消化装置的容积。

2.4

厌氧消化装置总体容积 total volume of digesters

一个沼气工程中所有厌氧消化装置的总容积。

2.5

日产沼气量 daily biogas production

厌氧消化装置全年产沼气量的日平均值。

2.6

配套系统 accessory installations

发酵原料的预处理(收集、沉淀、水解、除砂、粉碎、调节、计量和加热等)系统；进出料系统；回流、搅拌系统；沼气的净化、储存、输配和利用系统；计量系统；安全保护系统；监控系统；沼渣、沼液综合利用或后处理系统。

3 分类方法

3.1 沼气工程规模按沼气工程的日产沼气量、厌氧消化装置的容积以及配套系统等进行划分。

3.2 沼气工程的规模分特大型、大型、中型和小型等四种。

3.3 沼气工程规模分类指标中的日产沼气量与厌氧消化装置总体容积为必要指标，厌氧消化装置单体容积和配套系统为选用指标。

3.4 沼气工程规模分类时，必须同时采用二项必要指标和二项选用指标中的任意一项指标加以界定。

3.5 日产沼气量和厌氧消化装置总体容积中的其中一项指标超过上一规模的指标时，取其中的低值作为规模分类依据。

4 分类指标

4.1 沼气工程规模分类指标和配套系统见表1。

4.2 日产沼气量、厌氧消化装置总体容积与日原料处理量的对应关系参见表A.1。

表1 沼气工程规模分类指标和配套系统

工程规模	日产沼气量(Q) m^3/d	厌氧消化装置单体容积(V_1) m^3	厌氧消化装置总体容积(V_2) m^3	配套系统
特大型	$Q \geqslant 5\,000$	$V_1 \geqslant 2\,500$	$V_2 \geqslant 5\,000$	发酵原料完整的预处理系统;进出料系统;增温保温、搅拌系统;沼气净化、储存、输配和利用系统;计量设备;安全保护系统;监控系统;沼渣沼液综合利用或后处理系统
大型	$5\,000 > Q \geqslant 500$	$2\,500 > V_1 \geqslant 500$	$5\,000 > V_2 \geqslant 500$	发酵原料完整的预处理系统;进出料系统;增温保温、搅拌系统;沼气净化、储存、输配和利用系统;计量设备;安全保护系统;沼渣沼液综合利用或后处理系统
中型	$500 > Q \geqslant 150$	$500 > V_1 \geqslant 300$	$1\,000 > V_2 \geqslant 300$	发酵原料的预处理系统;进出料系统;增温保温、回流、搅拌系统;沼气的净化、储存、输配和利用系统;计量设备;安全保护系统;沼渣沼液综合利用或后处理系统
小型	$150 > Q \geqslant 5$	$300 > V_1 \geqslant 20$	$600 > V_2 \geqslant 20$	发酵原料的计量、进出料系统;增温保温、沼气的净化、储存、输配和利用系统;计量设备;安全保护系统;沼渣沼液的综合利用系统

附　录　A
（资料性附录）
日产沼气量、厌氧消化装置总体容积与日原料处理量的对应关系

工程规模	日产沼气量(Q) m^3/d	厌氧消化装置 总体容积(V_2) m^3	原料种类及数量	
			畜禽存栏数(H) 猪当量	秸秆(W) t
特大型	$Q \geqslant 5\,000$	$V_2 \geqslant 5\,000$	$H \geqslant 50\,000$	$W \geqslant 15$
大型	$5\,000 > Q \geqslant 500$	$5\,000 > V_2 \geqslant 500$	$50\,000 > H \geqslant 5\,000$	$15 > W \geqslant 1.5$
中型	$500 > Q \geqslant 150$	$1\,000 > V_2 \geqslant 300$	$5\,000 > H \geqslant 1\,500$	$1.5 > W \geqslant 0.50$
小型	$150 > Q \geqslant 5$	$600 > V_2 \geqslant 20$	$1\,500 > H \geqslant 50$	$0.50 > W \geqslant 0.015$

注1：1头猪的粪便产气量约为0.10 m^3/头，称为1个猪当量，所有畜禽存栏数换算成猪当量数。

注2：采用其他种类畜禽粪便作发酵原料的养殖场沼气工程，其规模可换算成猪的粪便产气当量，换算比例为：1头奶牛折算成10头猪，1头肉牛折算成5头猪，10羽蛋鸡折算成1头猪，20羽肉鸡折算成1头猪。

注3：秸秆为风干，含水率≤15%，原料产气率约为330 m^3/t。

注4：池容产气率：特大型和大型沼气工程采用高浓度中温发酵工艺，池容产气率不小于1.0 $m^3/(m^3 \cdot d)$；中型沼气工程采用近中温或常温发酵工艺，池容产气率不小于0.5 $m^3/(m^3 \cdot d)$；小型沼气工程采用常温发酵工艺，池容产气率不小于0.25 $m^3/(m^3 \cdot d)$。

ICS 65.040.01
P 35

中华人民共和国农业行业标准

NY/T 2080—2011

旱作节水农业工程项目建设标准

Guard lines for water efficient agriculture project in dry farming area

2011-09-01 发布 2011-12-01 实施

中华人民共和国农业部 发布

前　言

本标准按照 GB/T 1.1—2009 给出的规则起草。

本标准由中华人民共和国农业部发展计划司提出。

本标准由中华人民共和国农业部发展计划司归口。

本标准起草单位:农业部工程建设服务中心、中国农业大学。

本标准主要起草人:李光永、俞宏军、彭世琪、池宝亮、张铁军、李文盈、李书民、赖红兵、陈宇、张晓亚。

旱作节水农业工程项目建设标准

1 范围

本标准规定了旱作节水农业工程项目的建设原则、选址与规划、工程建设内容与标准等。

本标准适用于旱作节水农业项目的新建、改造和项目管理。

2 术语与定义

下列术语和定义适用于本文件。

2.1

旱作节水农业 water-efficient agriculture in dry farming area

依靠和充分利用自然降水的农业生产，即综合运用生物、农艺、农机、田间工程及信息管理等技术措施，最大限度提高降水的保蓄率、利用率和利用效率，达到农业生产和农田生态环境的同步改善。旱作节水农业通常分为雨养农业和集雨补灌农业。

2.2

节水灌溉 water-saving irrigation

根据作物需水规律和当地供水条件，高效利用降水和灌溉水，以取得农业最佳经济效益、社会效益和生态环境效益的综合措施。

2.3

耕作保墒 water conservation tillage

应用机械的方法，建立土壤的良好耕层构造，调节土壤中的水分、养分、空气、热量等理化及生物学性状，减少无效蒸发，以达到蓄水保墒、消除杂草和病虫害、提高土壤肥力等目的所采用的一系列技术措施。

2.4

保护性耕作 conservation tillage

对农田实行免耕、少耕，用作物秸秆覆盖地表，减少风蚀、水蚀，提高土壤肥力和抗旱能力的一项农业耕作技术。

2.5

雨水集蓄利用工程 rainwater collection, storage and utilization

对自然降水(雨水)开展收集、蓄存、调节和利用的小型工程，由集流工程、蓄水工程、供水及灌溉设施等部分组成。

2.6

微灌 micro irrigation

按照作物需求，通过管道系统与安装在末级管道上的灌水器，将水和作物生长所需的养分以较小的流量，均匀、准确地直接输送到作物根部附近土壤的一种灌水方法。形式包括地表滴灌、地下滴灌、微喷灌和涌泉灌等。

3 建设原则、目标、内容与规模

3.1 建设原则

3.1.1 旱作节水农业工程项目应依靠和充分利用自然降水，充分集蓄降水，提高降水资源的保蓄率、利用率和利用效率，合理开发水资源，实现农业高产高效、农村经济可持续发展和生态环境的同步改善。

3.1.2 旱作节水农业项目的建设，应与当地农业、水利、土地和环境保护等规划相协调。

3.1.3 旱作节水农业工程项目应充分利用原有农业基础设施，因地制宜，坚持农艺、农机、田间工程、生物、化学和信息管理等措施相结合，合理确定各单项工程的使用年限。

3.1.4 旱作节水农业项目的建设应采用成熟的、适用的先进技术、工艺、材料和设备。对于采用新技术和设备，应经充分的技术经济论证后合理确定。

3.1.5 旱作节水农业项目建设除遵守本标准外，还应符合国家现行其他有关标准的规定。

3.2 建设目标

3.2.1 项目建设应使项目区域内增加农作物产量，提升耕地综合生产能力，提高降水利用率，实现耐旱优良品种一定的覆盖率等。

3.2.2 项目区水分生产效率应提高10%以上。

3.2.3 项目区耕地地力等级的提高不低于0.5级～1级。

3.2.4 项目区降水利用率应提高10%以上，且不低于50%。

3.2.5 项目区耐旱优良品种种植覆盖率应达到90%以上。

3.3 建设规模

3.3.1 旱作节水农业工程项目建设规模按照旱作农业土地利用集中度和项目建设控制面积确定：

——大型：基地面积不小于667 hm^2(10 000 亩)；

——中型：基地面积在66.7 hm^2～667 hm^2 之间(含66.7 hm^2 和667 hm^2，即1 000 亩～10 000 亩)；

——小型：基地面积小于66.7 hm^2(1 000 亩)。

3.3.2 项目区应集中连片，每片耕地建设规模不宜小于20 hm^2(300 亩)。

3.4 项目构成

3.4.1 旱作节水农业工程项目应根据当地气候、土壤、地形、作物、劳动力、生产管理水平等自然和社会经济条件，因地制宜地确定项目建设内容。

3.4.2 旱作节水农业工程项目是一项系统工程，大型项目宜包括以下内容：管道输水、田块平整与田间道路工程、雨水集蓄利用工程、节水补灌工程、地埂建设(生物埂、土埂、石埂)、耕作覆盖保墒及其农机具、墒情监测预警预报、农田培肥工程和水肥一体化设施建设等。中小型工程宜根据实际情况选择建设内容。

4 项目选址与规划

4.1 项目选址

4.1.1 项目宜选在以下地区：

——年降水量小于500 mm 的干旱半干旱地区；

——季节性干旱地区；

——水资源紧缺地区，水资源亩均占有量小于1 000 m^3；

——没有灌溉设施的地区。

4.1.2 项目区应长期保持不被转为建设用地。

4.1.3 旱作节水农业工程项目不包括开垦荒地。

4.1.4 旱作节水农业工程项目不宜开发新的地下水资源或长距离引水。

4.1.5 灌溉水质应符合国家农田灌溉标准。

4.2 项目规划布局

4.2.1 根据项目区的自然条件和经济条件及发展规划，合理确定和安排各分项工程建设内容、范围和规模。

4.2.2　旱作节水农业工程项目规划内容应包括田、水、沟(渠)、路、林、电综合布局,主要建设输水管线、蓄水池、机耕路和田埂等,开展耕作保墒和保护性耕作,建设雨水集蓄利用工程,建设节水灌溉工程,购置有关农机具并建设相应设施。

4.2.3　各地应因地制宜地采取综合节水技术措施。干旱半干旱地区且没有灌溉设施的地区,旱作农业工程应选择与薄膜覆盖方式相对应的工程设施。季节性干旱地区应选择雨水蓄积利用工程为主的工程建设内容。水资源紧缺的灌溉区应选择膜下滴灌相一致的节水灌溉工程。

4.2.4　各单项工程布局应根据项目区气候、作物、地形和水资源条件等确定。

4.2.5　配套农机具和仪器设备按照填平补齐的原则,根据项目规模及技术要求确定其类型和数量。

4.2.6　旱作节水工程项目区能力建设应以县为单位。

5　工程建设内容与标准

5.1　田块平整及机耕路工程

5.1.1　田块平整应根据地势地形、有利于作物生长发育、雨水蓄积、水土保持、田间机械作业等确定耕作田块的形状、方向、长度和宽度。

5.1.2　旱地田块田面坡向一致,坡度宜控制在5°以内,局部起伏高差应控制在10 cm～15 cm以内。

5.1.3　地面坡度6°～15°时宜修成水平梯田;地面坡度2°～6°时宜修成坡式梯田或隔坡梯田,坡式梯田应沿等高线耕作。田坎高度宜控制在3 m以下。田面宽度应考虑机械作业的方便性。

5.1.4　土层厚度宜大于40 cm,耕作层厚度宜大于25 cm。

5.1.5　田间道路应保证拖拉机和收获机械等安全行驶。畦田宽度应为农业机具宽度的整倍数,且不宜大于4 m。

5.2　雨水集蓄利用工程

5.2.1　雨水集蓄利用工程适用于地表水、地下水缺乏或开采利用困难,且多年平均降水量大于250 mm的半干旱地区,以及经常发生季节性缺水的湿润、半湿润丘陵山区。

5.2.2　田间雨水集蓄利用工程的规模和数量(容积),应根据种植类型、补充灌溉方式、降雨量、集雨灌溉次数和定额综合确定。

5.2.3　雨水集蓄利用工程应具有完善的集流系统、蓄水系统和利用系统。

5.2.4　集流系统的集流面面积根据供水保证率、年供水量、年降雨量和年集流效率确定。集雨灌溉供水保证率应达到50%以上。

5.2.5　蓄水系统的形式应根据地形、土质、用途、建筑材料和社会经济等条件确定。单个蓄水系统容积不宜大于500 m^3。

5.2.6　根据当地降雨和作物需水规律,分析确定影响作物生长关键缺水期及需要补充的灌溉水量,并采用点灌、注水灌、坐水种、膜上灌、微灌等节水灌溉技术。

5.3　塘堰工程

5.3.1　旱作节水农业中的塘坝工程指蓄水量在10万 m^3 以下的塘(堰)、蓄水池、小型拦河堰(闸)工程等。坝高一般不超过10 m。

5.3.2　塘(堰)的位置应充分利用天然地形,根据地形、耕地位置、地质条件、拦蓄水量大小和经济安全等确定。

5.3.3　筑坝材料宜就地取材。

5.3.4　塘(堰)的建筑物设计和施工应符合相关规范标准,应安全、稳定。

5.4　旱作节水灌溉工程

5.4.1 旱作节水农业工程项目中节水灌溉工程包括渠(管)道建设、机井更新、田间节水灌溉设备配套。水源引、提水流量一般小于 1 m^3/s。

5.4.2 旱作节水农业工程项目的灌溉标准包括灌溉设计保证率和灌溉水利用系数。

——灌溉设计保证率:应根据水文气象、水土资源、作物组成、灌区规模、灌水方式及经济效益等因素,按照表1确定;

——灌溉水利用系数:地面灌不应低于75%,喷灌、微喷灌不应低于85%,滴灌不应低于90%。

表1 灌溉设计保证率

灌水方法	地　区	作物种类	灌溉设计保证率 %
地面灌溉	干旱地区或水资源紧缺地区	以旱作为主	50～75
	半干旱、半湿润地区或水资源不稳定地区	以旱作为主	70～80
喷灌、微灌	各类地区	各类作物	85～90

5.4.3 低压灌溉管道系统应尽量沿田间道路和田块边界布置,管网布置应使管道总长度最短。丘陵区干管宜平行于等高线布置。最末一级固定管道的走向应与作物种植方向一致。干、支两级固定管道在灌区内的长度宜在 90 m/hm^2～150 m/hm^2;支管间距宜采用 50 m～150 m。应配置分水、给水、泄水、安全保护和计量等设备。

5.4.4 旱作节水农业项目中的渠道指斗渠以下的各级渠道。渠道长度与间距宜按表2确定。河谷冲积平原区、低山丘陵区,斗渠、农渠的长度可适当缩小。土壤渗漏量大的斗农渠以及水资源紧缺地区或有特殊要求的渠道应进行防渗衬砌。渠道上配水、灌水、量水、交通和控制建筑物应配备齐全。

表2 灌溉渠道控制面积、长度、间距参考表

项目名称	控制面积 hm^2	长　度 m	间　距 m
斗渠	50～200	800～3 000	300～1 000
农渠	4～30	300～1 000	100～300

5.4.5 水资源较缺乏地区,经济价值较高的作物宜采用喷灌和微灌技术。灌溉系统的类型应根据因地制宜的原则,综合考虑水源、地形、土壤质地、降水量、灌溉对象、社会经济条件、生产管理体制、劳动力状况和动力条件等确定。

5.5 旱作农机具配套

5.5.1 旱作节水农业应全面开展保护性耕作、秸秆还田、聚垄(垄沟)覆盖、秸秆覆盖、薄膜覆盖、深耕深松、绿肥、沼渣沼液有机肥施用等应用技术,配套相关机具,各项指标应符合各地的相关技术标准。

5.5.2 旱作节水农业项目中的农机具包括用于保护性耕作、深耕深松、聚垄、秸秆还田和有机肥施用等的机具。农机具应根据机具的功率、作业速度和控制面积等参考附录A进行配套。

5.6 墒情旱情监测

5.6.1 旱作节水农业项目按项目县应配置监测站1个,并设监测点不少于5个。各监测站可参考附录B配置相关仪器设备。

5.6.2 项目县自行安排监测站用房和人员。监测点应选择典型旱作农田地块点,并设置明显标识。

5.7 能力建设

5.7.1 旱作节水农业项目能力建设包括化验室建设、人才队伍建设和培训以及管理制度建设等内容。

5.7.2 项目县应建立健全切实可行的旱作节水农业技术服务体系和技术推广管理制度。

附　录　A
（资料性附录）
旱作节水农业工程项目农机具配套参考表

技术措施	每万亩配套机具参考数量	动力标准
保护性耕作	免耕播种机20台、深松机5台、浅松机5台、喷雾机5台、秸秆粉碎机10台、圆盘耙5台	50马力～80马力拖拉机20台 1 000马力/万亩～1 600马力/万亩
深耕深松	深耕犁10台或深松机5台	80马力～100马力拖拉机5台～10台 400马力/万亩～500马力/万亩（深松） 800马力/万亩～1 000马力/万亩（深耕）
覆盖	秸秆粉碎还田机具10台、铺膜机或播种铺膜联合作业机25台	50马力～80马力拖拉机10台或25台 500马力/万亩～800马力/万亩（非铺膜） 1 250马力/万亩～2 000马力/万亩（铺膜）

附 录 B
(资料性附录)
旱作节水农业工程项目墒情监测站设备配置参考表

序号	设备名称	单 位	数 量
1	土壤水分速测仪	套	5～6
2	土壤水分自动测定系统	套	1～2
3	千分之一电子天平	台	1
4	烘箱	台	1
5	土钻环刀铝盒	套	4
6	简易田间气象站	套	1～2
7	手提式电脑及配件	台	1
8	台式电脑	台	1
9	数码相机	台	1
10	扫描仪	台	1
11	打印机	台	1
12	传真机	台	1
13	GPS 全球定位仪	台	1
14	摩托车	辆	1
15	标志牌	个	3～4
16	防护栏	个	3～4
17	监测数据处理系统	套	1

ICS 65.020.01
B 00

中华人民共和国农业行业标准

NY/T 2081—2011

农业工程项目建设标准编制规范

Writing standard for agricultural engineering project construction

2011-09-01 发布

2011-12-01 实施

中华人民共和国农业部 发布

前言

本标准按照GB/T 1.1—2009给出的规则起草。

本标准由中华人民共和国农业部发展计划司提出。

本标准由中华人民共和国农业部农产品质量安全监管局归口。

本标准起草单位:农业部工程建设服务中心。

本标准主要起草人:刘克刚、俞宏军、田惠、环小丰、王蕾、王艳霞、张晓亚。

农业工程项目建设标准编制规范

1 范围

本标准规定了农业工程项目建设标准的编写原则和编制要求。

本标准适用于农业工程项目建设标准的编写、修订和审定;渔港工程建设标准的编写、修订及审定也可参考。

2 规范性引用文件

下列文件对于本文件的应用是必不可少的。凡是注日期的引用文件,仅注日期的版本适用于本文件。凡是不注日期的引用文件,其最新版本(包括所有的修改单)适用于本文件。

GB/T 1.1—2009 标准化工作导则 第1部分:标准的结构和编写规则

《工程项目建设标准编制程序规定》和《工程项目建设标准编写规定》的通知(建标[2007]144号)

3 术语与定义

下列术语和定义适用于本文件。

3.1

农业工程项目 agricultural engineering project

为加强农业基础设施建设、提高农业综合生产能力,投入一定量的资本,以农业建筑工程或农业田间工程等为主要建设内容,按照项目建设程序,经过决策与实施,形成固定资产或新增农业生产和服务能力的项目。

3.2

建设标准 construction standard

为在建设领域内获得最佳秩序,对建设活动或其结果规定共同的和重复使用的规则、导则或特性的文件。

3.3

农业工程项目建设标准 construction standard of agricultural engineering project

为农业工程项目投资决策服务,合理确定农业工程项目建设内容、规模及建设水平所做的统一规定或要求。

4 一般规定

4.1 编制原则

4.1.1 农业工程项目建设标准的编制应体现技术先进、经济合理、安全适用、确保质量的通则。

4.1.2 农业工程项目建设内容、规模应坚持专业化协作、社会化服务的原则,根据实际情况科学合理确定。

4.1.3 农业工程项目应充分考虑财力、物力的可能,坚持以获得最佳秩序和最佳效益为目标。

4.1.4 农业工程项目应突出主体设施的标准和指标。对影响农业工程项目决策、建设水平和投资效益发挥的关键设施,应按照节约、降耗、增效的原则,作出规定。

4.1.5 农业工程项目配套设施的设置,应与主体设施相适应。凡是有协作条件的,应充分利用,不应另行设置。

4.1.6 农业改扩建项目应充分依托既有条件，发挥原有工程设施的潜力。

4.1.7 农业项目建设水平应以现有实践及经验为依据，考虑发展需要，兼顾投资能力，总体要体现同类项目行业先进水平。

4.1.8 制定标准应充分研究和利用国家或行业现行的技术标准和有关的定额、指标、经济参数，并注意与正在制定和修订的有关标准、定额、指标和经济参数相协调，避免矛盾和重复。

4.1.9 农业工程项目建设标准的编制，除应符合本规定外，还应符合国家现行有关法律及法规。

4.2 程序与格式

标准的立项、编写和审批程序，以及标准的构成、编排顺序、层次划分、印刷格式等，应遵守标准归口管理部门的有关规定。

由建设部或国家发展改革委员会立项的农业工程项目建设标准，按照建设部、国家发展和改革委员会关于印发《工程项目建设标准编制程序规定》和《工程项目建设标准编写规定》的通知（建标[2007]144号）要求完成。

由农业部或其他标准主管部门立项的标准，执行 GB/T 1.1—2009 的规定，并从属农业部标准立项、编写和审批相关文件的规定和要求。

标准的程序和格式如有差异，但编写内容和深度应符合本规定。

4.3 内容与深度

4.3.1 农业工程项目建设标准的对象，可以是同一类建设项目，可以是整个建设项目或是单项工程。

4.3.2 农业工程项目建设标准的主要内容包括：总则、建设规模与项目构成、选址与建设条件、工艺（农艺）与设备、建设用地与规划布局、建筑工程及附属设施、农业田间工程、农业防疫隔离设施、节能节水与环境保护、安全与卫生、主要技术及经济指标、附录及附件等。标准的具体内容，应结合编写对象的特点和需要，进行适当增减或调整。

4.3.3 农业工程项目建设标准的编制深度，应满足或符合编制和评估项目可行性研究报告的要求，并可作为项目监督检查及验收的依据。标准中的各项规定，可量化的应给出指标，不能量化的应有定性要求。

5 编制要求

5.1 总则

5.1.1 制定标准的目的。概括地阐述制定标准的依据和理由。

5.1.2 标准所适用的范围。应与标准的名称及其规定的内容相一致。

5.1.3 标准的共性要求。应为涉及标准整个内容或几部分内容的基本原则。

5.1.4 执行相关标准的要求。说明与其他标准及规定的关系。

5.2 建设规模与项目构成

5.2.1 阐明确定项目建设规模的依据及原则。

5.2.2 确定项目建设规模的度量指标，并依据该指标，划分项目规模等级。度量指标一般可选用农产品产量、种植面积、养殖数量、检测数量（批次）、建筑面积和投资额度等。

5.2.3 按项目建设的功能划分项目构成，并说明各构成部分所包含的具体内容。

5.3 选址与建设条件

5.3.1 阐明项目选址的原则及依据。应考虑满足相关法律法规、区域社会经济发展规划、行业发展规划、建设规划、土地利用规划以及项目本身的特性要求等。

5.3.2 阐述项目选址需考虑的场区环境等其他要求，包括土地类型、场地地势和周边间距等。

5.3.3 应提出项目对供水、供电、交通、通讯、气象、水文地质、工程地质等建设条件及周边自然环境的具体要求。

5.3.4 应列出不宜实施项目建设的地区、地段或其他因素。

5.4 工艺(农艺)与设备

5.4.1 阐明选定项目工艺(农艺)水平的基本原则及依据。工艺(农艺)技术应体现先进性和前瞻性,以及节能、节水、节地、节肥、节材和环保等原则和要求。

5.4.2 阐述项目可选用的一种或多种工艺(农艺)技术方案,包括内容要点、工艺布局、工艺路线、技术参数等具体要求。

5.4.3 阐述项目设备配置原则及依据原则。在满足工艺(农艺)技术要求的前提下,应考虑先进适应、安全可靠、适量配套以及优先选择国产设备等。

5.4.4 分别列述项目建设所需的设备类别以及选用范围内的主要设备,包括农田作业用的各类农机具等。

5.5 建设用地与规划布局

5.5.1 确定项目用地类型及用地规模。

5.5.2 确定项目用地构成及各功能区的占地面积或控制指标。

5.5.3 阐述项目场区总体规划布局原则以及规划布局需考虑的要素和基本要求,包括对建筑物、构筑物以及各种生产设施、道路、停车泊位,容积率及绿地率,水、电、气供应条件,以及消防、排污等进行综合考虑,合理布局,并提出指标。

5.6 建筑工程及附属设施

5.6.1 阐述各类建筑物和构筑物的功能、建筑特征及特殊要求等,包括建筑布局、建筑面积、层数、高度、建筑防火类别和耐火等级。

5.6.2 阐明建筑物和构筑物的主要工程做法及装饰装修标准。若对工程做法及建筑材料有特殊要求的,则应详细说明。

5.6.3 阐明主要建筑物结构类型、结构的设计使用年限、建筑抗震设防类别等。

5.6.4 阐明项目对附属配套设施的总体要求以及对场区道路、围墙(栏)、给排水、供电、采暖、通讯、消防、污水处理、生产配套设施、设施用房等的具体要求。

5.7 农业田间工程

5.7.1 阐明项目田间工程总体布局以及田间设施布置需考虑的要素和基本要求。

5.7.2 阐述各类田间工程设施规模、数量和等级等的确定依据及参考取值范围,包括土地平整及土壤改良,机井及抽水站、塘池、沟渠(管道)及其配套建筑物,道路、林网、供电线路、晒场、温网室及围栏等,并给出控制指标。

5.7.3 对项目中主要的以及有特殊要求的田间设施(或构筑物),应从建筑特征、结构形式、主要材料、工程做法等方面提出具体要求。

5.8 农业防疫隔离设施

5.8.1 阐明项目防疫隔离设施的布局原则和要求。

5.8.2 阐述防疫隔离设施的平面布置及情况。应综合考虑动物及植物防疫隔离方面的风向、漂移、人流物流路线、安全间距等因素对隔离设施的影响。

5.8.3 阐述需要设置的各类防疫隔离设施及具体要求。

5.8.4 列述需配备的各类防疫隔离设备及用具。

5.9 节能节水与环境保护

5.9.1 阐述项目节能目标、方案及相关参数。

5.9.2 阐述项目节水目标、方案及相关参数。

5.9.3 阐述有关环境保护内容对生产工艺及设备的一般要求。

5.9.4 阐述污水、污物、废气、噪声等对环境可能造成的破坏和影响，提出废弃物处理方案及环境保护措施等。

5.9.5 阐述农业面源污染对土壤、水体、地下水源等造成的影响，并提出处理方案或措施。

5.9.6 阐述项目场区整体环境优化要求及相关措施。

5.10 安全与卫生

5.10.1 项目建设内容具有辐射、污染等危害人身安全物质的，应说明项目安全防护建设的方案及具体保障措施。

5.10.2 项目建设存在疫病、火灾等能构成重大安全隐患因素的，应说明防控、防范和消除隐患的具体要求和措施。

5.10.3 列述符合生产安全的相关规程及要求。

5.11 主要技术及经济指标

5.11.1 说明项目建设主要材料消耗量指标。

5.11.2 对于生产类设施，应说明主要生产物资消耗指标。

5.11.3 说明项目的投资构成及主要投资估算指标，并应详细说明编制指标时所考虑的涵盖范围、造价水平等。

5.11.4 说明项目建设工期、劳动定员以及其他需要列述的个性化指标。

5.12 附录及附件

5.12.1 标准中需以资料性及补充性方式表述的内容，包括各类指标、图表和参数等，可用附录及附件的形式给以表达。

ICS 65.060.01
B 90

中华人民共和国农业行业标准

NY/T 2082—2011

农业机械试验鉴定　术语

Terms of test and evaluation for agricultural machinery

2011-09-01 发布　　2011-12-01 实施

中华人民共和国农业部　发布

前　言

本标准按照 GB/T 1.1—2009 给出的规则起草。

本标准由中华人民共和国农业部农业机械化管理司提出。

本标准由全国农业机械标准化技术委员会农业机械化分技术委员会(SAC/TC 201/SC 2)归口。

本标准起草单位:农业部农业机械试验鉴定总站、甘肃省农业机械鉴定站。

本标准主要起草人:朱良、宋英、闫发旭、郝文录、程兴田、曲桂宝、张健。

农业机械试验鉴定　术语

1　范围

本标准规定了农业机械试验鉴定的主要术语和定义。

本标准适用于省级以上农业机械化主管部门依据《农业机械试验鉴定办法》组织开展的农业机械试验鉴定。

2　规范性引用文件

下列文件对于本文件的应用是必不可少的。凡是注日期的引用文件，仅注日期的版本适用于本文件。凡是不注日期的引用文件，其最新版本(包括所有的修改单)适用于本文件。

农业机械试验鉴定办法　中华人民共和国农业部令 2005 年第 54 号

3　农业机械试验鉴定基础

3.1　农业机械试验鉴定的理论说明

农业机械产品的质量包括农业机械产品具有的固有特性和满足农业生产的要求。农机使用者有要求产品满足其需求的期望，产品是否可被接受最终由农机使用者确定。农业机械试验鉴定的作用在于提升产品质量与使用者要求的一致性，为农机使用者选购先进适用的农业机械提供信息，以此增加农机使用者和其他相关方对农机产品质量的满意度，增强对产品的信任。

农机制造者是产品质量责任的主体，满足农机使用者的需求和期望，不断改进产品特性，提升服务的能力，树立诚实守信的形象是其主要目标。农业机械试验鉴定是质量监管的重要技术支撑，有利于营造公平竞争的环境，促进企业的技术进步。

结合生产实际使用对农业机械产品质量进行综合评价是农业机械试验鉴定的基本要求，适用性、安全性、可靠性评价是农业机械试验鉴定的核心内容。最大限度地满足农机使用者明示的和潜在的要求，是农业机械试验鉴定的出发点和落脚点。农业机械试验鉴定以贯彻国家相关法律法规政策和强制性技术要求为基础，以满足农业生产需求为目标，以农机使用者为关注的焦点，以获取农机使用者使用效果信息进行综合评价为基本方法。

3.2　农业机械试验鉴定的原则

a)　公开、公正、科学、高效的原则；

b)　依法鉴定的原则；

c)　引导产业结构优化、产品技术改进、企业专业化生产的原则；

d)　满足农业生产需要，促进农业发展方式转变的原则。

3.3　农业机械试验鉴定的基本方法

a)　现场试验与实验室试验相结合的评价方法；

b)　试验检测与用户调查相结合的评价方法；

c)　产品质量检验与质量保障能力审查相结合的评价方法；

d)　定性与定量相结合的评价方法；

e)　充分利用数理统计技术的评价方法。

3.4　农业机械试验鉴定内容的基本要求

3.4.1　推广鉴定包括以下 8 项内容，选型鉴定、专项鉴定可根据鉴定的目的选取适当的内容。

——技术要求与性能试验；
——安全性评价；
——可靠性评价；
——适用性评价；
——使用说明书审查；
——三包凭证审查；
——生产条件审查；
——用户调查。

3.4.2 安全性评价应从安全设计、安全防护、安全使用信息和环境保护及运行安全状况等方面进行，得出综合评价结果。

3.4.3 适用性评价应针对产品使用说明书明示的范围采取定点试验和/或适用性调查的方式进行评价。

3.4.4 可靠性评价可以通过可靠性试验的方法，也可通过生产查定和/或可靠性调查的方式进行评价。

3.4.5 用户调查通过统计、汇总、分析的方法得出用户满意度评价。

4 术语和定义

下列术语和定义适用于本文件。

4.1

农业机械质量 quality of agricultural machinery

农业机械产品具有的固有特性和满足农业生产要求的程度。

4.2

农业机械试验鉴定 test and evaluation for agricultural machinery

通过科学试验、检测和考核，对农业机械的适用性、安全性和可靠性做出技术评价，为农业机械的选择和推广提供依据和信息的活动。

4.3

部级鉴定 ministerial evaluation

由国家农业主管部门组织开展的农业机械试验鉴定。

4.4

省级鉴定 provincial evaluation

由省级农业机械化主管部门组织开展的农业机械试验鉴定。

4.5

推广鉴定 popularized evaluation

评价农业机械产品是否适于推广而实施的农业机械试验鉴定。

4.6

选型鉴定 selecting evaluation

在同种农业机械产品中遴选出满足特定需求的产品而实施的农业机械试验鉴定。

4.7

专项鉴定 special evaluation

考核评定农业机械产品的某些特性而实施的农业机械试验鉴定。

4.8

定型鉴定 finalizing the design evaluation

确定农业机械产品能否批量生产而实施的鉴定。

4.9

农业机械试验鉴定大纲　code of test and evaluation for agricultural machinery

规定农业机械试验鉴定内容、试验条件、试验方法和判定规则等内容，经省级以上农业机械化主管部门批准，作为农业机械试验鉴定依据的文件。

4.10

样机(样品)　model machine(sample)

按规定的要求、程序和方法确定的用于试验鉴定的农业机械产品。

4.11

鉴定报告　evaluation report

描述鉴定结果和鉴定相关信息的具有规范格式的文件。

4.12

试验　test

确定农业机械产品在规定条件下的特性而从事的活动。

4.13

检测　detecting

按规定的要求、程序和方法，确定农业机械产品一个或多个特性的一组操作。

4.14

检验　inspection

依据标准、农业机械试验鉴定大纲或合同约定，对农业机械产品实施试验、检测并作出判定的活动。

4.15

鉴定　evaluation

对农业机械产品的特性和使用效果进行评价的活动。

4.16

核测　checking and measuring

确定产品技术规格参数与技术文件一致性的一组操作。

4.17

评价　appraisal

按照规定的程序和方法，依据客观证据，对农业机械产品的特性和使用效果作出判断并形成结论的活动。

4.18

先进性　advanced nature

与同类农业机械产品相比，在技术性、功能性、经济性、环保性和人机关系等方面的优化程度。

4.19

适用性　applicability

农业机械产品在当地自然条件、作物品种和农作制度条件下，具有保持规定特性和满足当地农业生产要求的能力。

4.20

安全性　safety

在规定的使用条件下，农业机械产品具有保护人、机器、环境和农产品品质等安全的能力。

4.21

可靠性　reliability

农业机械产品在规定的条件下和规定的时间(或作业量)内，具有保持规定功能和特性的能力。

4.22

企业生产条件　manufactory productive condition

农机生产者具有从事农业机械产品生产的资质、管理体系、场地、人员、设备和环境等要素的组合。

4.23

用户调查　user investigation

按规定的程序、方法，获取用户使用农业机械产品过程中的质量信息，并汇总分析形成评价结果的活动。

4.24

三包凭证　warranty certificate

农机生产者提供的承诺承担农业机械产品修理、更换和退货责任的文件。

4.25

生产试验　productive test

按照规定的程序和方法，在有代表性的实际生产中，完成规定的工作量，考核农业机械产品特性和使用效果的活动。

4.26

生产查定　production check

在生产试验过程中，按规定的程序、方法和内容，对样机（样品）连续进行不少于 3 个班次时间的跟踪，以获取相关数据的活动。

注：通常，班次时间按 8 h 计。

4.27

作业时间　operating hours

在班次时间内，纯工作时间、地头转弯空行时间（固定作业机械除外）和工艺服务时间（停机加种、加肥、装苗和装卸物料等时间）之和。

4.28

工作时间　working hours

在班次时间内，作业时间与故障排除时间之和。

4.29

有效度　availability

作业时间与工作时间之比。

注：用于表征产品可靠性的主要参数之一，用百分数表示。有效度结果受生产试验时间长短的影响较为显著。一般情况下，采用有效度结果时，应标注生产试验时间。

4.30

涵盖机型　type covering

在基本结构相同的系列产品中，能够用样机（样品）的评价结果来表征的机型。

4.31

审查员　investigator

经过考核和注册，有资格和能力承担农业机械试验鉴定企业生产条件审查和监督检查任务的人员。

4.32

检验员　inspector

经过考核和注册，有资格和能力承担农业机械试验鉴定检验任务的人员。

索　引

S

T

X

Y

Z

ICS 65.060.01
B 90

中华人民共和国农业行业标准

NY/T 2083—2011

农业机械事故现场图形符号

Graphical symbols of aricultural machinery accident on site

2011-09-01 发布

2011-12-01 实施

中华人民共和国农业部 发布

目　次

前　言

本标准按照 GB/T 1.1—2009 给出的规则起草。

本标准由农业部农业机械化管理司提出。

本标准由全国农业机械标准化技术委员会农业机械化分技术委员会(SAC/TC201/SC2)归口。

本标准起草单位:农业部农机监理总站、江苏省农机安全监理所、盐城市农机安全稽查支队。

本标准主要起草人:涂志强、白艳、王聪玲、陆立国、陆立中、胡东。

农业机械事故现场图形符号

1 范围

本标准规定了农业机械事故(以下简称农机事故)现场图形符号。
本标准适用于农机事故现场图绘制。

2 术语和定义

下列术语和定义适用于本文件。

2.1

农机事故 agricultural machinery accident

农业机械在作业或者转移等过程中造成人身伤亡、财产损失的事件。

2.2

农机事故现场 agricultural machinery accident on site

发生农机事故的地点及相关的空间范围。

2.3

农机事故现场记录图 rough drawing for agricultural machinery accident on site

农机事故现场勘查时,按标准图形符号绘制的记录农机事故现场情况的图形记录。

2.4

农机事故现场平面图 ichnography for agricultural machinery accident on site

按标准图形符号、比例绘制的农机事故现场情况的平面图形记录。

3 农业机械及交通元素图形符号

3.1 拖拉机及挂车图形符号

拖拉机挂及车图形符号见表 1。

表 1 拖拉机及挂车图形符号

序号	名称	图形符号	说明
1	轮式拖拉机平面	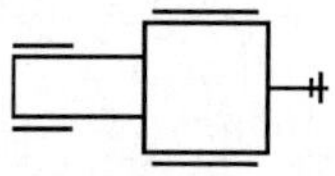	
2	轮式拖拉机侧面	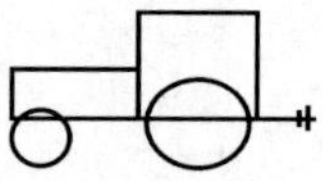	
3	轮式拖拉机运输机组平面	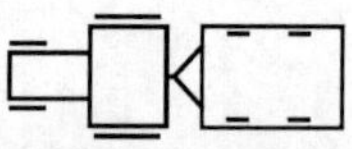	挂车根据实际情况绘制,分为单轴和双轴
4	轮式拖拉机运输机组侧面		挂车根据实际情况绘制,分为单轴和双轴
5	手扶拖拉机平面	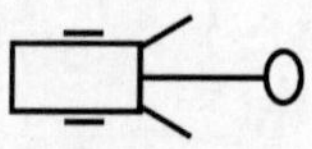	

表 1（续）

序号	名　　称	图形符号	说　　明
6	手扶拖拉机侧面	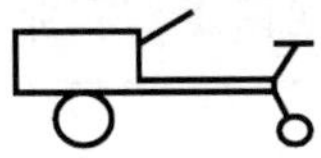	
7	手扶拖拉机运输机组平面	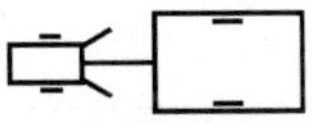	
8	手扶拖拉机运输机组侧面	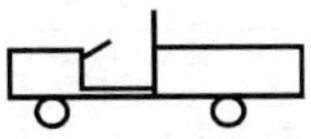	
9	手扶变型运输机平面	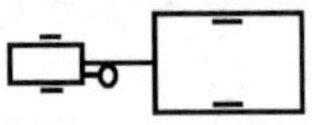	
10	手扶变型运输机侧面	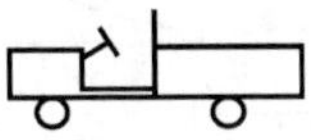	
11	单轴挂车平面	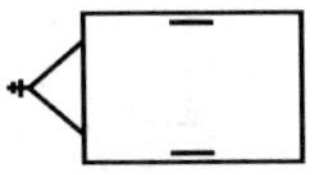	
12	单轴挂车侧面	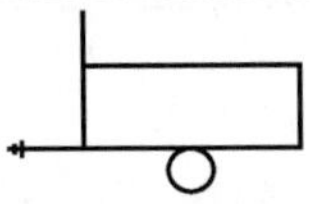	
13	双轴挂车平面	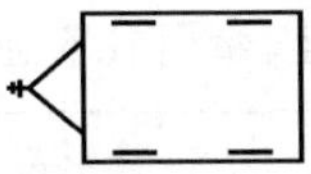	
14	双轴挂车侧面		
15	履带拖拉机平面	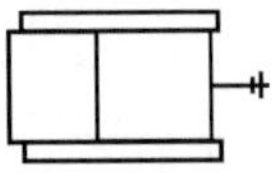	
16	履带拖拉机侧面		

3.2　联合收割机图形符号

联合收割机图形符号见表 2。

表 2　联合收割机图形符号

序号	名　　称	图形符号	说　　明
1	轮式联合收割机平面	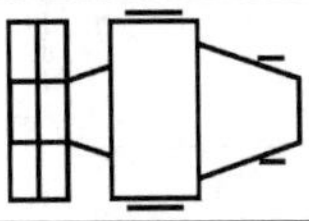	
2	轮式联合收割机侧面		
3	履带式联合收割机平面	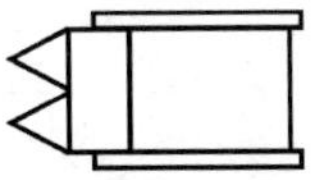	
4	履带式联合收割机侧面		

3.3 其他自走式农业机械图形符号

其他自走式农业机械图形符号见表3。

表3 其他自走式农业机械图形符号

序号	名 称	图形符号	说 明
1	手扶式插秧机		
2	乘坐式插秧机	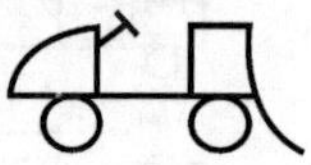	
3	割晒机		
4	其他自走式农业机械		具体机型可用文字说明

3.4 悬挂、牵引式农业机具图形符号

悬挂、牵引式农业机具图形符号见表4。

表4 悬挂、牵引式农业机具图形符号

序号	名 称	图形符号	说 明
1	旋耕机	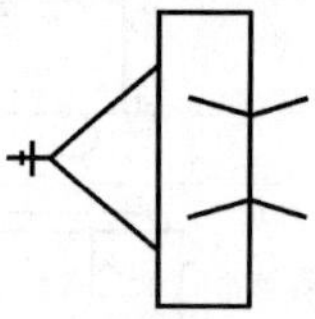	
2	犁	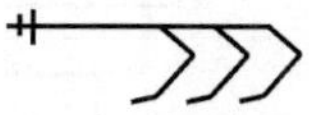	
3	耙	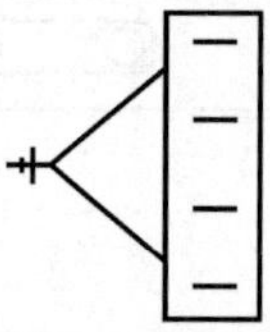	
4	播种机	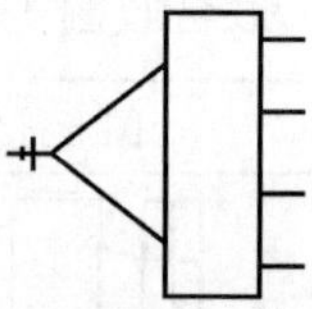	
5	中耕机	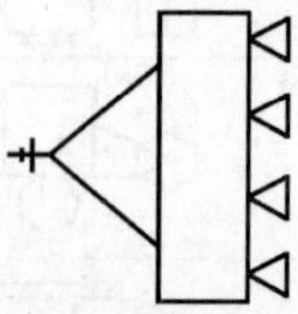	
6	喷雾(粉)机	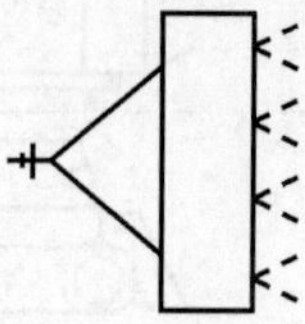	

表 4（续）

序号	名　　称	图形符号	说　　明
7	开沟机	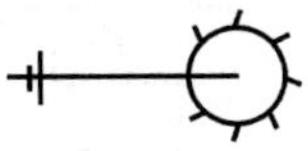	
8	挖坑机	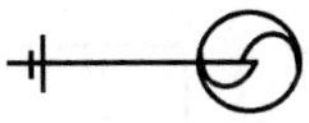	
9	起刨机	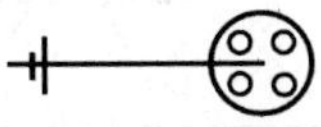	
10	秸秆还田粉碎机	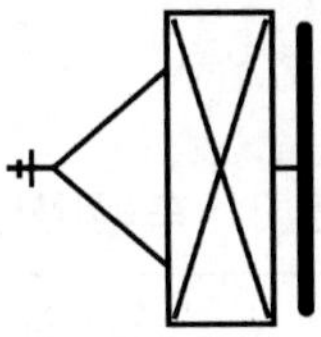	
11	其他悬挂、牵引式农业机具	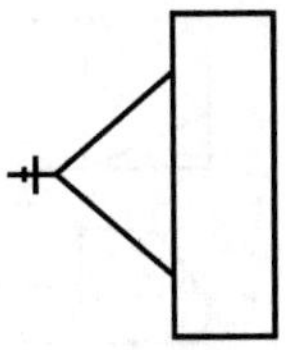	具体机具可用文字说明

3.5　固定式农业机械图形符号

固定式农业机械图形符号见表 5。

表 5　固定式农业机械图形符号

序号	名　　称	图形符号	说　　明
1	电动机	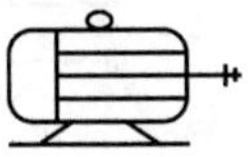	
2	柴(汽)油机		
3	机动脱粒机	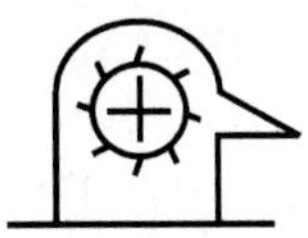	包括脱粒机、清选机、扬场机等
4	机动植保机		
5	粉碎机		
6	铡草机	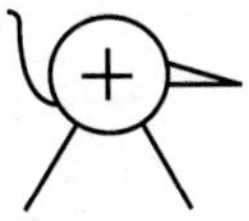	

表 5（续）

序号	名　　称	图形符号	说　　明
7	排灌机械		
8	其他固定式农业机械	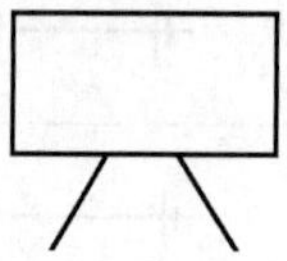	具体机型可用文字说明

3.6 车辆图形符号

车辆图形符号见表 6。

表 6　车辆图形符号

序号	名　　称	图形符号	说　　明
1	货车平面	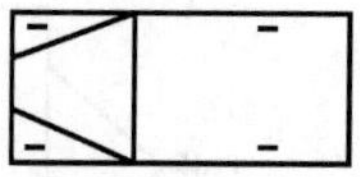	包括重型货车、中型货车、轻型货车、低速载货、专项作业车
2	货车侧面		按车头外形选择(平头货车)
3	货车侧面		按车头外形选择(长头货车)
4	正三轮机动车平面	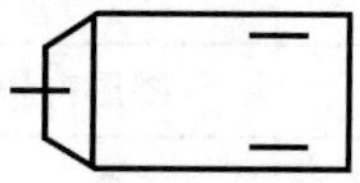	包括三轮汽车和三轮、摩托车
5	正三轮机动车侧面	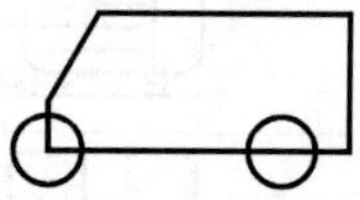	
6	侧三轮摩托车平面	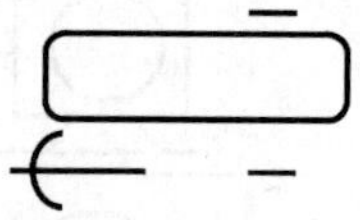	
7	普通二轮摩托车		包括轻便摩托车、电动车等
8	自行车		
9	三轮车	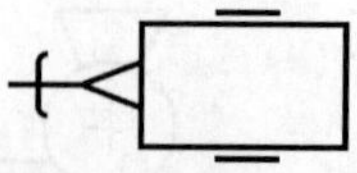	
10	人力车	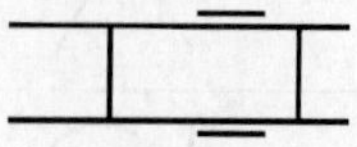	
11	畜力车	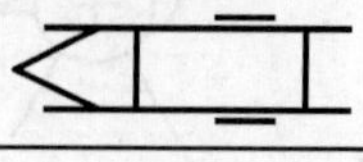	

3.7 人体图形符号

人体图形符号见表7。

表7 人体图形符号

序号	名　　称	图形符号	说　　明
1	人体		
2	伤体		
3	尸体		

3.8 牲畜图形符号

牲畜图形符号见图8。

表8 牲畜图形符号

序号	名　　称	图形符号	说　　明
1	牲畜	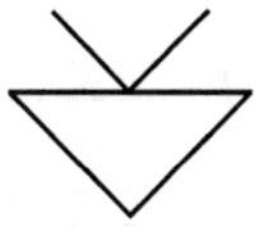	
2	伤畜		
3	死畜		

4 农田场院图形符号

4.1 农田场院类型图形符号

农田场院类型图形符号见表9。

表9 农田场院类型图形符号

序号	名　　称	图形符号	说　　明
1	旱地	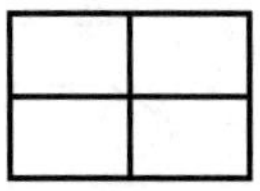	
2	水田	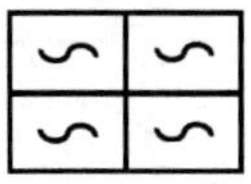	

表9（续）

序号	名　　称	图形符号	说　　明
3	坡地	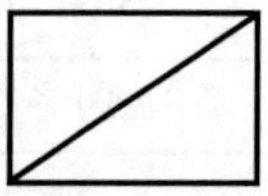	
4	场院	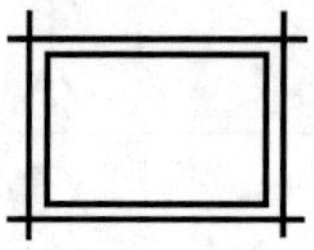	具体类型可用文字说明

4.2 农田场院地表状态图形符号

农田场院地表状态图形符号见表10。

表10　农田场院地表状态图形符号

序号	名　　称	图形符号	说　　明
1	农村道路	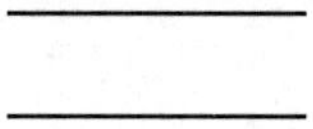	路面类型、路面情况用文字说明，上坡标注 $i\nearrow$，下坡标注 $i\searrow$，i 为坡度
2	机耕道路		路面类型、路面情况用文字说明，上坡标注 $i\nearrow$，下坡标注 $i\searrow$，i 为坡度
3	路肩	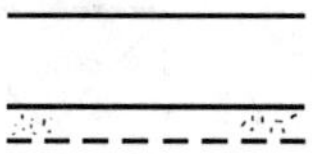	
4	涵洞	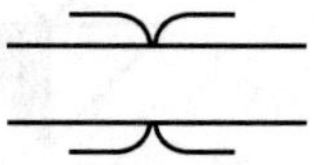	
5	隧道	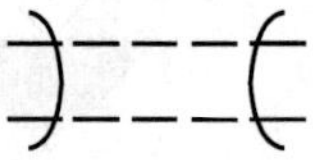	
6	农村道路平交口	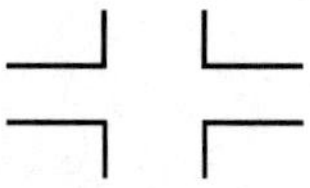	
7	施工路段		
8	桥	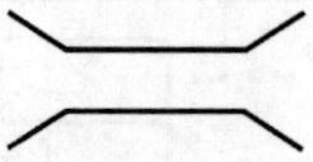	
9	漫水桥	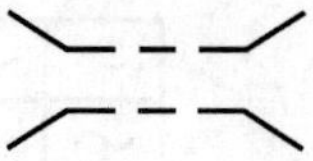	

表 10（续）

序号	名　称	图形符号	说　明
10	地面凸出部分		也可表示山岗、丘陵和土包
11	地面凹坑		也可表示凹地、土坑
12	地面积水		
13	池塘		也可表示沼泽
14	水沟	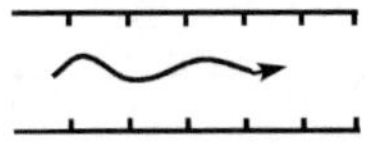	也可表示其他水沟、水渠
15	干涸水沟	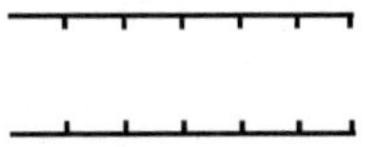	也可表示其他干涸水沟、水渠
16	田埂	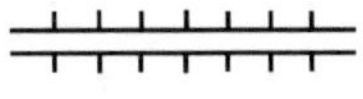	
17	垄沟		
18	垄台		
19	粪坑	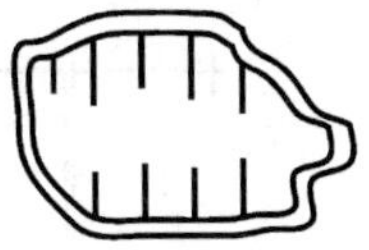	含沼气池等
20	山丘	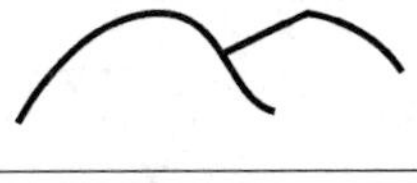	
21	突台		含地边缘突台
22	其他农田(场院)地表状态	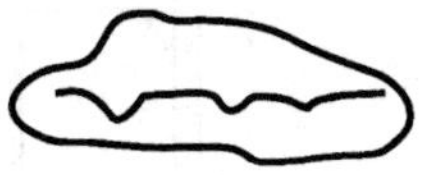	具体地表状态可用文字说明

4.3 农田场院植被和地物图形符号

农田场院植被和地物图形符号见表11。

表11 农田场院植被和地物图形符号

序号	名 称	图形符号	说 明
1	农作物平面		具体农作物可用文字说明
2	农作物侧面	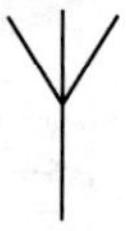	具体农作物可用文字说明
3	树木平面		
4	树木侧面		
5	树林平面		
6	机井平面		含水井等
7	机井侧面		含水井等
8	电杆平面	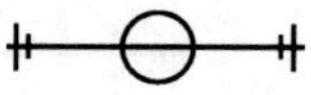	含电话线杆
9	电杆侧面	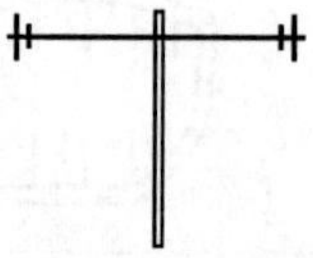	含电话线杆
10	变压器平面	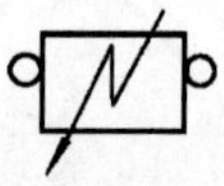	
11	变压器侧面	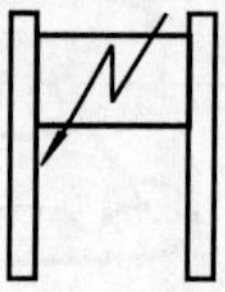	

表 11（续）

序号	名　　称	图形符号	说　　明
12	秸秆、粮食、碎石、沙土等堆积物		外形根据现场实际情况绘制
13	大石头		
14	大棚		
15	建筑物		
16	围墙及大门		
17	管道		
18	其他农田、场院中地物		具体地物以名称表示

5　动态痕迹图形符号

动态痕迹图形符号见表 12。

表 12　动态痕迹图形符号

序号	名　　称	图形符号	说　　明
1	轮胎滚印		
2	轮胎拖印	L	L 为拖印长，双胎则为：
3	轮胎压印		
4	轮胎侧滑印		

表 12（续）

序号	名　称	图形符号	说　明
5	履带压印	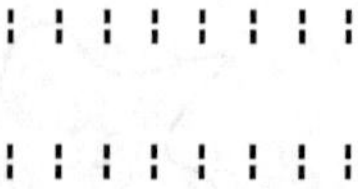	
6	挫划印		
7	非机动车压印		
8	血迹	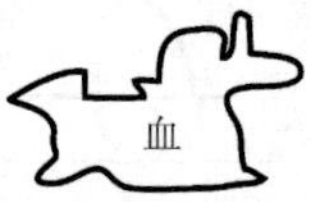 血	
9	其他洒落物	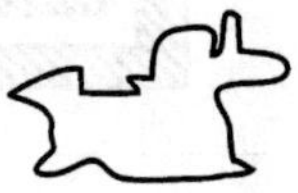	画出范围图形,填写名称

6　农机事故现象图形符号

农机事故现象图形符号见表 13。

表 13　农机事故现象图形符号

序号	名　称	图形符号	说　明
1	接触点	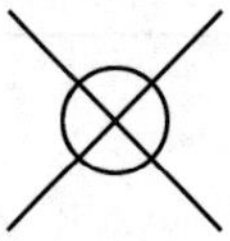	
2	农业机械行驶方向		
3	其他机动车行驶方向		
4	非机动车行驶方向		
5	人员运动方向		
6	牲畜运动方向	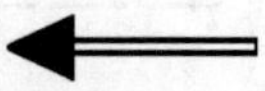	

7　其他

其他图形符号见表 14。

表 14 其他图形符号

序号	名　　称	图形符号	说　　明
1	方向标		方向箭头指向北方
2	风向标	X	X 为风力级数
3	事故现场测绘基准点	0	
4	事故现场测绘辅助基准点	0 1...N	N 表示辅助基准点编号

8 使用说明

8.1 本标准中各类图形符号可以单独使用或组合使用。

8.2 绘制图形符号时，应当按本标准中图形符号的各部位近似比例绘制，避免图形符号失真。

8.3 使用中，应根据实际情况调整图形符号的角度、方向。

8.4 需表现农业机械仰翻情形时，可将平面图形中的两侧轮胎连接作为车轴后，即为农业机械仰翻后的底面图形；非轮式行走系或固定作业的农业机械，根据实际情况绘制底面图形。

8.5 图形符号无法表示的，根据实际情况绘制，并用文字简要说明。

ICS 65.060.01
B 90

中华人民共和国农业行业标准

NY/T 2084—2011

农业机械质量调查技术规范

Technical specification for quality investigation on agricultural machinery

2011-09-01 发布 2011-12-01 实施

中华人民共和国农业部 发布

前　言

本标准按照 GB/T 1.1—2009 给出的规则编制。

本标准由农业部农业机械化管理司提出。

本标准由全国农业机械标准化技术委员会农业机械化分技术委员会(SAC/TC201/SC2)归口。

本标准起草单位:农业部农业机械试验鉴定总站、山西省农业机械质量监督管理站。

本标准主要起草人:王心颖、兰心敏、高太宁、王松、郝文录、李秀山、杜金。

农业机械质量调查技术规范

1 范围

本标准规定了农业机械质量调查的项目、技术依据、方式、抽样、方法和报告编制。

本标准适用于农业机械化主管部门委托开展的农业机械质量调查的方案制定与实施。

2 规范性引用文件

下列文件对于本文件的应用是必不可少的。凡是注日期的引用文件，仅注日期的版本适用于本文件。凡是不注日期的引用文件，其最新版本(包括所有的修改单)适用于本文件。

《农业机械产品修理、更换、退货责任规定》 国家质量监督检验检疫总局、国家工商行政管理总局、农业部、工业和信息化部令第126号

《农业机械质量调查办法》 中华人民共和国农业部令第69号

3 术语和定义

下列术语和定义适用于本文件。

3.1

农业机械质量调查 quality investigation on agricultural machinery

通过对用户的抽样调查，对在用农业机械产品的适用性、安全性、可靠性和售后服务状况等进行评价的活动。

3.2

适用性调查 applicability investigation

对农业机械产品在当地自然条件、作物品种、农作制度条件下，具有保持规定特性和满足当地农业生产要求的能力的调查。

3.3

安全性调查 safety investigation

对在规定的使用条件下，农业机械产品具有保护人、机、环境、农产品品质等安全的能力的调查。

3.4

可靠性调查 reliability investigation

对农业机械产品在规定条件下和规定时间(或作业量)内，具有保持规定功能和特性的能力的调查。

3.5

售后服务状况调查 post-sale service condition investigation

对企业就其销售的农业机械产品的安装调试、使用维护指导培训、配件供应、维修等方面的服务承诺及其兑现情况的调查。

3.6

问卷式调查 questionnaire survey

向用户发放调查表收集农业机械产品质量情况的调查方式，可采取电话、信函、会议等方式进行。

3.7

问询式调查 inquiring investigation

调查人员在农业机械作业或停放现场对使用者进行询问的调查方式。

3.8

跟踪式调查　tracking investigation

在一段时间持续调查某种农业机械在作业过程中的质量情况，必要时辅之一定测量的调查方式。

3.9

用户满意度　customer satisfaction

用户对农业机械产品的实际感受相对于其对产品的期望的接受程度。

4　调查项目

根据调查的目的和产品特性，可选择下列一个或多个项目：

—— 基本情况(包括行业情况、企业情况和产品情况)；

—— 适用性；

—— 安全性；

—— 可靠性；

—— 售后服务状况；

—— 其他特定项目。

5　调查技术依据

根据调查项目选择适用的技术依据，一般包括：

—— 相关国家标准、行业标准；

——《农业机械产品修理、更换、退货责任规定》；

—— 企业标准或企业质量承诺和服务承诺。

6　调查方式

6.1　根据调查目的、调查工作量和生产实际条件，采用下列调查方式之一或全部：

—— 问卷式调查；

—— 问询式调查；

—— 跟踪式调查。

6.2　一般采用问卷式调查和问询式调查。对调查结果准确性要求较高或短期内不易作出判断的质量问题的调查，可采用跟踪式调查。

7　抽样

7.1　区域

7.1.1　一般选择被调查产品作业对象的主产区、产品的主销地、项目的实施地等为调查区域，可以是一个或多个县、地区和省份等。

7.1.2　按保有量由大到小的顺序抽取调查区域(省份、地区、县)，抽查数量应覆盖30％以上的区域或保有量占70％以上的区域。

7.2　产品

7.2.1　调查了解产品生产企业名录和产品总量。

7.2.2　根据调查目的，可在企业名录中选择某个企业的某种产品或多个企业的同类型产品，明确调查产品的种类、规格、型号。抽样时，应考虑抽样区域内企业产品的销售地区和用户分布的代表性。

7.2.3　采用随机抽样的方法抽取样本，企业样本量不低于抽样基数的60％；机型样本量不低于抽样基数的50％，且每个机型不少于10台；产品样本总量不低于抽样基数的10％，且不少于200台。

7.2.4 调查产品应是已经销售、有正式购销手续、在用的产品。

7.2.5 调查产品应是实际使用半年以上的产品。对季节性使用的，应是使用一个作业季节以上的产品。可根据调查目的限定调查产品的出厂时间。

7.3 用户

7.3.1 被调查者应是产品的所有者、操作者或服务对象，应了解产品的使用状况。

7.3.2 被调查者应年满18周岁，具有独立民事行为能力。

7.3.3 根据用户名录随机抽取用户，调查用户样本量满足抽查产品样本量要求。

8 调查方法

8.1 一般要求

8.1.1 调查应按照《农业机械质量调查办法》规定的工作程序进行。

8.1.2 现场调查人员，应熟悉所调查的农业机械，有一定实践工作经验，通过调查前的培训。每个调查小组调查人员数量应不少于2人。

8.1.3 调查时，调查人员应当向被调查方出示质量调查任务书和质量调查证件。

8.1.4 被调查方应当配合质量调查工作，按照调查要求及时提供有关资料和信息，并对其真实性负责。

8.1.5 根据确定的调查内容和调查方式按户调查。

8.1.6 调查的原始记录包括文字记录和影像记录。被调查者对产品有建设性建议或意见时，应归纳记录。

8.1.7 调查的信息应真实可靠，调查者和被调查者不得有不符合事实的主观偏向。

8.1.8 除有复核要求外，一般不要求用户留存调查产品备查。

8.2 基本情况调查

8.2.1 调查开始前，收集调查产品的企业名录，并编制基本情况调查表。调查内容的确定参见附录A。

8.2.2 被调查产品的生产企业按要求填写基本情况调查表，并加盖公章；同时，提供有效期内的性能检测报告，报告内容应满足调查要求。

8.3 用户满意度调查表(调查问卷)的编制

8.3.1 调查开始前，根据调查内容和评价指标体系，编制用户满意度调查表(调查问卷)。调查表(调查问卷)内容包括：

—— 调查方情况，包括调查单位、调查人和调查时间等；

—— 用户基本情况，包括姓名、年龄、地址、联系电话、文化程度、从事该机作业年限和操作培训情况等；

—— 产品基本情况，包括产品型号名称、生产企业名称、产品出厂时间、销售企业名称、产品购买日期、产品结构型式及动力配备情况等；

—— 用户对调查项目的感受(满意程度)，包括调查的适用性、安全性、可靠性和售后服务状况等项目及其具体指标；

—— 其他情况，可包括用户对产品价值的感受(产品性价比、配件价格、燃油消耗、维护保养费用、若再次购买选择此品牌产品的可能性等)、对产品的总体印象(实际感受到的产品质量与用户从各种渠道了解的情况相比较的满意度、产品的实际质量状况与用户理想状况相比较的满意度、用户希望所用产品今后的改进方向等)。

8.3.2 调查表(调查问卷)设计应内容完整、条理清晰、通俗易懂。

8.3.3 调查表(调查问卷)编制可参见附录B。

8.4 适用性调查

8.4.1 根据产品类型和特性,确定调查内容。调查内容确定时,应考虑下列因素:

—— 行走功能(如道路行走、田间行走等);

—— 机具配套(如多种农具、单一农具等);

—— 农艺要求(如株距、行距、种植方式等);

—— 作业条件(如产量、土壤、田块大小,作物含水率、成熟度、高度、倒伏等);

—— 环境条件(如湿度、温度、气压、光照度等);

—— 作业物料(如物理特性、生理特性等);

—— 其他。

8.4.2 调查参照使用说明书、企业明示标准进行。

8.4.3 记录用户的评价,必要时进行跟踪验证。

8.5 安全性调查

8.5.1 调查依据一般是产品的强制性标准。

8.5.2 调查内容包括:

—— 人身安全(运动部件防护、高温防护、漏电防护、安全标志及操作标识等);

—— 环境安全(噪声、污染物、废弃物等);

—— 农产品安全(重金属、农药污染等)。

8.5.3 采用问询式调查时,应先确认产品是否调整到说明书明确的技术状态,并进行空运转观察。必要时,携带常规测量器具,如长度、温度、质量、转速等的检测器具进行测量。

8.5.4 查验产品使用说明书是否有提醒操作者在操作、维护、保养、故障排除等方面安全注意事项,使用说明书中是否有安全警示标志复现条款。

8.5.5 对实行生产许可证、强制性认证管理的产品,应查验认证标志、编号等。

8.5.6 调查产品曾经出现的安全事故,包括人身安全和财产安全事故。核实事故发生的部位、过程、造成的后果等,并记录。

8.6 可靠性调查

8.6.1 对整机或关键部件(总成)的可靠性进行调查。

8.6.2 主要以产品出现故障或偏离产品正常的技术状态需要停机排除故障的表现形式来调查。使用说明书指出的正常更换和调整除外。

8.6.3 调查前,应对所调查的产品进行可靠性分类。有产品标准规定可靠性故障分类的,以产品标准为准;没有产品标准规定的,一般分为以下四类:

a) 致命故障:导致人身伤亡危及安全或导致产品功能完全丧失,造成重大经济损失的故障;

b) 严重故障:主要零部件或重要总成损坏、报废,导致功能严重下降,影响主要功能和正常使用,需要大修的故障;

c) 一般故障:明显影响产品使用功能,需要停机用随机或普通工具短时间可排除的故障;

d) 轻微故障:轻度影响产品使用功能,暂时不会导致工作中断,不需要停机或停机 30 min 以内用一般工具可排除的故障。

8.6.4 可靠性调查包括首次故障前产品作业时间和作业量、总作业时间、总作业量以及故障出现时的作业条件、故障的表现形式、故障出现频次、排除故障的手段和时间、易损件损坏情况等。

8.6.5 应了解产品是否按照使用说明书进行了正常的维护保养,并记录。

8.7 售后服务状况调查

8.7.1 调查前,核实产品的购买发票和三包凭证。

8.7.2 对企业向用户提供的产品安装调试、培训指导、三包、维修、配件供应等服务的网点、及时性、水平、态度情况进行调查。

8.7.3 记录用户对售后服务状况的评价及建议或意见。

9 评价方法

9.1 用户满意度等级水平

将用户对各指标的满意度感受分为很不满意、不满意、基本满意、满意和很满意5个等级水平，并相应赋予1、2、3、4、5分值，并建立满意度水平分值集（评价标度向量 H），$H=【1,2,3,4,5】^T$。

9.2 确定评价指标体系

根据调查目的和调查内容确定评价指标体系，一般由三级指标构成：

a） 一级指标：用户满意度指数，用以表征农业机械质量调查最终结果；

b） 二级指标：主要包括适用性、安全性、可靠性、售后服务状况，还可包括价值感知、总体印象等；

c） 三级指标：根据相关标准、产品特性、用户关注点以及调查结果的用途，对应二级指标展开。

9.3 确定各指标权重

选择长期从事被调查产品的设计开发、质量控制与管理、试验鉴定、技术推广等工作的专家，对各指标在相应指标集中的重要性打分，并按归一化要求对各指标赋予相应的权重。专家人数应不少于11人。各级指标权重表示如下：

a） 一级指标权重：$a=1$；

b） 二级指标权重集：$b=\{b_1,b_2,\cdots,b_i,\cdots,b_p\}$，$b_i$ 为第 i 项二级指标的权重，满足 $\sum b_i=1$；

c） 三级指标权重矩阵：$c_i=\{c_{i1},c_{i2},\cdots,c_{ij},\cdots,c_{iq}\}$，$c_i$ 为第 i 项二级指标分解的各项三级指标的权重集，c_{ij} 为该权重集中第 j 项三级指标的权重，满足 $\sum c_{ij}=1$。

9.4 各级指标满意度水平评价

9.4.1 将所有受调查用户对各三级指标所做的满意度评价结果，按9.1规定的5个等级水平分别进行统计，按式(1)计算各三级指标的用户满意度等级水平选择率 r_{ij}。

$$r_{ij}=\frac{K_{ij}}{N} \quad\cdots\cdots(1)$$

式中：

r_{ij}——对一组三级指标中的第 i 个指标选择第 j 个评判等级的选择率；

K_{ij}——对一组三级指标中的第 i 个指标选择第 j 个评判等级的用户数；

N——调查用户总数。

9.4.2 某个三级指标的等级水平选择率即为该三级指标的评判向量，Rc_i，$Rc_i=[r_{ci1},r_{ci2},\cdots,r_{cim}]$。

9.4.3 每个二级指标的所有三级指标的评判向量 R_i 组成矩阵 Rc 见式(2)：

$$R_c=\begin{bmatrix} r_{11} & r_{12} & \cdots & r_{1m} \\ r_{21} & r_{22} & \cdots & r_{2m} \\ \vdots & \vdots & \vdots & \vdots \\ r_{n1} & r_{n2} & \cdots & r_{nm} \end{bmatrix} \quad\cdots\cdots(2)$$

式中：

m——用户满意度等级水平数目，$m=5$；

n——本组三级评价指标的数目。

9.4.4 按式(3)计算相应的二级指标的评判向量 B。

$$B=c_i\otimes R_c \quad\cdots\cdots(3)$$

式中：

c_i——第 i 组三级评价指标的权重集，$c_i=\{c_{i1},c_{i2},\cdots,c_{ij},\cdots,c_{iq}\}$；

$\otimes$——模糊算子，表示矩阵相乘。

9.4.5 所有二级指标的评判向量组成评判向量集，与二级指标的权重集相乘，得出该产品的一级指标评价矩阵 $R(A_i)$，即该产品的 5 个用户满意度等级水平的评价值。

9.4.6 根据最大隶属度原则，选出 5 个用户满意度等级水平的评价值中最大的评价值，其对应的评价等级即为该产品的用户满意度评价结果。

9.4.7 按式(4)计算产品用户满意度指数均值 E。

$$E = E(A) = R(A_i) \otimes H \qquad (4)$$

式中：

E——总体用户满意度指数均值；

$E(A)$——用户满意度指数均值函数；

$R(A_i)$——一级指标评价矩阵；

H——用户满意度等级水平分值集(评价标度向量)，$H=[1,2,3,4,5]^T$。

9.4.8 按式(5)计算产品用户满意度指数 CEI。

$$\mathrm{CEI} = \frac{E - \mathrm{Min}[E(A)]}{\mathrm{Max}[E(A)] - \mathrm{Min}[E(A)]} = \frac{E(A) - 1}{4} \times 100 \qquad (5)$$

式中：

CEI——产品用户满意度指数；

$\mathrm{Max}[E(A)]$——用户满意度指数均值的最大值，$\mathrm{Max}[E(A)]=5$；

$\mathrm{Min}[E(A)]$——用户满意度指数均值的最小值，$\mathrm{Min}[E(A)]=1$。

10 调查报告的编制

10.1 报告内容

10.1.1 调查工作的组织实施情况，包括任务来源、组织策划、人员安排及培训、调查项目实施的总体情况等。

10.1.2 被调查产品行业发展概况，包括调查区域产品发展历程和发展动态、生产企业的数量、规模、产品品种和社会保有量等。

10.1.3 调查结果，包括用户满意度评价结果、产品用户满意度指数。

10.1.4 调查综合结论，综合分析产品适用性、安全性、可靠性、售后服务状况以及用户满意度等。

10.1.5 存在的问题及原因分析。

10.1.6 措施与建议，包括技术改进建议、政策建议等。

10.2 编制要求

10.2.1 报告编写内容应翔实，统计结果正确无误，案例描述清楚，符合调查实际，并尽可能图文并茂。

10.2.2 调查报告应给出各调查项目的实际结果，并应将该结果的成因根据统计汇总情况进行客观的文字描述。

附 录 A
(资料性附录)
基本情况调查内容

A.1 行业基本情况

A.1.1 近两年国内产品的技术水平及发展状况。

A.1.2 国外同类产品的技术水平及发展状况。

A.1.3 该类产品的发展趋势。

A.1.4 该类产品存在的主要问题及政策建议。

A.2 企业基本情况

A.2.1 企业总体情况,包括建厂时间、更名情况、经营范围、企业性质、注册资金、主要产品、商标注册情况、占地面积、建筑面积、固定资产总额、职工人数、高级和中级技术人员数量、检验人员数量、售后服务模式等。

A.2.2 企业质量保证能力情况,包括获得质量管理体系认证证书情况等。

A.2.3 企业生产规模和能力,包括生产车间设置情况,主要加工设备配置情况,专用工装、夹具和模具数量,量检具配置情况、试验设备配置情况,总装线设置与生产装备能力等,必要时可附相关照片。

A.2.4 企业产品研发情况,包括技术改进情况、试制投产情况、产品定型鉴定情况、近两年生产销售情况、社会保有量、鉴定和认证情况、可靠性试验情况、企业标准制定执行情况等。

A.3 产品基本情况

A.3.1 产品基本信息,包括名称、型号、规格和产品资质等。

A.3.2 产品技术特点,包括产品结构特点、与同类产品相比具有的优势、主要工艺流程和动力配置情况等。

A.3.3 产品生产情况,包括生产方式、投产时间和产量等。

A.3.4 产品销售情况,包括主要销售区域、销售量、销售价格、销售网点和出口情况等。

A.3.5 产品生产标准,包括标准名称、代号和备案情况等。

A.3.6 服务保证情况,包括产品使用范围和售后服务保障体系运行等。

A.3.7 其他情况,包括产品研发方向等。

附 录 B
（资料性附录）
农业机械质量调查问卷示例

玉米收获机械用户满意度调查问卷

调查单位：________________________________调查人：__________________

调查时间：________年________月________日

填写说明：请您根据实际情况在候选项□中打√，数字 1、2、3、4、5 分别表示 5 种不同程度的态度，即不满意（不可能）、较不满意（不大可能）、一般、较满意（有可能）、满意（可能），请根据您自身的感受（满意程度），在（）中填写相应的数字。

用户基本情况

姓　名：________年　龄：18～30 岁□　30～45 岁□　45～60 岁□　60 岁以上□

地　址：______________________________联系电话：__________________

文化程度：　小学及以下□　初中□　高中（中专）及以上□

从事玉米收获作业年限：1 年以下□　1～2 年□　2～3 年□　3～4 年□　4～5 年□　5 年以上□

操作培训情况：　未经过培训□　　上机前培训□　　专业培训□

机具基本情况

产品型号名称：____________生产企业名称：________________

产品出厂日期：________年________月　产品购买日期：________年________月

产品结构型式及动力配备情况：

自走式玉米联合收获机□　　　配套__________牌__________型发动机

背负（悬挂）式玉米收获机□　配套__________牌__________型拖拉机

牵引式玉米收获机□　　　　　配套__________牌__________型拖拉机

玉米割台装置□　　　　　　　配套__________牌__________型联合收割机

作业行数：1 行□　2 行□　3 行□　4 行□　5 行□　6 行□　7 行□　8□　9 行□　不对行□

产品主要功能：摘穗□　剥皮□　籽粒直收□　茎穗兼收□　带茎秆切碎回收装置□

带秸秆粉碎还田装置□

注：“产品主要功能”调查项中，您所使用的收获机只要具备某项功能，就在该项功能选项□中打√，不受数量限制。

B1．您对玉米收获机械可靠性的感受（满意程度）

首次故障前作业时间：________小时　首次故障前作业量：________亩　累计发生故障的次数：________次

您在使用玉米收获机械产品时，是否出现过以下故障，如果有，请您在相应的故障选项□中打√，以下故障只针对玉米收获机械产品，与之配套使用的小麦联合收割机、拖拉机若发生以下类似故障，请不要在选项□中打√。

1 割台堵塞□　2 拨禾链卡死不转□　3 摘穗辊支架处破裂□　4 割台中间传动轴断裂□

5 割台传动齿轮打齿□　6 扶禾器碰倒玉米，割台不能正常喂入□　7 割台换向齿轮箱损坏、破裂□

8 割台变形□　9 割台支架断裂□　10 割台升降缓慢或只升不降□　11 割台安全离合器损坏□
12 割台升降速度不平稳□　13 割台自行沉降(换向阀中位时)□　14 果穗搅龙输送器堵塞□
15 割台换向齿轮箱有杂音,温度升高□　16 前端(第一)果穗升运器主动轴或被动轴断裂□
17 前端(第一)果穗升运器链条脱落、磨损□　18 前端(第一)果穗升运器堵塞□
19 前端(第一)果穗升运器链条无法转动□　20 后端(第二)果穗升运器堵塞□
21 后端(第二)果穗升运器主动滚筒或被动滚筒损坏□　22 轴承(轴承座或轴承套)损坏□
23 后端(第二)果穗升运器链条无法转动□　24 后端(第二)果穗升运器链条脱落、磨损□
25 清杂风机出风口堵塞□　26 苞叶输送搅龙□　27 照明灯不亮□　28 变速箱掉挡频繁□
29 变速箱挂挡困难□　30 变速箱工作有异响□　31 变速箱输入轴变形或折断□
32 变速范围不能达到□　33 行走无级变速器损坏□　34 行走离合器打滑□
35 行走离合器分离不彻底□　36 果穗箱升降速度不平稳□　37 果穗箱自行沉降(换向阀中位时)□
38 果穗箱升降缓慢或只升不降□　39 行走途中自行减速□　40 制动效果不好□
41 发动机启动后,主机不能前进□　42 方向盘居中时整机跑偏□　43 方向盘转向吃力□
44 操作系统不能工作□　45 秸秆还田机箱体破裂□　46 秸秆还田机刀片折断□
47 秸秆还田机刀轴缠绕□　48 秸秆还田机三角皮带磨损严重□　49 秸秆还田机张紧轮损坏□
50 秸秆还田机羊角轴损坏□　51 秸秆还田机液压升降缓慢或只升不降□
52 秸秆还田机升降速度不平稳□　53 秸秆还田机自行沉降(换向阀中位时)□
54 秸秆还田机有异常声响□　55 发动机曲轴抱瓦□　56 发动机油管破裂□
57 发动机冒黑烟、动力不足□　58 剥皮机传动链条磨损严重,不能正常工作□
59 剥皮辊被茎叶缠绕,不能正常工作□　60 果穗不能从剥皮辊中退出□　61 机具多处开裂、开焊□
62 发电机不发电□　63 发电机发电不足□　64 发电机发电不稳□　65 全车无电□
66 接通电源后,启动机不反应□　67 发动机中速以上运转时,发电机发热,蓄电池烫手□

如果您无法从上面找到机具所发生的故障,或是上述故障不能完全描述出您机具的故障情况,请您在下面空格处描述出故障情况、原因及故障处理方法,若内容较多,可在空格旁边填写。

故障 1:____

故障 2:____

故障 3:____

C_{11}. 您对机具可靠性的感受	不满意	1　2　3　4　5	满意(　)
C_{12}. 您对机具发生故障的频次	不满意	1　2　3　4　5	满意(　)
C_{13}. 您对处理故障难易程度(或费时长短)的感受	不满意	1　2　3　4　5	满意(　)

B_2. 您对玉米收获机械安全性的感受(满意程度)

您在使用玉米收获机械产品时,是否出现过以下安全事故,如果有,请您在相应的安全事故选项□中打√。

1 发动机排气管起火□　2 链条运转时,摩擦防护罩起火□　3 电器起火□　4 灭火器失灵□
5 剥皮机伤人□　6 割台液压系统失灵导致的伤人□　7 方向盘失灵□　8 制动器失灵□　9 翻车□

如果上述安全事故不能完全描述出您机具发生安全事故时的情况,请您在下面空格处描述出安全事故情况以及事故处理结果,若内容较多,可在空格旁边填写。

安全事故 1:____

安全事故 2:____

安全事故 3:____

C_{21}. 您对危险运动件安全防护的感受	不满意	1　2　3　4　5	满意(　)
C_{22}. 您对安全标志警示作用的感受	不满意	1　2　3　4　5	满意(　)

C_{23}. 您对使用说明书中安全使用说明的感受　　不满意 1 2 3 4 5 满意(　)
C_{24}. 您对该机使用过程中的安全感受　　不满意 1 2 3 4 5 满意(　)

B_3. 您对玉米收获机械适用性的感受(满意程度)
C_{31}. 机具对玉米垄作的适用情况　　不满意 1 2 3 4 5 满意(　)
C_{32}. 机具对玉米宽窄行种植的适用情况　　不满意 1 2 3 4 5 满意(　)
C_{33}. 机具对大小田块的适用情况　　不满意 1 2 3 4 5 满意(　)
C_{34}. 机具对玉米倒伏程度的适用情况　　不满意 1 2 3 4 5 满意(　)
C_{35}. 机具对玉米结穗高度的适用情况　　不满意 1 2 3 4 5 满意(　)
C_{36}. 机具对作物高度的适用情况　　不满意 1 2 3 4 5 满意(　)
C_{37}. 机具对作物产量的适用情况　　不满意 1 2 3 4 5 满意(　)

B_4. 您对玉米收获机械作业质量的感受(满意程度)
总作业时间：________小时　总作业量：________亩　作业效率：________亩/小时
C_{41}. 您对籽粒损失情况的感受　　不满意 1 2 3 4 5 满意(　)
C_{42}. 您对果穗损失情况的感受　　不满意 1 2 3 4 5 满意(　)
C_{43}. 您对籽粒破碎情况的感受　　不满意 1 2 3 4 5 满意(　)
C_{44}. 您对留茬情况的感受　　不满意 1 2 3 4 5 满意(　)
C_{45}. 您对果穗含杂情况的感受　　不满意 1 2 3 4 5 满意(　)
C_{46}. 您对秸秆粉碎效果的感受　　不满意 1 2 3 4 5 满意(　)
C_{47}. 您对苞叶剥净情况的感受　　不满意 1 2 3 4 5 满意(　)

注：机具带有秸秆粉碎装置的，填写 C_{46} 项，反之，则在(　)中划“\”；机具带有剥皮功能的，填写 C_{47} 项，反之，则在(　)中划“\”。

B_5. 您对产品服务(售前、售后)的感受(满意程度)
C_{51}. 产品广告(宣传)的可信度　　不满意 1 2 3 4 5 满意(　)
C_{52}. 产品的安装调试　　不满意 1 2 3 4 5 满意(　)
C_{53}. 机具的配件供应　　不满意 1 2 3 4 5 满意(　)
C_{54}. 售后服务的及时性
a. 厂方承诺在 12 小时内服务的及时性　　不满意 1 2 3 4 5 满意(　)
b. 厂方承诺在 24 小时内服务的及时性　　不满意 1 2 3 4 5 满意(　)
c. 厂方承诺在 48 小时内服务的及时性　　不满意 1 2 3 4 5 满意(　)
d. 厂方承诺在 72 小时内服务的及时性　　不满意 1 2 3 4 5 满意(　)
C_{55}. 售后服务人员解决问题的能力　　不满意 1 2 3 4 5 满意(　)
C_{56}. 售后服务人员的态度　　不满意 1 2 3 4 5 满意(　)

注：填写 C_{54} 项时，请您根据厂方承诺的售后服务时间，选择 a、b、c 和 d 项中的一项填写您的感受程度。

B_6. 您对产品价值的感知(满意程度)
C_{61}. 在同等价格的情况下，与同类型机具相比，你对该机的满意程度
不满意 1 2 3 4 5 满意(　)
C_{62}. 在同等质量的情况下，与同类型机具相比，你对该机的满意程度
不满意 1 2 3 4 5 满意(　)
C_{63}. 产品的性价比　　不满意 1 2 3 4 5 满意(　)

C$_{64}$. 配件价格　　不满意　1　2　3　4　5　满意(　)

C$_{65}$. 燃油消耗　　不满意　1　2　3　4　5　满意(　)

C$_{66}$. 维护保养费用　　不满意　1　2　3　4　5　满意(　)

C$_{67}$. 若再次购买玉米收获机,购买此品牌产品的可能性　　不可能　1　2　3　4　5　可能(　)

B$_{7}$. 您对产品的总体印象的感知(满意程度)

C$_{71}$. 您在购买前通过各种渠道(广告宣传、产品现场演示、用户口碑)了解到的机具质量状况与您使用后感受到的产品质量相比较

不满意　1　2　3　4　5　满意(　)

C$_{72}$. 机具的实际质量状况与您理想的机具质量状况相比较

不满意　1　2　3　4　5　满意(　)

C$_{73}$. 您对产品的总体满意度是　　不满意　1　2　3　4　5　满意(　)

您希望所使用的产品今后在哪些方面有所改进?怎样改进?

____

____

____

____

ICS 65.060.01
B 90

中华人民共和国农业行业标准

NY/T 2085—2011

小麦机械化保护性耕作技术规范

Technical specification for mechanized conservation tillage of wheat

2011-09-01 发布 2011-12-01 实施

中华人民共和国农业部 发布

前　言

本标准按照 GB/T 1.1—2009 给出的规则起草。

本标准由农业部农业机械化管理司提出。

本标准由全国农业机械标准化技术委员会农业机械化分技术委员会(SAC/TC201/SC2)归口。

本标准起草单位:农业部农业机械试验鉴定总站、甘肃省农业机械鉴定站。

本标准主要起草人:刘博、程兴田、闫发旭、金红伟、田金明、安长江、王祺、张天翊、徐子晟。

小麦机械化保护性耕作技术规范

1 范围

本标准规定了小麦机械化保护性耕作的术语和定义、作业流程、技术要求、安全要求。

本标准适用于小麦机械化保护性耕作。

2 规范性引用文件

下列文件对于本文件的应用是必不可少的。凡是注日期的引用文件，仅注日期的版本适用于本文件。凡是不注日期的引用文件，其最新版本(包括所有的修改单)适用于本文件。

GB 4285 农药安全使用标准

GB/T 4404.1 粮食作物种子 第1部分：禾谷类

GB/T 5262—2008 农业机械试验条件 测定方法的一般规定

GB/T 20865 免耕施肥播种机

JB/T 10295—2001 深松整地联合作业机

NY/T 1409—2007 旱地玉米机械化保护性耕作技术规范

NY/T 1411 小麦免耕播种机 作业质量

NY/T 1418 深松机质量评价技术规范

3 术语和定义

下列术语和定义适用于本文件。

3.1

残茬 crop residue

作物果实收获后，残留在地表以上作物秸秆、根茬和杂草的总称。

3.2

表土作业 surface soil operating

对表层土壤进行浅耕、除草、灭茬、镇压，实现疏松、碎土、平整地表、减少残茬覆盖的一种作业。

4 作业流程

小麦机械化保护性耕作作业流程一般为：前茬作物收获→残茬处理→深松作业→表土作业→小麦免耕播种→田间管理→小麦收获，可根据当地农艺要求对作业流程进行调整。

5 技术要求

5.1 前茬作物收获

当前茬作物进入蜡熟期，适时进行收获。采用机械收获时，收获后作物残茬应均匀覆盖地表。

5.2 残茬处理

可采用秸秆还田、表土作业等方式对残茬进行处理，以满足小麦免耕播种作业的要求及避免风大地区出现将秸秆吹走的现象。采用留根茬处理时，小麦、小杂粮留根茬高度应不小于150 mm；玉米留根茬高度应不小于200 mm。采用秸秆残茬粉碎作业质量见表1。

表 1 残茬粉碎作业质量指标

类 型	粉碎长度 mm	粉碎长度合格率 %
秸秆粉碎还田机	≤150	≥85
联合收获机	≤200	≥85

5.3 深松作业

5.3.1 作业条件

5.3.1.1 深松作业为选择性作业。一般情况下，0 mm～200 mm 壤质土壤容积质量≥1.3 g/cm^3，黏质土壤容积质量≥1.5 g/cm^3 的地块及首次实施机械化保护性耕作或连续实施机械化保护性耕作 2 年～3 年的地块，应进行深松作业。土壤容积质量测量方法按 GB/T 5262—2008 中 7.2.3 的规定进行。

5.3.1.2 深松作业时，应选择机具适耕条件，一般土壤绝对含水率 10%～22%为宜。土壤绝对含水率测量方法按 GB/T 5262—2008 中 7.2.1 的规定进行。

5.3.2 作业要求

在残茬处理后进行。不翻动土壤，不破坏地表覆盖。局部深松间隔 400 mm～600 mm，其他作业质量指标应符合 NY/T 1418 的规定。深松深度测量方法按 JB/T 10295—2001 中 6.2.2.1 的规定进行。

5.4 表土作业

5.4.1 作业条件

表土作业为选择性作业。作物收获后，对残茬进行检查，当地表残茬覆盖量≥0.6 kg/m^2、地表平整度≥100 mm 或实施深松作业后应进行表土作业。在风大地区应采取表土作业以固定残茬，避免出现风将秸秆吹走的现象。地表残茬覆盖量按 NY/T 1409—2007 中 5.1.3 的规定进行，地表平整度测量方法按 JB/T 10295—2001 中 6.2.2.7 的规定进行。

5.4.2 作业要求

表土作业根据残茬处理方式，可以在秋季残茬粉碎还田后或春季播种前进行；实施深松作业后，可立即进行表土作业。作业深度为 30 mm～80 mm。当残茬量较大时，作业深度可增加到 80 mm～120 mm，作业后的地表平整度≤50 mm，地表残茬覆盖量为 0.3 kg/m^2～0.6 kg/m^2。

5.5 小麦免耕播种作业

5.5.1 作业条件

种子应符合 GB/T 4404.1 的规定，化肥宜选用无结块肥料，小麦免耕施肥播种机应符合 GB/T 20865 的要求，土壤绝对含水率以 12%～20%为宜。

5.5.2 作业要求

根据当地的农艺适时播种。小麦免耕施肥播种机作业质量应符合 NY/T 1411 的规定，施肥量应符合 GB/T 20865 的要求。

5.6 田间管理

机械化保护性耕作作业对农作物病虫草害以生物和化学防治为主，农作物病虫草害使用的农药用法和用量应符合 GB 4285 的规定。

5.6.1 杂草防治

播种后出苗前及时喷洒封闭型除草剂。在作物生长期，应根据草相及早定向喷洒对应的除草剂。除草剂应合理配方，药剂搅拌均匀，适时喷洒。药剂喷洒后，机具不应立即进地作业。

5.6.2 病虫害防治

观察小麦生育期病虫害潜伏及萌发状况，一经发现，及时防治。防治措施可采用生物防治、物理防治以及化学防治等多种技术。采用化学防治时，应根据病虫害种类选择合适的药剂，合理配比，适时喷药。

5.6.3 中期追肥(选择性作业)

根据作物生长情况决定是否追肥,追肥时间及追肥量等技术要求应符合当地农艺规范。根据所用的肥料选择适宜的机具。

5.6.4 后期叶面喷肥(选择性作业)

小麦生育后期生长较弱时,应根据作物生长状况,适时适量进行叶面喷肥,也可与生物激素混合喷施。

6 安全要求

6.1 所选用作业机具应符合国家标准和行业标准有关机具的安全性能要求。

6.2 机具的操作者应经过培训,需持证上岗的应取得相应的资格。

6.3 选用的农药、除草剂应符合 GB 4285 的要求。

ICS 65.060.01
B 90

中华人民共和国农业行业标准

NY/T 2086—2011

残地膜回收机操作技术规程

Technical regulation for operation of residual plastic film recycling machine

2011-09-01 发布　　2011-12-01 实施

中华人民共和国农业部 发布

前 言

本标准按照 GB/T 1.1—2009 给出的规则起草。

本标准由农业部农业机械化管理司提出。

本标准由全国农业机械标准化技术委员会农业机械化分技术委员会(SAC/TC201/SC2)归口。

本标准起草单位:农业部棉花机械质量监督检验测试中心、新疆农业科学院农机化研究所、新疆天诚农机具制造有限公司、新疆科农机械制造有限责任公司、新疆奎屯吾吾农机制造厂。

本标准主要起草人:王勇、马惠玲、赛丽玛、陈发、于永良、张和平、包建刚。

残地膜回收机操作技术规程

1 范围

本标准规定了残地膜回收机操作时的安全注意事项、作业前的准备、作业操作规程、作业路线及作业方式、操作人员要求及保养与存放。

本标准适用于残地膜回收机的操作。

2 安全注意事项

2.1 必须保证机组的安全标志和示廓反射器(如有)清楚易见,不得遮掩。

2.2 机具运行中,机具上严禁站人或坐人。

2.3 机具作业中,发现有异常声响或堵塞时,应立即停机检查,排除故障。

2.4 在机具下方调整和保养时,必须将机具支撑稳定,以免发生危险。

2.5 机具维护、保养后,必须保证机具的安全防护装置完好,且安装牢固。

2.6 机具起落前,机手应先警示,待机具附近无人时方可操作。

2.7 机组在道路行驶时,先将机具升起,必须锁紧机具液压油缸的锁紧装置和拖拉机液压锁定装置,防止机具下落伤人或损坏机具。对于折叠式机具,应在折叠状态下行驶。

2.8 机具停放应稳固、可靠。

2.9 不得进行可能引起机具安全性能下降的改动。

3 作业前准备

3.1 配套动力机械选择

按照残地膜回收机使用说明书的要求,选择适当的配套动力机械。

3.2 机组连接

3.2.1 机牵引式机具,将机具的牵引装置与拖拉机牵引头正确连接,锁定插销。具有液压装置的机具,应将液压油管连接牢固。

3.2.2 悬挂式机具,将机具与拖拉机正确连接,锁定插销。调整拖拉机悬挂装置的中央拉杆及左右拉杆,使机具保持水平。

3.2.3 有动力输入的机具,应将万向节传动轴正确连接,并安装安全防护套。

3.3 检查

3.3.1 按照使用说明书要求对机组进行全面检查、调整和保养。

3.3.2 清理机具各部件上的杂物,确保工作部件是否完好。

3.3.3 将机组停放在平地上,起动液压装置,使机具升降 2 次～3 次,观察机具是否升降灵活,确保液压装置无渗漏油。如有故障,及时排除。

4 作业操作规程

4.1 机具安装、调试完毕后,应再检查一遍紧固螺栓、螺母有无松动现象,与配套拖拉机联接及液压油管联接是否安全可靠。一切正常后,方可进行试作业。

4.2 在进行试作业距离不小于 30 m 后,检查机具的作业质量应满足农艺要求,方可投入正常作业,否则须对机具重新进行调整。

4.3 每班作业前应检查机组技术状态是否良好，随时清除机组上的黏土和杂物。班后须检查机组状态是否完好，如有损坏应及时维修或更换。

4.4 作业中转弯、调头及在路面行走时，须将残地膜回收机提离地面一定高度，防止工作部件与地面碰撞。工作时缓慢放下，不得撞击，以免损坏机件。

5 作业路线及作业方式

5.1 作物收获后，在留有作物秸秆的作业地作业（主要适用于秸秆还田及残地膜回收联合作业机）时，应按机具的作业幅宽及作物种植模式调整机组的轮距，使机组作业时轮子行走在交接行中；根据说明书的要求调整收膜装置的入土深度，机组顺着铺膜方向，采用梭形方式进行作业。

5.2 经过秸秆还田，残茬高度不大于 12 cm 的未耕地作业（主要适用于弹齿式残地膜回收机）不少于两遍作业。第一遍是机组垂直铺膜方向进行作业，第二遍是机组顺着铺膜方向进行作业。采用梭形作业方式，每作业一行程，将残地膜及杂物卸在作业地边沿，并清理机具的缠膜及杂物。

5.3 经过耕、整后的作业地采用梭式作业方式，纵、横方向各一遍作业。

5.4 作业速度应符合说明书的要求。

6 操作人员要求

6.1 操作人员应有拖拉机驾驶证，并经过农机具基础知识培训，熟知机具的基本工作原理。

6.2 操作人员应了解当地作业环境。

7 保养与存放

7.1 机具应按照使用说明书要求进行维护保养。

7.2 对机具进行维护保养时，至少有以下内容：

a) 日常班前、班后保养。每班工作完毕，应清理机具上的黏土和杂物。检查易损件损坏、磨损情况，及时修理或更换。

b) 整机应贮存在通风、干燥的场所。残地膜回收机长期停止使用时，应进行一次保养、维修，清除附着废物，采取防晒、防雨雪、防锈措施；也可拆成若干部分存放，各滑动配合部位涂防锈油。

7.3 入库存放，应停放在平坦、干燥的地方，使之处于自由状态。

ICS 65.060.30
B 91

中华人民共和国农业行业标准

NY/T 2087—2011

小麦免耕施肥播种机　修理质量

Repairing quality for no-tillage fertilizer and seed drill of wheat

2011-09-01 发布　　2011-12-01 实施

中华人民共和国农业部　发布

前　言

本标准按照GB/T 1.1—2009给出的规则起草。

本标准由农业部农业机械化管理司提出。

本标准由全国农业机械标准化技术委员会农业机械化分技术委员会(SAC/TC 201/SC2)归口。

本标准负责起草单位:河北省农机修造服务总站。

本标准参加起草单位:农业部农业机械试验鉴定总站、保定市农机工作站、中国农业大学、河北农哈哈机械集团有限公司、河北华勤机械股份有限公司。

本标准主要起草人:江光华、曲桂宝、宋林平、刘志刚、李问盈、李万福、吴运涛、耿立星、彭钊。

小麦免耕施肥播种机　修理质量

1　范围

本标准规定了小麦免耕施肥播种机主要零部件、总成及整机的修理技术要求、检验方法、验收与交付要求。

本标准适用于带状旋耕刀式小麦免耕施肥播种机主要零部件、总成及整机的修理质量评定;其他型式小麦免耕施肥播种机可参照执行。

2　规范性引用文件

下列文件对于本文件的应用是必不可少的。凡是注日期的引用文件,仅注日期的版本适用于本文件。凡是不注日期的引用文件,其最新版本(包括所有的修改单)适用于本文件。

GB/T 5669　旋耕机械　刀和刀座

GB 10395.1　农林机械　安全　第1部分:总则

GB 10395.9　农林拖拉机和机械　安全技术要求　第9部分:播种、栽种和施肥机械

GB/T 20865—2007　免耕施肥播种机

JB/T 6274.1—2001　谷物条播机　技术条件

NY/T 1630—2001　农业机械修理质量标准编写规则

3　术语和定义

NY/T 1630界定的以及下列术语和定义适用于本文件。

3.1

农业机械修理质量　repairing quality for agricultural machinery

农业机械修理后满足其修理技术要求的程度。

3.2

标准值　normal value

产品设计图纸及图样规定应达到的技术指标数值。

3.3

极限值　limiting value

零、部件应进行修理或更换的技术指标数值。

3.4

修理验收值　repairing accept value

零、部件经过修理后应达到的技术指标数值。

4　修理技术要求

4.1　一般要求

4.1.1　小麦免耕施肥播种机修理前应经技术状态检查,判明故障现象,明确修理项目和方案,做好记录,并签订农业机械维修合同。

4.1.2　产品使用说明书有修理技术规定的按规定执行,没有规定的按本标准执行。

4.1.3　修理拆装时,对轴承等有特殊要求的零部件应使用专用工具。对主要零件的基准面或精加工

面，应避免碰撞或敲击。对不能互换、有装配规定的零部件，应做好记号按原位装回。

4.1.4 焊接的机架、刀轴等部件不应有扭曲变形、开焊等现象。

4.1.5 各部位螺栓、螺母配用的垫圈、开口销及锁紧垫片等，应按原机装配齐全。

4.1.6 齿轮箱、刀轴等零部件结合部位应密封良好，不得有漏油现象。

4.1.7 修理选用的或自行配制的零部件、总成应符合有关标准和技术文件要求，并经检验合格。

4.2 刀轴

4.2.1 刀轴安装轴承位轴径的同轴度极限值为 0.6 mm，修理验收值不大于 0.3 mm。

4.2.2 刀轴的圆跳动公差极限值为 3.0 mm，修理验收值不大于 1.5 mm。

4.2.3 刀轴应校直，修理验收值每米长度上的直线度不大于 3.0 mm。

4.2.4 刀座工作平面与刀轴中心线垂直度修理验收值不大于 2 mm。刀座应符合 GB/T 5669 的规定。

4.2.5 刀座与刀轴管焊接时，应进行预热或采取保温措施，以减小焊接变形。焊合后，应进行退火处理，以消除内应力。

4.2.6 刀轴上的焊缝应平整，其高度的修理验收值应为 5 mm～8 mm，不得有影响强度的缺陷。

4.2.7 刀轴修复安装后，其空载转动力矩不大于 15 N·m。

4.3 旋耕刀

4.3.1 旋耕刀丢失、断裂后，应对称更换。旋耕刀应符合 GB/T 5669 中的规定。

4.3.2 弯刀在旋转半径方向上磨损量大于 25 mm 或直刀磨损量大于 30 mm 时应更换。

4.3.3 旋耕刀磨损量超过 4.3.1 的规定，且其数量大于整机旋耕刀总量的 30%时，应整组更换。

4.4 开沟器

当播种（施肥）开沟器出现影响播种性能的磨损、变形等现象时，应进行更换。

4.5 机架

4.5.1 侧板的平面度公差极限值为 5.0 mm，修理验收值不大于 2.5 mm。

4.5.2 两侧板上刀轴孔的同轴度公差极限值为 3.0 mm，修理验收值不大于 1.0 mm。

4.5.3 两侧板与横梁的垂直度公差极限值为 5.0 mm，修理验收值不大于 3.0 mm。

4.5.4 机架横梁在全长上的直线度公差：当横梁长度不大于 2.5 m 时极限值为 5.0 mm；修理验收值不大于 3.0 mm；长度大于 2.5 m 时极限值为 6.0 mm，修理验收值不大于 4.0 mm。

4.5.5 机架各梁之间、两侧板之间的平行度公差：当梁长度不大于 1.5 m 时极限值为 7.0 mm，修理验收值不大于 3.5 mm；长度大于 1.5 m～2.5 m 时极限为 10.0 mm，修理验收值不大于 5.0 mm；长度大于 2.5 m 时极限为 12.0 mm，修理验收值不大于 6.5 mm。

4.5.6 机架框架对角线之差：当框架对角线长度不大于 1.5 m 时极限值为 7.0 mm，修理验收值不大于 3.5 mm；长度大于 1.5 m～2.5 m 时极限为 10.0 mm，修理验收值不大于 5.0 mm；长度大于 2.5 m 时极限为 12.0 mm，修理验收值不大于 6.5 mm。

4.6 地轮（镇压轮）

4.6.1 地轮（镇压轮）轴的直线度公差极限值为 1 mm，修理验收值不大于 0.5 mm。

4.6.2 地轮（镇压轮）端面圆跳动修理验收值不大于 7.0 mm；径向圆跳动修理验收值不大于 5.0 mm。

4.6.3 地轮（镇压轮）轴安装轴承位的同轴度公差极限值为 1.0 mm，修理验收值不大于 0.3 mm。

4.6.4 地轮（镇压轮）空载转动力矩修理验收值不大于 15 N·m。

4.7 传动装置

4.7.1 齿轮箱

4.7.1.1 箱体不应有裂纹等缺陷。

4.7.1.2 齿轮副磨损达到下列规定之一时，应成对更换：

—— 在轴承处于标准间隙的情况下，齿侧间隙修理验收值不大于 2.0 mm；

—— 相邻两齿面剥落斑痕长度修理验收值不小于齿宽的 25%。

4.7.1.3 装配锥齿轮副时，在齿背平齐的情况下，齿侧间隙修理验收值不大于 0.4 mm；齿面接触印痕在长度方向修理验收值应不少于齿长的 60%，在宽度方向修理验收值应不少于齿高的 40%，并且应均匀地分布在分度圆附近。

4.7.1.4 动力输入轴花键和输出轴花键以及各齿轮的工作面应完好、无损伤。

4.7.1.5 各油封、结合面垫片、螺塞应齐全、完好，结合应严密、无渗漏。

4.7.1.6 齿轮箱装配完成后，用手转动应平稳自如，不应有卡滞及异响。

4.7.1.7 齿轮箱维修、安装、调整完成后，应进行试运转检验：

首先，向齿轮箱中注入柴油，运转清洗 10 min 后将油完全放空，并将沉淀物清洗干净；然后，再注入齿轮油，按正常的工作转速和转向试运转 30 min。试运转期间齿轮箱应工作平稳，无卡碰和异响。停机后，检查以下项目：

a) 紧固性：各连接件紧固件不得松动；

b) 密封件：静结合面应无渗油，动结合面应无滴油；

c) 温升：轴承座、轴承部位不大于 30℃，齿轮箱不大于 25℃。

4.7.2 链传动

4.7.2.1 链轮的轮齿、轴孔及键槽等工作面应完好。

4.7.2.2 同一传动回路的主、被动链轮，其位置度偏差修理验收值不大于 2 mm。

4.7.2.3 链条应完好、无损伤，链传动应平稳。

4.7.2.4 张紧装置应有效，保证链条不脱落。

4.8 排种、排肥机构

4.8.1 排种轴、排肥轴的空载阻力矩应符合 GB/T 20865—2007 中 4.5.4 的规定。

4.8.2 播量调整器应符合 JB/T 6274.1—2001 中 3.6.6 的规定。

4.8.3 同一排种(排肥)轴上的各个排种(排肥)器，在任何位置时其槽轮工作长度之差的修理验收值不大于 1.0 mm。

4.8.4 种(肥)箱的结合处不得漏种(肥)，排种(排肥)盒与箱底板局部间隙的修理验收值不大于 1.0 mm。

4.8.5 排种(排肥)轴在全长上的直线度公差，极限值为 5.0 mm，修理验收值不大于 3.0 mm。

4.9 整机

4.9.1 不得有妨碍操作、影响安全及限制原机性能的改装。

4.9.2 修理后的整机性能指标应符合 GB/T 20865—2007 中 4.2 的规定。

4.9.3 修理后的总装技术要求应符合 GB/T 20865—2007 中 4.6 的规定。

4.9.4 修理后的整机或零部件外表应按原件的要求进行表面处理，需涂漆部位不应裸露。

4.9.5 播种(施肥)开沟器最低点应不低于旋耕刀回转最低点。

4.9.6 旋耕刀与播种(施肥)开沟器的横向间距应不小于 10.0 mm。

4.10 安全防护装置

链条、万向节及刀轴等处设置的防护罩、防护板等应保持齐全完好，安装牢固。护罩的颜色应按照原机的颜色涂漆。维修后，整机的安全技术要求应符合 GB 10395.1 与 GB 10395.9 的规定。

4.11 安全标志

在种、肥箱的前后面板和左右侧板、各种防护罩、防护板及脚踏板等部位，按使用说明书要求设置的永久性安全警告及安全操作注意事项等标志应保持清晰、可视。

5 检验方法

性能检验按 GB/T 20865—2007 中第 5 章的规定执行。

6 验收与交付

6.1 整机或零部件修理后，其性能和技术参数达到本标准的规定为修理合格。

6.2 整机或零部件修理后，经过检验不合格的修理项目应返修处理。

6.3 修理合格的小麦免耕施肥播种机在办理交接手续时，承修单位应随机交付修理合格证明、保修单和维修记录单等资料。资料中一般应包含小麦免耕施肥播种机的型号、名称、修理内容、数量、价格和修理时间等信息，并由送修人和承修人签字等。

6.4 对交付用户的小麦免耕施肥播种机，应按农业机械维修合同规定的保修期执行保修。

ICS 65.060.01
B 90

中华人民共和国农业行业标准

NY/T 2088—2011

玉米青贮收获机 作业质量

Operation quality of corn silage harvesting machine

2011-09-01 发布 2011-12-01 实施

中华人民共和国农业部 发布

前　言

本标准按照GB/T 1.1—2009给出的规则起草。

本标准由农业部农业机械化管理司提出。

本标准由全国农业机械标准化技术委员会农业机械化分技术委员会(SAC/TC 201/SC 2)归口。

本标准起草单位:农业部农业机械试验鉴定总站、北京市农业机械试验鉴定推广站。

本标准主要起草人:李博强、张京开、王丽洁、梁井林、石文海。

玉米青贮收获机　作业质量

1　范围

本标准规定了玉米青贮收获机作业质量要求、检测方法和检验规则。

本标准适用于玉米青贮收获机作业质量的评定。

2　术语和定义

下列术语和定义适用于本文件。

2.1

割茬高度　shears the stubble altitude

作物收获后，留在地块中的禾茬顶端到地面的高度。垄作作物以垄顶为测量基准。

2.2

作物倒伏程度　degree of lodging

用不倒伏、中等倒伏和严重倒伏表示。茎秆顶部和基部连线与地面垂直线间夹角为倒伏角。倒伏角 0°～30°为不倒伏，30°～60°为中等倒伏，60°以上为严重倒伏。

2.3

损失率　loss rate

玉米青贮收获机正常作业时，在收获面积上损失的物料质量占该收获面积上物料总质量的百分比。

2.4

合格切碎长度　qualified chopped length of cut

秸秆切碎后符合要求的秸秆长度。

2.5

切碎长度合格率　chopped length of the pass rate

切碎长度合格的秸秆质量占收获秸秆总质量的百分比。

3　作业质量要求

3.1　作业条件

3.1.1　玉米全株(含穗)青贮收获在玉米乳熟期至蜡熟期进行，玉米秸秆青贮收获在玉米成熟后适时进行。

3.1.2　青贮收获作业选择秸秆不倒伏、茎秆含水率在 65%～70%的条件下进行，作业地块的条件基本符合机具的作业适应范围。

3.2　质量指标

在本标准 3.1 规定的作业条件下，玉米青贮收获机作业质量应符合表 1 的规定。若作业条件不符合 3.1 的规定时，作业服务方和被服务方可协商修改表 1 中的指标。

表 1　作业质量指标

序号	项　　目	质量指标	检测方法对应的条款号
1	损失率，%	≤5	4.2.2
2	切碎长度合格率，%	≥95	4.2.3
3	割茬高度，mm	≤150	4.2.1

表 1（续）

序号	项　目	质量指标	检测方法对应的条款号
4	收获后地表状况	无机械造成的明显油污染；无漏割，地头、地边处理合理	4.2.4
注：合格切碎长度，牛为 3 cm～5 cm，羊为 2 cm～3 cm。			

4　作业质量检测方法

作业质量评定在收获后进行。

4.1　抽样方法

在收获地块内，沿地块长、宽方向的中心线将地块划分成 4 块，分别以每块中心和地块中心为测点，确定出 5 个检测点的位置。

4.2　检测方法

4.2.1　割茬高度

按照 4.1 确定的 5 个测点，每点处在工作幅宽上测定左、中、右 3 点的割茬高度，其平均值为该点处的割茬高度，求 5 个取样点的平均值。

4.2.2　损失率

在按照 4.1 选取的 5 个测点内，沿收获机前进方向划取长 2 m、宽为该机工作幅宽的取样区域，在取样区域内捡拾所有抛撒损失的茎秆、割取割茬高于 150 cm 的部分以及漏割的秸秆，秤其质量并换算为每平方米作物损失量，根据收获的作物质量和与其对应的收获面积，计算每平方米作物质量。按式(1)计算损失率，求 5 点的平均值。

$$F = \frac{m_s}{m_j + m_s} \times 100 \qquad (1)$$

式中：

F——损失率，单位为百分率(%)；

m_s——每平方米作物损失量，单位为克(g)；

m_j——每平方米作物质量，单位为克(g)。

4.2.3　切碎长度合格率

从收获的作物中随机取 3 个小样，每个小样不少于 2 kg。在含水量变化不大的情况下，按表 1 给定的合格切碎长度对小样进行分级，求出每个小样中作物切碎长度合格率。求出 3 次合格率的平均值。

4.2.4　收获后地表状况及污染情况

用目测法观察收获的茎秆和地块内有无收获机械造成的明显油污染；观察地块中有无漏割，地头、地边的处理是否合理。

5　检验规则

5.1　不合格项目分类

被检项目不符合本标准第 3 章相应要求时，判该项目不合格。检测项目按其对玉米青贮收获机作业质量的影响程度分为 A 类和 B 类。检测项目分类见表 2。

表 2　检测项目分类表

项目分类		检测项目名称
类	项	
A	1	损失率
	2	切碎长度合格率

表 1（续）

项目分类		检测项目名称
类	项	
B	1	割茬高度
	2	收获后地表状况

5.1.1 评定规则

对确定的检测项目逐项考核。A 类项目全部合格，B 类项目不多于 1 项不合格时，判定玉米青贮收获机作业质量为合格；否则为不合格。

ICS 65.060.01
B 90

中华人民共和国农业行业标准

NY/T 2089—2011

油菜直播机　质量评价技术规范

Technical specification of quality evaluation for rape direct seeding machine

2011-09-01 发布　　　　2011-12-01 实施

中华人民共和国农业部　发布

前　言

本标准按照GB/T 1.1—2009给出的规则起草。

本标准由农业部农业机械化管理司提出。

本标准由全国农业机械标准化技术委员会农业机械化分技术委员会(SAC/TC 201/SC 2)归口。

本标准起草单位:上海市农业机械试验鉴定站、上海市农业机械研究所。

本标准主要起草人:袁益明、刘建政、闻俊、谢海红、陈海英。

油菜直播机　质量评价技术规范

1　范围

本标准规定了油菜直播机的质量要求、检测方法和检验规则。

本标准适用于窝眼轮式、外槽轮式排种器播种机的质量评定；其他播种类型的油菜直播机可参照执行。

2　规范性引用文件

下列文件对于本文件的应用是必不可少的。凡是注日期的引用文件，仅注日期的版本适用于本文件。凡是不注日期的引用文件，其最新版本(包括所有的修改单)适用于本文件。

GB/T 2828.1　计数抽样检验程序　第1部分：按接受质量限(AQL)检索的逐批检验抽样计划

GB 4407.2　经济作物种子　第2部分：油料类

GB/T 5262　农业机械试验条件　测定方法的一般规定

GB/T 5667　农业机械　生产试验方法

GB/T 9480　农林拖拉机和机械、草坪和园艺动力机械　使用说明书编写规则

GB 10395.1　农林机械　安全　第1部分：总则

GB 10395.9　农林拖拉机和机械安全技术要求　第9部分：播种、栽种和施肥机械

GB 10396　农林拖拉机和机械、草坪和园艺动力机械　安全标志和危险图形　总则

GB/T 13306　标牌

JB/T 5673　农林拖拉机及机具涂漆　通用技术条件

JB/T 9832.2　农林拖拉机及机具　漆膜　附着性能测定方法　压切法

3　基本要求

3.1　文件资料要求

油菜直播机产品进行质量评价所需要的文件资料应包括：

a)　产品规格确认表(附录A)；

b)　企业产品执行标准或产品制造验收技术条件；

c)　产品使用说明书；

d)　三包凭证；

e)　样机照片。

3.2　主要技术参数核对与测量

对样机主要技术参数按照表1进行核对或测量，确认样机与技术文件规定的一致性。

表1　核测方法与项目

序号	项　目	方　法
1	油菜直播机型号	核对
2	外形尺寸(长×宽×高)，mm	测量
3	配套动力，kW	核对
4	工作幅宽，m	测量
5	工作行数	核对
6	行距，mm	测量

表 1（续）

序号	项 目		方 法
7	离地间隙,mm		测量
8	种子箱	容积,L	测量
		数量,个	核对
9	肥料箱	容积,L	测量
		数量,个	核对
10	排种器	型式	核对
11		数量,个	核对
12		排量调节方式	核对
13	排肥器	型式	核对
14		数量,个	核对
15		排量调节方式	核对

3.3 试验条件

3.3.1 试验用种子

按油菜直播机使用说明书的规定选择油菜种子,其品质应符合 GB 4407.2 的要求。

3.3.2 试验用地

3.3.2.1 选择当地有代表性的田块作为试验用地。地势应平坦,无障碍物,整地质量应符合农业技术要求。空段率、播种均匀性试验应在铺有滑石粉的平整坚固的水泥场地进行。

3.3.2.2 试验地测区长度不小于 20 m,两端预备区不小于 10 m,宽度应满足性能试验的要求。

3.3.2.3 对试验地状况及环境条件进行调查、测定,应按 GB/T 5262 的有关规定进行。

3.3.3 播种(肥)量

油菜直播机在进行播种性能、种子破损率和播种均匀性试验时,规定播种量在 3.5 kg/hm^2～6.0 kg/hm^2 范围。排肥量在 150 kg/hm^2～180 kg/hm^2 范围。

3.3.4 作业速度

播种性能试验,播种机的作业速度为 2 km/h～4 km/h。

3.3.5 主要仪器设备要求

仪器设备应进行检定或校准,且在有效期内。被测参数准确度要求应满足表 2 的规定。

表 2 主要仪器设备测量范围和准确度要求

序号	被测参数	测量范围	测量准确度
1	长度	0 m～50 m 0 m～5 m	±1 mm
2	质量	200 g	±0.1 g
3	时间	0 h～24 h	±0.1 s/24 h
4	温度	0℃～50℃	±1℃
5	湿度	0% RH～100% RH	±5% RH
6	风速	0 m/s～3 m/s	±0.1 m/s
7	土壤坚实度	2.5 MPa	±0.005 MPa
8	力矩	0 N·m～500 N·m	±1%

4 质量指标

4.1 一般要求

油菜直播机产品应按批准的图样及技术文件制造,并符合有关标准的规定。

4.2 性能指标

油菜直播机的排种(肥)性能在规定的作业速度为 2 km/h～4 km/h 时,在油菜排种量为 3.5 kg/hm^2～6.0 kg/hm^2、排肥量为 150 kg/hm^2～180 kg/hm^2 的条件下,性能指标应符合表 3 的规定。

表 3 性能指标

序号	项目	指标	对应的检测方法条款号
1	各行排种量一致性变异系数,%	≤6.0	5.1.1
2	总排种量稳定性变异系数,%	≤1.3	5.1.2
3	种子破损率,%	≤1.0	5.1.4
4	空段率,%	≤3.5	5.1.3
5	播种均匀性变异系数,%	≤45	5.1.3
6	各行排肥量一致性变异系数,%	≤13.0	5.1.1
7	总排肥量稳定性变异系数,%	≤7.8	5.1.2
8	可靠性(有效度),%	≥90	4.7
9	生产率,hm^2/h	不小于使用说明书明示范围上限值的 85%	/

4.3 安全性

4.3.1 安全要求

4.3.1.1 油菜直播机的结构应合理,传动部件、悬挂架、机架相联接的紧固件强度等级,螺栓应不低于 8.8 级,螺母应不低于 8 级。

4.3.1.2 外露的齿轮、链轮传动部件应有可靠的安全防护装置,安全防护装置和安全距离应符合 GB 10395.1 和 GB 10395.9 的规定。

4.3.1.3 工作时需要有人在上面操作的油菜直播机应装有宽度不小于 300 mm 的防滑脚踏板,其前端有高度不小于 75 mm 的安全挡板。脚踏板距地面的高度不大于 300 mm。扶手应装在种子箱上,脚踏板和扶手的长度应于种子箱适当。

4.3.1.4 油菜直播机的种(肥)箱装载高度应不大于 1 000 mm。

4.3.1.5 种(肥)箱盖开启时应有固定装置,作业时,不应由于振动颠簸或风吹而自动打开。

4.3.1.6 在道路运输中,划行器不应超出机具的规定宽度。在运输状态,划行器应能锁定。

4.3.1.7 油菜直播机单独停放时,应保持稳定、安全。

4.3.1.8 使用说明书中应规定安全操作和维护保养的措施及方法。

4.3.2 安全标志

4.3.2.1 在有危险的运动部位,如油菜直播机升降、划行器升降、齿轮啮合部位和链轮、链条啮合部位等,应在其附近固定永久性的安全警示标志。其标志应符合 GB 10396 的规定。

4.3.2.2 对操作、保养、维修人员有危害(险)的部位,应固定安全警示标志。油菜直播机应在驾驶员可视的明显位置标上“注意”及“播种时不可倒退”的标志。

4.4 涂漆外观质量

4.4.1 涂漆外观质量应符合 JB/T 5673 的规定,测 3 点,漆膜附着力均应不低于Ⅱ级。

4.4.2 油菜直播机的外观应整洁,不得有锈蚀、碰伤等缺陷。油漆表面应平整、均匀和光滑,不得有露底、皱皮和剥落等缺陷。

4.5 操作方便性

4.5.1 各调节机构和操纵机构应保证操作方便。

4.5.2 与配套主机联接应方便、可靠。

4.5.3 排种(肥)器调节方便,定位准确、可靠。

4.5.4 种(肥)箱应有清理口，清理应方便且不留死角。

4.6 整机装配质量

4.6.1 整机装配应完整，操纵灵活、平稳和可靠，不应有卡阻现象。

4.6.2 空载转动时，同一排种器轴在不大于 10 N·m 力矩作用下应转动灵活。

4.6.3 空载转动时，同一排肥器轴在不大于 20 N·m 力矩作用下应转动灵活。

4.6.4 排种装置总成在动力分离、颠簸震动时不应有漏种现象。

4.6.5 传动箱体各结合面不应漏油；传动系统不应有异常响声。

4.7 可靠性

4.7.1 油菜直播机使用可靠性(有效度)不低于 90%。

4.7.2 与大于 15 kW 拖拉机配套的油菜直播机每米幅宽平均首次故障前作业量应不小于 25 hm^2，与小于或等于 15 kW 拖拉机配套的油菜直播机每米幅宽平均首次故障前作业量应不小于 20 hm^2。

4.8 使用信息

4.8.1 使用说明书

使用说明书的内容和编写应符合 GB/T 9480 的规定，内容完整、准确。

4.8.2 标牌

标牌的形式、尺寸应符合 GB/T 13306 的规定，内容应包括：

a) 制造厂名称；
b) 产品型号及名称；
c) 主要技术参数；
d) 产品出厂编号；
e) 产品生产日期；
f) 产品执行标准。

4.9 三包凭证

至少应包括以下内容：

a) 产品品牌、型号规格、生产日期、购买日期和产品编号；
b) 生产者的名称、联系地址和电话；
c) 销售者、修理者的名称、联系地址和电话；
d) 三包项目；
e) 三包有效期(包括整机三包有效期，主要部件质量保证期以及易损件和其他零部件的质量保证期，其中整机三包有效期和主要部件质量保证期不得少于一年)；
f) 销售记录(应包括销售者、销售地点、销售日期和购机发票号码等项目)；
g) 修理记录(应包括送修时间、交货时间、送修故障、修理情况、换退货证明等项目)。

5 检验方法

5.1 性能试验

播种试验测定时，接取各排种(肥)口的种子进行称重。每次试验应测定 5 次，每次测定接取种子的时间不少于 60 s。播种均匀性试验的播种有效长度不少于 20 m。

5.1.1 各行排种(肥)量一致性测定

排种(肥)量测定行数不少于 6 行，少于 6 行的机型应全测。测定每行的平均排种(肥)量 $\bar{x}$ 后，计算各行间排种(肥)量一致性的标准差 S 及变异系数 α。

各行排种(肥)量的平均值 $\bar{x}$，按式(1)计算：

$$\bar{x}=\frac{1}{n}\sum x \quad\cdots\cdots(1)$$

式中：

$\bar{x}$——各行排种(肥)量的平均值,单位为克(g)；

n——测定行数；

x——每个排种(肥)器的排量,单位为克(g)。

各行间排种(肥)量一致性的标准差 S,由式(2)计算：

$$S=\sqrt{\frac{1}{n-1}\times\sum(x-\bar{x})^2} \quad\cdots\cdots(2)$$

各行排种(肥)量一致性变异系数 α,按式(3)计算：

$$\alpha=\frac{S}{\bar{x}}\times 100 \quad\cdots\cdots(3)$$

注：在式(2)中,当 $n<30$ 时,分母取 $n-1$；当 $n\geqslant 30$ 时,分母取 n。

5.1.2 总排种(肥)量稳定性测定

按油菜播种技术要求的播种量进行播种,测定全行数的总排种量,测定重复 5 次。测定总排种量的平均值后,计算总排种量稳定性的标准差及变异系数。计算公式同式(1)、式(2)和式(3)。

5.1.3 播种量均匀性变异系数与空段率测定

对播下的种子进行计数测定。沿长度方向将滑石粉铺成带状,厚度为种子直径的 1/2,宽度大于播种幅度,按每 100 mm 分段,各小区内每行连续取段不少于 30 段,分别测定各段内种子粒数。计算平均粒数、标准差、变异系数及空段数占总段数的百分率。

5.1.4 种子破损率

测量种子破损率时,可与各行排种量一致性项目同时测定。

从各个排种器排出的种子中取出 5 个样本,每份质量约 50 g。混合均匀后,秤 100 g 样本,选出其中破损的种子称其质量,计算破损种子质量占样本总质量的百分比,再减去试验前测定的种子原始破损率。重复 5 次,取平均值。破损率按式(4)、式(5)和式(6)计算：

$$P_0=\frac{W_0}{W_{yo}}\times 100 \quad\cdots\cdots(4)$$

$$P_t=\frac{W_t}{W_{yt}}\times 100 \quad\cdots\cdots(5)$$

$$P=P_t-P_0 \quad\cdots\cdots(6)$$

式中：

P——破碎率,单位为百分率(%)；

P_0——原始种子破损率,单位为百分率(%)；

P_t——播种后种子破损率,单位为百分率(%)；

W_t——播种后破损种子质量,单位为克(g)；

W_0——原始破损种子质量,单位为克(g)；

W_{yo}——原始样本质量,单位为克(g)；

W_{yt}——播种后样本质量,单位为克(g)。

5.1.5 作业速度

测定机组在测定时间内的前进距离,测区长度为 20 m,测定机组每一行程的速度,并计算平均值。按式(7)计算。

$$V=\frac{L}{t} \quad\cdots\cdots(7)$$

式中：

V——机组前进速度，单位为米每秒(m/s)；

L——机组在测定时间内前进的距离，单位为米(m)；

t——测定时间，单位为秒(s)。

5.2 安全检查

按本标准4.3的规定逐项检查。

5.3 涂层外观质量检测

目测外观。附着力检查按JB/T 9832.2的规定，内容符合4.4.1的规定。

5.4 操作方便性检测

排种(肥)器轴的转动力矩用扭力扳手或测力计进行检测。其他按4.5的规定逐项检查。

5.5 整机装配质量检测

整机装配按4.6的规定逐项检查。

5.6 使用可靠性(有效度)检测

按GB/T 5667的规定进行试验。内容符合按4.7的规定。

5.7 标牌检查

标牌的形式、尺寸按GB/T 13306—1991中第3章的规定进行检查，内容符合本标准4.8.2的规定。

5.8 使用说明书审查

使用说明书内容应齐全，按GB/T 9480—2001中第4章和第5章的规定进行检查，符合本标准4.8.1的规定。

5.9 三包凭证审查

按4.9的要求逐条审查。

6 检验规则

6.1 抽样方法

抽样方案应符合GB/T 2828.1的规定。样机由制造企业提供且应是近半年内生产的合格产品，在制造企业明示的产品存放处或生产线上随机抽取，抽样基数不少于16台(市场或使用现场抽样不受此限)，抽样数量2台。

6.2 不合格分类

各项指标对产品质量的影响程度分为A、B、C三类。不合格项目分类见表4。

表4 不合格项目分类

不合格分类		检验项目	对应的质量要求条款号
A	1	安全性	4.3
	2	播种均匀性变异系数，%	表3序号5
	3	种子破损率，%	表3序号3
	4	各行排种量一致性变异系数，%	表3序号1
	5	可靠性(有效度)，%	表3序号8
B	1	总排种量稳定性变异系数，%	表3序号2
	2	各行排肥量一致性变异系数，%	表3序号6
	3	总排肥量稳定性变异系数，%	表3序号7
	4	空段率，%	表3序号4
	5	生产率，hm^2/h	表3序号8
	6	使用说明书	4.8.1
	7	三包凭证	4.9

表 4（续）

不合格分类		检验项目	对应的质量要求条款号
C	1	外观质量	4.4.2
	2	涂层质量	4.4.1
	3	装配质量	4.6
	4	空载转动排种轴的力矩	4.6.2
	5	空载转动排肥轴的力矩	4.6.3
	6	标牌	4.8.2

6.3 评定规则

试验期间，因样机质量原因造成故障，致使试验不能正常进行，则判该产品不合格。评定规则见表 5。

表 5　评定规则

不合格分类		A	B	C
项目数		5×2	7×2	6×2
样本量		2		
检查水平		S-1		
AQL		6.5	25	40
合格判定	*Ac*　*Re*	0　1	1　2	2　3

逐项考核，按类判定。样本中各类不合格项目数小于或等于合格判定数 *Ac* 时，该判定为合格。检查应按各类抽样的检查方案分别作出通过与否的决定。A、B、C 三类均通过的定为合格。

附 录 A
（规范性附录）
产品规格确认表

序号	检测项目		单位	设计值
1	规格型号		/	
2	结构型式		/	
3	外形尺寸(长×宽×高)		mm	
4	结构质量		kg	
5	行距		cm	
6	工作行数		行	
7	工作幅宽		cm	
8	排种器	型式	/	
		数量	个	
		排量调节方式	/	
9	排肥器	型式	/	
		数量	个	
		排量调节方式	/	
10	传动机构	型式	/	
		排种速比	/	
		排肥速比	/	
11	开沟器	型式	/	
		数量	个	
		深度调节范围	cm	
12	旋耕机构	幅宽	cm	
		耕深	cm	
		旋耕刀型号	cm	
13	输种管型式		/	
14	输肥管型式		/	
15	肥料箱容积		L	
16	种子箱容积		L	
17	运输间隙		mm	
18	配套动力		kW	

ICS 65.060.01
B 90

中华人民共和国农业行业标准

NY/T 2090—2011

谷物联合收割机　质量评价技术规范

Technical specification of quality evaluation for grain combine harvesters

2011-09-01 发布　　2011-12-01 实施

中华人民共和国农业部 发布

前　言

本标准按照 GB/T 1.1—2009 给出的规则起草。

本标准由农业部农业机械化管理司提出。

本标准由全国农业机械标准化技术委员会农业机械化分技术委员会(SAC/TC 201/SC 2)归口。

本标准起草单位:农业部农业机械试验鉴定总站、广东省农业机械鉴定站、中国农业机械化科学研究院。

本标准主要起草人:李博强、兰心敏、陈兴和、张辉、黄明、石文海。

谷物联合收割机　质量评价技术规范

1　范围

本标准规定了谷物联合收割机的产品质量要求、检验方法和检验规则。

本标准适用于谷物联合收割机的质量评定。

2　规范性引用文件

下列文件对于本文件的应用是必不可少的。凡是注日期的引用文件，仅注日期的版本适用于本文件。凡是不注日期的引用文件，其最新版本(包括所有的修改单)适用于本文件。

GB/T 1209.1　农业机械　切割器　第1部分：总成

GB/T 2828.1　计数抽样检验程序　第1部分：按接受质量限(AQL)检索的逐批检验抽样计划

GB/T 4269.1　农林拖拉机和机械、草坪和园艺动力机械　操作者操纵机构和其他显示装置用符号　第1部分：通用符号

GB/T 4269.2　农林拖拉机和机械、草坪和园艺动力机械　操作者操纵机构和其他显示装置用符号　第2部分：农用拖拉机和机械用符号

GB/T 5262　农业机械试验条件　测定方法的一般规定

GB/T 5667　农业机械生产试验方法

GB/T 8097—2008　收获机械　联合收割机　试验方法

GB/T 9239.1　机械振动　恒态(刚性)转子平衡品质要求　第1部分：规范与平衡允差的检验

GB/T 9480　农林拖拉机和机械、草坪和园艺动力机械　使用说明书编写规则

GB 10395.1—2009　农林机械　安全　第1部分：总则

GB 10395.7—2006　农林拖拉机和机械　安全技术要求　第7部分：联合收割机、饲料和棉花收获机

GB 10396　农林拖拉机和机械、草坪和园艺动力机械　安全标志和危险图形　总则

GB/T 14248—2008　收获机械制动性能测定方法

GB 16151.12—2008　农业机械运行安全技术条件　第12部分：谷物联合收割机

GB/T 20790—2006　半喂入联合收割机　技术条件

JB/T 5117—2006　全喂入联合收割机　技术条件

JB/T 6268　自走式收获机械　噪声测定方法

JB/T 6287　谷物联合收割机　可靠性评定测试方法

JB/T 9832.2　农林拖拉机及机具　漆膜附着性能测定方法　压切法

3　基本要求

3.1　所需的文件

a)　产品规格确认表(见附录A)；

b)　企业产品执行标准或产品制造验收技术条件；

c)　产品使用说明书；

d)　三包凭证；

e)　样机照片。

3.2　主要技术参数核对与测量

对样机的主要技术参数按照表1进行核对与测量，确认样机与技术文件规定的一致性。测定应在水平坚实的地面上进行。

表1　核测项目与方法

<table>
<tr><th>序号</th><th colspan="3">项　目</th><th>方法</th></tr>
<tr><td>1</td><td colspan="3">型号规格</td><td>核对</td></tr>
<tr><td>2</td><td colspan="3">结构型式</td><td>核对</td></tr>
<tr><td rowspan="5">3</td><td rowspan="5">配套发动机</td><td colspan="2">生产企业</td><td>核对</td></tr>
<tr><td colspan="2">牌号型号</td><td>核对</td></tr>
<tr><td colspan="2">结构型式</td><td>核对</td></tr>
<tr><td colspan="2">额定功率</td><td>核对</td></tr>
<tr><td colspan="2">额定转速</td><td>核对</td></tr>
<tr><td rowspan="2">4</td><td rowspan="2">外形尺寸（长×宽×高）</td><td colspan="2">工作状态</td><td>测量</td></tr>
<tr><td colspan="2">运输状态</td><td>测量</td></tr>
<tr><td>5</td><td colspan="3">整机使用质量</td><td>测量</td></tr>
<tr><td>6</td><td colspan="3">割台宽度</td><td>测量</td></tr>
<tr><td>7</td><td colspan="3">喂入量</td><td>核对</td></tr>
<tr><td>8</td><td colspan="3">最小离地间隙</td><td>测量</td></tr>
<tr><td>9</td><td colspan="3">理论作业速度</td><td>核对</td></tr>
<tr><td>10</td><td colspan="3">作业小时生产率</td><td>核对</td></tr>
<tr><td>11</td><td colspan="3">单位面积燃油消耗量</td><td>核对</td></tr>
<tr><td>12</td><td colspan="3">割刀型式</td><td>核对</td></tr>
<tr><td>13</td><td colspan="3">割台搅龙型式</td><td>核对</td></tr>
<tr><td rowspan="3">14</td><td rowspan="3">拨禾轮</td><td colspan="2">型式</td><td>核对</td></tr>
<tr><td colspan="2">直径</td><td>测量</td></tr>
<tr><td colspan="2">拨禾轮板数</td><td>核对</td></tr>
<tr><td rowspan="5">15</td><td rowspan="5">脱粒滚筒</td><td colspan="2">数量</td><td>核对</td></tr>
<tr><td rowspan="2">型式</td><td>主滚筒</td><td rowspan="2">核对</td></tr>
<tr><td>副滚筒</td></tr>
<tr><td rowspan="2">尺寸（外径×长度）</td><td>主滚筒</td><td rowspan="2">核对</td></tr>
<tr><td>副滚筒</td></tr>
<tr><td>16</td><td colspan="3">凹板筛型式</td><td>核对</td></tr>
<tr><td rowspan="3">17</td><td rowspan="3">风扇</td><td colspan="2">型式</td><td>核对</td></tr>
<tr><td colspan="2">直径</td><td>测量</td></tr>
<tr><td colspan="2">数量</td><td>核对</td></tr>
<tr><td rowspan="2">18</td><td rowspan="2">履带</td><td colspan="2">规格（节距×节数×宽）</td><td>测量</td></tr>
<tr><td colspan="2">轨距</td><td>测量</td></tr>
<tr><td rowspan="2">19</td><td rowspan="2">轮胎规格</td><td colspan="2">导向轮</td><td rowspan="2">核对</td></tr>
<tr><td colspan="2">驱动轮</td></tr>
<tr><td rowspan="2">20</td><td rowspan="2" colspan="2">最小通过半径</td><td>左转</td><td rowspan="2">测量</td></tr>
<tr><td>右转</td></tr>
<tr><td>21</td><td colspan="3">变速箱类型</td><td>核对</td></tr>
<tr><td>22</td><td colspan="3">制动器型式</td><td>核对</td></tr>
<tr><td>23</td><td colspan="3">茎秆切碎器型式</td><td>核对</td></tr>
<tr><td>24</td><td colspan="3">复脱器型式</td><td>核对</td></tr>
<tr><td>25</td><td colspan="3">接粮方式</td><td>核对</td></tr>
<tr><td colspan="5">注：配套两种以上发动机、割台时，应按项目要求分栏填写。</td></tr>
</table>

3.3 试验条件

3.3.1 根据样机规定的适应作物品种选择试验作物和试验地，试验地应符合样机的适用范围，地块长度应在75 m以上，宽度在25 m以上。其作物的品种、产量在当地应具有代表性，测区内作物应直立、无倒伏情况。水稻联合收割机的试验田块地表应无积水。

3.3.2 全喂入式谷物联合收割机选择在切割线以上无杂草、作物直立，小麦草谷比为0.6～1.2、籽粒含水率为12%～20%；水稻草谷比为1.0～2.4、籽粒含水率为15%～28%的条件下进行。

3.3.3 半喂入式谷物联合收割机选择在切割线以上无杂草、自然高度在650 mm～1 200 mm之间、穗幅差不大于250 mm、小麦籽粒含水率为14%～22%、水稻籽粒含水率为15%～28%的条件下进行。

3.3.4 样机应按使用说明书的规定配备操作人员，并按使用说明书的规定进行操作。驾驶员应操作熟练，无特殊情况不允许更换驾驶员。

3.3.5 噪声测试时，要求风速不大于3 m/s。

3.4 主要仪器设备要求

仪器设备应进行检定或校准，且在有效期内。被测参数准确度要求应满足表2的规定。

表2 主要仪器设备测量范围和准确度要求

<table>
<tr><th colspan="2">测量参数</th><th>测量范围</th><th>准确度要求</th></tr>
<tr><td colspan="2">长度，m</td><td>0～5</td><td>±1 mm</td></tr>
<tr><td rowspan="3">质量</td><td>接取籽粒样品质量，kg</td><td>6～100</td><td>±0.05 kg</td></tr>
<tr><td>接取分离及清选样品质量，kg</td><td>0.2～6</td><td>±1 g</td></tr>
<tr><td>损失籽粒质量，g</td><td>0～200</td><td>±0.1 g</td></tr>
<tr><td colspan="2">时间，h</td><td>0～24</td><td>±0.5 s/24 h</td></tr>
<tr><td colspan="2">噪声，dB(A)</td><td>34～130</td><td>±0.5 dB(A)</td></tr>
<tr><td colspan="2">温度，℃</td><td>0～50</td><td>±1℃</td></tr>
<tr><td colspan="2">湿度，%</td><td>0～100</td><td>±5%</td></tr>
<tr><td colspan="2">风速，m/s</td><td>0～3</td><td>±0.1 m/s</td></tr>
<tr><td colspan="2">漆膜厚度，μm</td><td>0～200</td><td>±2%</td></tr>
</table>

4 质量要求

4.1 作业性能

在企业明示的作业条件下，且符合3.3的规定，谷物联合收割机的主要性能指标应符合表3的规定。

表3 性能指标

<table>
<tr><th rowspan="3">序号</th><th rowspan="3">项 目</th><th colspan="5">质量指标</th><th rowspan="3">对应的检测方法条款号</th></tr>
<tr><th>机 型</th><th>自走式</th><th>背负式</th><th>自走式</th><th>背负式</th></tr>
<tr><th>作物</th><th colspan="2">小麦</th><th colspan="2">水稻</th></tr>
<tr><td rowspan="2">1</td><td rowspan="2">总损失率，%</td><td>全喂入</td><td>≤1.2</td><td>≤1.5</td><td>≤3.0</td><td>≤3.5</td><td rowspan="2">5.1.3.8</td></tr>
<tr><td>半喂入</td><td colspan="2">≤3.0</td><td colspan="2">≤2.5</td></tr>
<tr><td rowspan="2">2</td><td rowspan="2">破碎率，%</td><td>全喂入</td><td colspan="2">≤1.0</td><td colspan="2">≤1.5</td><td rowspan="2">5.1.3.5</td></tr>
<tr><td>半喂入</td><td colspan="2">≤0.5</td><td colspan="2">≤0.5</td></tr>
<tr><td rowspan="3">3</td><td rowspan="3">含杂率，%</td><td>全喂入</td><td colspan="4">≤2.0</td><td rowspan="3">5.1.3.4</td></tr>
<tr><td>半喂入</td><td colspan="2">≤2.0</td><td colspan="2">≤1.0</td></tr>
<tr><td colspan="5">对于简易式谷物联合收割机：≤3.0</td></tr>
<tr><td>4</td><td>有效度，%</td><td colspan="5">≥93</td><td>5.10</td></tr>
<tr><td>5</td><td>平均故障间隔时间(MTBF)，h</td><td colspan="5">≥50</td><td>5.10</td></tr>
<tr><td>6</td><td>作业小时生产率，km²/h</td><td colspan="5">不低于产品明示规定值上限的80%</td><td>5.9.2</td></tr>
<tr><td>7</td><td>单位面积燃油消耗量，kg/hm²</td><td colspan="5">不高于产品明示规定值上限的80%</td><td>5.9.2</td></tr>
</table>

表 3（续）

<table>
<tr><th rowspan="3">序号</th><th rowspan="3">项　　目</th><th colspan="5">质量指标</th><th rowspan="3">对应的检测方法条款号</th></tr>
<tr><th>机　　型</th><th>自走式</th><th>背负式</th><th>自走式</th><th>背负式</th></tr>
<tr><th>作物</th><th colspan="2">小麦</th><th colspan="2">水稻</th></tr>
<tr><td rowspan="4">8</td><td rowspan="4">噪声，dB(A)</td><td colspan="3">动态环境噪声</td><td colspan="2">≤87</td><td rowspan="4">5.6</td></tr>
<tr><td rowspan="3">驾驶员耳位噪声</td><td colspan="2">带密封驾驶室</td><td colspan="2">≤85</td></tr>
<tr><td colspan="2">普通驾驶室</td><td colspan="2">≤93</td></tr>
<tr><td colspan="2">无驾驶室或简易驾驶室</td><td colspan="2">≤95</td></tr>
</table>

4.2　安全性

依据 GB 10395.1、GB 10396、GB 10395.7、GB 16151.12、GB/T 20790 及 JB/T 5117 的有关规定，按附录 B 逐项检查，必须全部合格。对简易式谷物联合收割机，可视具体情况对其安全检验项目进行适当调整。

4.3　整机技术要求、装配与外观质量

整机技术要求、装配与外观质量应符合表 4 的规定。

表 4　整机装配与外观质量要求

<table>
<tr><th>序号</th><th colspan="3">项　　目</th><th colspan="2">质　　量　　指　　标</th></tr>
<tr><td>1</td><td colspan="3">密封性能</td><td colspan="2">液压系统，发动机和传动箱各结合面，油管接头及油箱等处静结合面手摸无湿润，动结合面目测无滴漏和流痕。水箱开关、水封和水管接头等处目测无滴水现象；水箱、缸盖、缸垫和水管表面无渗水现象。缸盖、缸垫、排气管结合面无漏气现象。割台、过桥和脱粒机体各结合面目测或接取均无明显落粒</td></tr>
<tr><td>2</td><td colspan="3">起动性能</td><td colspan="2">起动试验在常温条件下进行，测定 3 次，启动时间应不大于 30 s，至少 2 次起动成功</td></tr>
<tr><td rowspan="2">3</td><td rowspan="2" colspan="3">空运转性能</td><td colspan="2">将收割机停在场地上，使各传动及工作部件运转，在发动机保持额定转速时，割台升降应灵活、平稳、可靠，不得有卡阻等现象。传动部件、输送部件、脱粒机体等不得有异常声音</td></tr>
<tr><td colspan="2">离合器应保证结合平稳、可靠，分离完全、彻底；在不同挡位，变速箱不得有异常声响、脱挡及乱挡现象</td></tr>
<tr><td rowspan="2">4</td><td rowspan="2" colspan="3">焊接质量</td><td colspan="2">焊缝平整、均匀，无烧穿、漏焊、脱焊和气孔、咬肉等现象</td></tr>
<tr><td colspan="2">焊缝缺陷数 ≤5 处</td></tr>
<tr><td>5</td><td colspan="3">整机外观</td><td colspan="2">整机外观应无磕碰、划伤和锈蚀，无错装、漏装现象</td></tr>
<tr><td rowspan="3">6</td><td rowspan="3" colspan="2">涂漆质量</td><td>涂漆外观</td><td colspan="2">色泽均匀，平整光滑，无露底、起泡和起皱现象</td></tr>
<tr><td>漆膜厚度，μm</td><td colspan="2">≥40</td></tr>
<tr><td>漆膜附着力</td><td colspan="2">3 处Ⅱ级以上</td></tr>
<tr><td rowspan="2">7</td><td rowspan="2" colspan="3">液压系统</td><td colspan="2">液压系统各路油管的固定应牢靠，供油管路连接正确，油管表面不得有扭转、压扁和破损现象；开机后各路油管无明显振动</td></tr>
<tr><td colspan="2">液压系统各油管和接头的耐压性能：在额定工作压力的 1.5 倍下，保持 2 min，管路不得漏油</td></tr>
<tr><td rowspan="3">8</td><td rowspan="3" colspan="2">同一传动回路对称中心面位置度，%</td><td rowspan="2">带轮</td><td colspan="2">≤0.3（中心距≤1 200 mm 时）</td></tr>
<tr><td colspan="2">≤0.5（中心距>1 200 mm 时）</td></tr>
<tr><td>链轮</td><td colspan="2">≤0.2</td></tr>
<tr><td>9</td><td colspan="3">履带</td><td colspan="2">检查左右履带与联合收割机纵向中心线是否平行，驱动轮与履带导轨是否有顶齿及脱轨现象</td></tr>
<tr><td rowspan="4">10</td><td rowspan="4">通过性能</td><td rowspan="3" colspan="2">最小离地间隙，mm</td><td>全喂入轮式</td><td>≥250</td></tr>
<tr><td>全喂入履带式</td><td>≥180</td></tr>
<tr><td>半喂入式</td><td>≥170</td></tr>
<tr><td colspan="2">履带接地压力，kPa</td><td colspan="2">≤24</td></tr>
<tr><td>11</td><td colspan="3">卸粮时间，min</td><td colspan="2">≤2.5</td></tr>
</table>

表 4（续）

序号	项　　目	质　量　指　标
12	标牌	检查样机在易见部位是否安装了字迹清楚、牢固可靠的固定式标牌，其内容至少包括产品型号、名称、商标、整机质量、喂入量、发动机功率、产品出厂编号、产品制造日期及制造单位名称
13	割台	割台离地间隙应一致，其两端间隙差值应不大于幅宽的 1%。当幅宽超过 3 m 时，其两端间隙差值应不大于幅宽的 0.5%。对于半喂入联合收割机，其两端间隙差应不大于 10 mm 或幅宽的 1%
		割台静置 30 min 后，静沉降量应不大于 10 mm
		割台升降、运转应灵活、平稳、可靠，不得有卡阻现象。调节机构应调节方便、到位、可靠。提升速度不低于 0.2 m/s，下降速度不低于 0.15 m/s
14	号牌座	应设置号牌座 2 处，其面积不小于 300 mm×165 mm。两个安装孔的直径为 8 mm，孔距为 250 mm，其左边孔的定位尺寸为距号牌座上边 17.5 mm

4.4 操纵方便性

4.4.1 驾驶员进入驾驶位置应方便，各操纵装置易操作和识别，各操纵机构灵活、有效，具有防止割台传动意外接合的机构。在使用说明书中，应有对操纵机构及其所处不同位置的描述。

4.4.2 各张紧、调节机构应可靠，调整方便。

4.4.3 各离合器结合应平稳、可靠，分离彻底。

4.4.4 变速箱、传动箱应无异常响声、脱挡及乱挡现象。

4.4.5 保养点设置易于操作，保养点数合理。

4.4.6 换装易损件应方便。

4.4.7 自走式收割机的结构能保证由驾驶员一人操纵，驾驶方便舒适。

4.4.8 液压操纵系统和转向系统应灵活可靠，无卡滞现象。

4.4.9 各操纵机构应轻便灵活、松紧适度。所有自动回位的操纵件，在操纵力去除后，应能自动返回原来位置，无卡阻现象。

4.4.10 操纵符号应固定在相应的操纵装置附近，操纵符号应符合 GB/T 4269.1～4269.2 的规定。

4.4.11 联合收割机的结构应能根据作物和收获条件进行相应的调整。各调节机构应保证操作方便，调节灵活、可靠。各部件调节范围应能达到规定的极限位置。

4.5 可靠性

4.5.1 依据可靠性试验结果进行评价的，满足平均故障间隔时间不小于 50 h、联合收割机有效度 k_{200h} 不小于 93%（k_{200h} 是指对联合收割机样机进行 200 h 可靠性试验的有效度）。可靠性评价结果为合格。如果发生重大质量故障，可靠性试验不再继续进行，可靠性评价结果为不合格。

4.5.2 重大质量故障是指导致机具功能完全丧失、危及作业安全、造成人身伤亡或重大经济损失的故障，以及主要零部件或总成（如发动机，转向、制动系统，液压系统，脱粒滚筒，变速箱，离合器等）损坏、报废、导致功能严重下降、难以正常作业的故障。

4.5.3 批量生产销售 2 年以上且市场累计销售量超过 1 000 台的产品，可以按生产查定并结合可靠性跟踪调查结果进行可靠性评价。可靠性调查在不少于 50 个、作业一个季节以上产品的用户中，随机抽取 10 个用户进行调查。

4.5.4 依据生产查定并结合可靠性跟踪调查结果进行评价的，满足有效度 k_{30h} 不小于 98%、可靠性调查结果中没有发生如 4.5.2 中所述的重大质量故障，可靠性评价结果为合格。

4.6 使用说明书

使用说明书的编制应符合 GB/T 9480 的要求，至少应包括以下内容：

a） 再现安全警示标志、标识，明确表示粘贴位置；
b） 主要用途和适用范围；
c） 主要技术参数；
d） 正确的安装与调试方法；
e） 操作说明；
f） 安全注意事项；
g） 维护与保养要求；
h） 常见故障及排除方法；
i） 产品“三包”内容，也可单独成册；
j） 易损件清单；
k） 产品执行标准代号。

4.7 三包凭证

至少应包括以下内容：

a） 产品品牌、型号规格、生产日期、购买日期、产品编号；
b） 生产者的名称、联系地址和电话；
c） 销售者、修理者的名称、联系地址、电话；
d） 三包项目；
e） 三包有效期（包括整机三包有效期，主要部件质量保证期以及易损件和其他零部件的质量保证期，其中整机三包有效期和主要部件质量保证期不得少于一年）；
f） 销售记录（应包括销售者、销售地点、销售日期和购机发票号码等项目）；
g） 修理记录（应包括送修时间、交货时间、送修故障、修理情况、换退货证明等项目）。

4.8 主要零部件质量

4.8.1 脱粒滚筒

4.8.1.1 钉齿式和指齿式脱粒滚筒应进行动平衡，其不平衡量按 GB/T 9239.1 的规定进行确定，不平衡量应不大于 G6.3 级的规定值。全部脱粒齿齿顶的径向圆跳动应不大于±2 mm。

4.8.1.2 弓齿式脱粒滚筒应进行静平衡，其不平衡量应不大于 1.5×10^{-2} N·m。进口端圆周的径向圆跳动应不大于 1.5 mm，中间圆周的径向圆跳动应不大于 2 mm。进口端端面圆跳动应不大于 1.5 mm。

4.8.2 风扇、带轮

4.8.2.1 风扇、铸造无级变速带轮和重量大于 5 kg、转速超过 400 r/min 的带轮应进行静平衡，其不平衡量按 GB/T 9239.1 的规定进行确定，不平衡量应不大于 G16 级。半喂入式联合收割机，其风扇、带轮不平衡量应不大于 1.0×10^{-2} N·m。

4.8.2.2 风扇转速超过 1 500r/min 时，应进行动平衡。

4.8.3 切割器总成

切割器间隙应符合 GB/T 1209.1 的规定。

4.8.4 凹板筛

4.8.4.1 在凹板长度小于或等于 900 mm 时，凹板的对角线差不大于 2.5 mm；在凹板长度大于 900 mm 时，凹板的对角线差不大于 4 mm。

4.8.4.2 配指式和板式滚筒的栅格式凹板工作面，用样板检查时，其局部间隙应不大于 3 mm。

4.8.4.3 编织筛凹板工作面，用样板检查时，其局部间隙应不大于 5 mm。

5 检测方法

5.1 性能试验

5.1.1 试验条件测定

5.1.1.1 田间调查

按 GB/T 5262 中有关规定进行。调查的内容包括作物品种、作物成熟期、自然高度、穗幅差(半喂入)、自然落粒、籽粒含水率、茎秆含水率以及地块形状、尺寸、杂草情况等。割幅宽度、割茬高度、作物草谷比在性能试验时进行检测。

5.1.1.2 穗幅差测定方法

谷穗直立的作物,穗幅差为一束作物中最高和最低植株茎秆基部至谷穗根部的长度差;谷穗弯曲下垂且穗尖低于谷穗根部的作物,穗幅差为一束作物中最高和最低植株茎秆基部至穗尖的长度差。测量时,谷穗保持自然状态。

5.1.1.3 茎秆含水率测定方法

a) 用烘干法测量,样品按五点法割取,每点取一个不少于 50 g 的小样,称重并做好标记;

b) 可用便携水分测定仪检测;

c) 其他项目检测方法按 GB/T 8097—2008 中 7.5.11 的规定进行取样。

5.1.1.4 作物草谷比

按 GB/T 8097—2008 中 7.8 的有关规定进行。

5.1.2 一般要求

5.1.2.1 试验条件按 3.3 要求检查,条件具备方可进行试验。试验挡位应选择常用作业挡,在满足额定喂入量的条件下,至少进行 3 个挡位或 3 个不同作业速度(无级变速机型)的测试行程。

5.1.2.2 为保证工况稳定,将试验地块分为预备区、测区和缓冲区。半喂入和割幅小于 2 m 的全喂入联合收割机在预备区的正常作业应不少于 20 m,割幅大于 2 m 的全喂入联合收割机在预备区的正常作业应不少于 50 m。全喂入联合收割机测区长度为 25 m,半喂入联合收割机测区长度为 15 m。划测区时,需在测区内等间隔取 3 点作为测量基准点。

5.1.2.3 样机在试验开始前,允许按照使用说明书的规定进行调整和保养,达到正常状态后进行测试。试验过程中,不允许再对样机进行调整。

5.1.2.4 测试时,样机应保持满割幅作业。每个测试行程的作业速度和割茬高度应保持基本一致。

5.1.2.5 接样和样品处理按 GB/T 8097—2008 中 7.5 和 7.6 的规定进行。要求完整接取每个行程的出粮口及各排草、排杂口排出物后分别称重记录。每个行程从出粮口排出物中取 3 个不少于 1 000 cm^3(或 1 000 g)的小样,用于检测脱粒质量。每个行程在 3 个测量基准点,按 GB/T 8097—2008 中附录 B 的规定进行割台损失测定。

5.1.3 作业性能测定

5.1.3.1 每个行程分别测量作业速度,同时按 5.1.2.5 的要求进行接样、取样和样品处理,计算每个行程的喂入量、测区内平均产量、草谷比、含杂率、破碎率、千粒质量、割台损失率、脱粒机体损失率、总损失率等指标。

5.1.3.2 作业速度按式(1)计算:

$$V = 3.6 \times \frac{L}{T} \cdots\cdots (1)$$

式中:

V——作业速度,单位为千米每小时(km/h);

L——测定区长度,单位为米(m);

T——通过测定区的时间,单位为秒(s)。

5.1.3.3 喂入量按式(2)计算:

$$Q = \frac{W_v}{T} \quad \cdots\cdots (2)$$

式中：

Q——喂入量，单位为千克每秒(kg/s)；

W_v——通过测定区时接取的籽粒、茎秆和清选排出物的总质量，单位为千克(kg)。

5.1.3.4 含杂率按式(3)计算：

$$Z_z = \frac{W_{xz}}{W_{xi}} \times 100 \quad \cdots\cdots (3)$$

式中：

Z_z——含杂率，单位为百分率(%)；

W_{xz}——出粮口取小样中杂质质量，单位为克(g)；

W_{xi}——出粮口取小样质量，单位为克(g)。

5.1.3.5 破碎率按式(4)计算：

$$Z_P = \frac{W_p}{W_x} \times 100 \quad \cdots\cdots (4)$$

式中：

Z_P——破碎率，单位为百分率(%)；

W_p——出粮口取小样中破碎籽粒质量，单位为克(g)；

W_x——出粮口取小样籽粒质量，单位为克(g)。

5.1.3.6 脱粒机体损失率按式(5)～式(9)计算：

$$S_t = S_w + S_f + S_q \quad \cdots\cdots (5)$$

$$S_w = \frac{W_w}{W} \times 100 \quad \cdots\cdots (6)$$

$$S_f = \frac{W_f}{W} \times 100 \quad \cdots\cdots (7)$$

$$S_q = \frac{W_q}{W} \times 100 \quad \cdots\cdots (8)$$

$$W = W_c(1 - Z_z) + W_w + W_f + W_q + W_g \quad \cdots\cdots (9)$$

式中：

S_t——脱粒机体损失率，单位为百分率(%)；

S_w——未脱净损失率，单位为百分率(%)；

S_f——分离损失率，单位为百分率(%)；

S_q——清选损失率，单位为百分率(%)；

W_c——出粮口籽粒质量，单位为克(g)；

W_w——未脱净损失籽粒质量，单位为克(g)；

W_f——分离损失籽粒质量，单位为克(g)；

W_q——清选损失籽粒质量，单位为克(g)；

W_g——割台损失籽粒质量，单位为克(g)；

W——接样区内所接籽粒总重，单位为克(g)。

5.1.3.7 割台损失率按式(10)计算：

$$S_g = \frac{W_{gs}(B \times L)}{W} \times 100 \quad \cdots\cdots (10)$$

式中：

B——平均实际割幅，单位为米(m)；

S_g——割台损失率,单位为百分率(%);

W_{gs}——割台每平方米实际损失量,单位为克(g)。

5.1.3.8 总损失率按式(11)计算:

$$\sum S = S + S_g \quad \cdots\cdots (11)$$

式中:

$\sum S$——联合收割机总损失率,单位为百分率(%);

S——脱粒机体损失率,单位为百分率(%);

S_g——割台损失率,单位为百分率(%)。

5.1.3.9 草谷比按式(12)计算:

$$R = \frac{W_{fq} + W_c \times Z_z}{W} \quad \cdots\cdots (12)$$

式中:

R——测区草谷比;

W_{fq}——接样区内所接分离及清选排出物质量,单位为千克(kg)。

5.1.3.10 测区内平均产量按式(13)计算:

$$\bar{O} = \frac{10W}{BL} \quad \cdots\cdots (13)$$

式中:

$\bar{O}$——测区内平均产量,单位为千克每公顷(kg/hm^2)。

5.2 安全性检查

按4.2的规定进行。

5.3 整机装配与外观质量

5.3.1 起动性能(悬挂式免做)

起动试验在常温条件下进行,测定3次,分别记录起动成功的次数和时间。每两次起动之间至少要间隔2 min。

5.3.2 密封性

按JB/T 5117—2006中6.8的规定进行检查。

5.3.3 运转性能

按照表4中的空运转性能进行检查。

5.3.4 焊接质量

检查焊接件有无烧穿、漏焊、脱焊和气孔、咬肉、夹渣等焊缝缺陷。

5.3.5 整机外观

检查整机外观有无磕碰、划伤和锈蚀,有无错装、漏装现象。

5.3.6 涂漆质量检查

符合下列全部要求,涂漆质量检查为合格。

5.3.6.1 漆膜外观质量

按JB/T 5117—2006中5.2.9的规定进行检查。

5.3.6.2 漆膜附着力

在影响外观的主要覆盖件上确定3个测量点位,方法按JB/T 9832.2的规定进行。

5.3.6.3 漆膜厚度

在影响外观的主要覆盖件上分3组测量,每组测5点,计算平均值。

5.3.7 液压系统

5.3.7.1 察看各路油管的固定是否牢靠，供油管路连接是否正确，油管表面是否有扭转、压扁和破损现象，开机后检查各路油管有无明显振动。

5.3.7.2 液压系统管路在额定工作压力的1.5倍下，保持压力2 min，检查管路是否漏油。

5.3.8 同一回路带轮轮槽对称中心面位置度

测定时，以其中一个带(链)轮的中心平面为基准，检测另一个传动带(链)轮的中心平面相对基准平面的位置度，计算位置度相对于带(链)轮中心距的百分比。

5.3.9 履带

检查左右履带与联合收割机纵向中心线是否平行，驱动轮与履带导轨是否有顶齿及脱轨现象。

5.3.10 标牌及号牌座检查

5.3.10.1 检查样机在易见部位是否安装了字迹清楚、牢固可靠的固定式标牌，其内容至少包括产品型号、名称、商标、整机质量、喂入量、发动机功率、产品出厂编号、产品制造日期及制造单位名称。

5.3.10.2 号牌座按GB 16151.12—2008中3.21的规定检查。

5.4 制动性能试验(悬挂式免做)

5.4.1 行车制动性能

自走轮式联合收割机按GB/T 14248—2008中5.1.1的规定进行最高车速冷态紧急行车制动试验。最高车速大于20 km/h的机型，制动初速度为20 km/h。冷态行车制动减速度及制动稳定性应符合JB/T 5117—2006中3.7的规定。

5.4.2 停车制动性能

依照JB/T 5117—2006中3.8的要求，按GB/T 14248—2008中6.1的规定进行。

5.5 通过性能试验(悬挂式免做)

最小离地间隙及履带接地压力检测，全喂入联合收割机按JB/T 5117—2006中4.3、6.3.1的规定进行，半喂入联合收割机按GB/T 20790—2006中4.4、6.3.1的规定进行。

5.6 噪声测定(悬挂式免做)

按JB/T 6268的规定进行。

5.7 操纵方便性检查

按4.4的要求逐项检查。

5.7.1 割台升降、静沉降性能试验

按JB/T 5117—2006中5.3.1.1的规定进行。

5.7.2 割台两端离地间隙差

按JB/T 5117—2006中5.3.1.1的规定进行。

5.8 主要零部件检测

主要零部件检测依据生产图纸或相关标准进行，使用企业提供的量检具应在计量合格有效期内。检验样品从工厂零部件仓库的合格品区随机抽取，每种零部件抽取3件，抽样基数不少于5件。抽取的零部件主要包括脱粒滚筒、风扇、带轮、切割器总成和凹板筛等。

5.8.1 脱粒滚筒

按4.8.1的规定进行。

5.8.2 风扇、带轮

按4.8.2的规定进行。

5.8.3 切割器总成

切割器间隙按4.8.3的规定进行。

5.8.4 **凹板筛**

凹板筛检查按4.8.4的规定进行。

5.9 生产查定

5.9.1 生产查定的作业时间应不少于30 h。履带自走式收割机，生产查定期间应有在部分倒伏地块和泥脚较深地块的作业。记录样机作业时间、收获面积、燃油消耗量、故障情况，计算作业小时生产率、单位面积燃油消耗量和有效度 k_{30h}。在生产查定过程中，不允许发生导致机具功能完全丧失、危及作业安全、造成人身伤亡或重大经济损失的故障，也不允许发生主要零部件或总成(如发动机、转向和制动系统、液压系统、脱粒滚筒、变速箱、离合器等)损坏、报废、导致功能严重下降、难以正常作业的故障。

注：k_{30h}是指对样机进行作业时间不少于30 h生产查定的有效度。

5.9.2 时间分类、作业小时生产率和单位面积燃油消耗量的计算按GB/T 5667的进行。

5.9.3 卸粮时间测定在生产查定期间进行。

5.10 可靠性试验

5.10.1 **试验要求**

5.10.1.1 参加试验的操作人员(驾驶员)应具有熟练操作、维修和保养机器的能力，并必须按使用说明书的规定进行操作、保养和维修。

5.10.1.2 在试验全过程中，试验人员应认真、准确地填写每日的写实记录。

5.10.2 **试验时间**

可靠性考核采取定时截尾试验方法，联合收割机的可靠性试验时间不少于200 h，自走式联合收割机的工作时间采用发动机工作时间，牵引式和背负式(悬挂式)联合收割机采用纯工作时间。工作时间精确到0.1 h，故障时间采用计时器测定。统计计算时换算成小时，精确到0.1 h。

5.10.3 试验条件应符合使用说明书的规定。

5.10.4 试验前、后应测量主要件和易损件的有关数据，评价主要件和易损件的耐用性。

5.10.5 观察或测定样机操作、调整、保养和拆装的方便性和样机的安全性。

5.10.6 **可靠性指标计算**

a) 平均故障间隔时间按照JB/T 6287的规定进行。

b) 有效度按JB/T 6287的规定进行。

5.10.7 可靠性调查按照4.5.3的规定进行。

5.11 使用说明书审查

按4.6的要求逐项检查。

5.12 三包凭证审查

按4.7的要求逐项检查。

6 检验规则

6.1 抽样方法

6.1.1 抽样方案应符合GB/T 2828.1的规定。

6.1.2 样机由制造企业提供且应是近半年内生产的合格产品，在制造企业明示的合格产品存放处或生产线上随机抽取，抽样基数不少于5台(市场或使用现场抽样不受此限)。

6.1.3 整机抽样数量2台。

6.2 不合格分类

所检测项目不符合第5章质量要求的称为不合格。不合格按其对产品质量影响程度分为A、B、C三类。不合格项目分类见表5。

表 5　不合格项目分类

<table>
<tr><th colspan="2">不合格项目分类</th><th colspan="2" rowspan="2">项　　目</th></tr>
<tr><th>类　别</th><th>项　数</th></tr>
<tr><td rowspan="11">A</td><td>1</td><td colspan="2">安全性(附录 A)</td></tr>
<tr><td>2</td><td colspan="2">总损失率</td></tr>
<tr><td>3</td><td colspan="2">号牌座</td></tr>
<tr><td rowspan="2">4</td><td rowspan="2">噪声</td><td>动态环境噪声</td></tr>
<tr><td>驾驶员耳位噪声</td></tr>
<tr><td rowspan="2">5</td><td rowspan="2">制动性能</td><td>冷态行车制动减速度</td></tr>
<tr><td>停车制动性能</td></tr>
<tr><td rowspan="3">6</td><td rowspan="3">可靠性评价</td><td>平均故障间隔时间(MTBF)</td></tr>
<tr><td>有效度</td></tr>
<tr><td>可靠性调查结果</td></tr>
<tr><td rowspan="9">B</td><td>1</td><td colspan="2">破碎率</td></tr>
<tr><td>2</td><td colspan="2">含杂率</td></tr>
<tr><td>3</td><td colspan="2">起动性能</td></tr>
<tr><td>4</td><td colspan="2">使用说明书</td></tr>
<tr><td>5</td><td colspan="2">三包凭证</td></tr>
<tr><td>6</td><td colspan="2">标牌</td></tr>
<tr><td>7</td><td colspan="2">脱粒滚筒平衡</td></tr>
<tr><td>8</td><td colspan="2">单位面积燃油消耗量</td></tr>
<tr><td>9</td><td colspan="2">作业小时生产率</td></tr>
<tr><td rowspan="23">C</td><td rowspan="5">1</td><td rowspan="5">整机装配</td><td>运转性能</td></tr>
<tr><td>同一传动回路对称中心面位置度</td></tr>
<tr><td>液压系统</td></tr>
<tr><td>履带</td></tr>
<tr><td>整机外观</td></tr>
<tr><td>2</td><td colspan="2">焊接质量</td></tr>
<tr><td>3</td><td colspan="2">操纵方便性</td></tr>
<tr><td>4</td><td colspan="2">割台两端离地间隙差</td></tr>
<tr><td rowspan="3">5</td><td rowspan="3">涂漆质量</td><td>漆膜附着力</td></tr>
<tr><td>漆膜外观</td></tr>
<tr><td>漆膜厚度</td></tr>
<tr><td>6</td><td colspan="2">切割器间隙</td></tr>
<tr><td>7</td><td colspan="2">凹板筛</td></tr>
<tr><td>8</td><td colspan="2">密封性能</td></tr>
<tr><td rowspan="2">9</td><td rowspan="2">割台升降性能</td><td>割台升降时间</td></tr>
<tr><td>割台静沉降性能</td></tr>
<tr><td>10</td><td colspan="2">卸粮时间</td></tr>
<tr><td rowspan="2">11</td><td rowspan="2">通过性能</td><td>最小离地间隙</td></tr>
<tr><td>履带接地压力</td></tr>
<tr><td>12</td><td colspan="2">结构可调整性检查</td></tr>
<tr><td>13</td><td colspan="2">带轮、叶轮平衡</td></tr>
<tr><td colspan="4">注:简易式联合收割机,可视具体情况,对安全检验项目做适当调整。</td></tr>
</table>

6.3 评定规则

6.3.1 采用逐项考核,按类判定。各类不合格项目数均小于或等于相应接收数 Ac 时,判定产品合格,否则判定产品不合格。判定数组见表 6。

6.3.2　试验期间，因样机质量原因造成故障，致使试验不能正常进行，应判定产品不合格。

表6　判定规则

不合格分类	A		B		C	
检验水平	S—1					
样本量字码	A					
样本量(n)	2		2		2	
项次数	6×2		9×2		13×2	
AQL	6.5		25		40	
Ac　　Re	0	1	1	2	2	3
注：表中 AQL 为接受质量限，Ac 为接收数，Re 为拒收数。						

附　录　A
（规范性附录）
产品规格确认表

<table>
<tr><th>序号</th><th colspan="3">项　　目</th><th>单位</th><th colspan="2">设计值</th></tr>
<tr><td>1</td><td colspan="3">型号规格</td><td>/</td><td colspan="2"></td></tr>
<tr><td>2</td><td colspan="3">结构型式</td><td>/</td><td colspan="2"></td></tr>
<tr><td rowspan="5">3</td><td rowspan="5">配套发动机</td><td colspan="2">生产企业</td><td>/</td><td></td><td></td></tr>
<tr><td colspan="2">牌号型号</td><td>/</td><td></td><td></td></tr>
<tr><td colspan="2">结构型式</td><td>/</td><td></td><td></td></tr>
<tr><td colspan="2">额定功率</td><td>kW</td><td></td><td></td></tr>
<tr><td colspan="2">额定转速</td><td>r/min</td><td></td><td></td></tr>
<tr><td>4</td><td>外形尺寸(长×宽×高)</td><td colspan="2">工作状态/运输状态</td><td>mm</td><td colspan="2"></td></tr>
<tr><td>5</td><td colspan="3">整机使用质量</td><td>kg</td><td colspan="2"></td></tr>
<tr><td>6</td><td colspan="3">割台宽度</td><td>mm</td><td></td><td></td></tr>
<tr><td>7</td><td colspan="3">喂入量</td><td>t/h</td><td colspan="2"></td></tr>
<tr><td>8</td><td colspan="3">最小离地间隙</td><td>mm</td><td colspan="2"></td></tr>
<tr><td>9</td><td colspan="3">理论作业速度</td><td>km/h</td><td colspan="2"></td></tr>
<tr><td>10</td><td colspan="3">作业小时生产率</td><td>hm^2/h</td><td colspan="2"></td></tr>
<tr><td>11</td><td colspan="3">单位面积燃油消耗量</td><td>kg/hm^2</td><td colspan="2"></td></tr>
<tr><td>12</td><td colspan="3">割刀型式</td><td>/</td><td colspan="2"></td></tr>
<tr><td>13</td><td colspan="3">割台搅龙型式</td><td>/</td><td colspan="2"></td></tr>
<tr><td rowspan="3">14</td><td rowspan="3">拨禾轮</td><td colspan="2">型式</td><td>/</td><td colspan="2"></td></tr>
<tr><td colspan="2">直径</td><td>mm</td><td colspan="2"></td></tr>
<tr><td colspan="2">拨禾轮板数</td><td>个</td><td colspan="2"></td></tr>
<tr><td rowspan="4">15</td><td rowspan="4">脱粒滚筒</td><td colspan="2">数量</td><td>个</td><td colspan="2"></td></tr>
<tr><td>型式</td><td>主滚筒/副滚筒</td><td>/</td><td colspan="2"></td></tr>
<tr><td rowspan="2">尺寸(外径×长度)</td><td>主滚筒</td><td rowspan="2">mm</td><td colspan="2"></td></tr>
<tr><td>副滚筒</td><td colspan="2"></td></tr>
<tr><td>16</td><td colspan="3">凹板筛型式</td><td>/</td><td colspan="2"></td></tr>
<tr><td rowspan="3">17</td><td rowspan="3">风扇</td><td colspan="2">型式</td><td>/</td><td colspan="2"></td></tr>
<tr><td colspan="2">直径</td><td>mm</td><td colspan="2"></td></tr>
<tr><td colspan="2">数量</td><td>个</td><td colspan="2"></td></tr>
<tr><td rowspan="2">18</td><td rowspan="2">履带</td><td colspan="2">规格(节距×节数×宽)</td><td>/</td><td colspan="2">mm×　　节×　　mm</td></tr>
<tr><td colspan="2">轨距</td><td>mm</td><td colspan="2"></td></tr>
<tr><td>19</td><td>轮胎规格</td><td colspan="2">导向轮/驱动轮</td><td>/</td><td colspan="2"></td></tr>
<tr><td>20</td><td>最小通过半径</td><td colspan="2">左转/右转</td><td>mm</td><td colspan="2"></td></tr>
<tr><td>21</td><td colspan="3">变速箱类型</td><td>/</td><td colspan="2"></td></tr>
<tr><td>22</td><td colspan="3">制动器型式</td><td>/</td><td colspan="2"></td></tr>
<tr><td>23</td><td colspan="3">茎秆切碎器型式</td><td>/</td><td colspan="2"></td></tr>
<tr><td>24</td><td colspan="3">复脱器型式</td><td>/</td><td colspan="2"></td></tr>
<tr><td>25</td><td colspan="3">接粮方式</td><td>/</td><td colspan="2"></td></tr>
<tr><td colspan="7">注:配套两种以上发动机、割台时,应按项目要求分栏填写。</td></tr>
</table>

附 录 B
(规范性附录)
安全性检查明细表

序号	检验项目	依据标准	合格指标说明
1	危险运动件安全防护	GB 10395.1—2009 中 4.7、6.4、5.1.8 GB 16151.12—2008 中 3.10、3.11 GB/T 20790—2006 中 3.2 JB/T 5117—2006 中 3.2	各轴系、带轮、链轮、胶带、链条、传动轴和万向节等运动件及发热部件应有防护装置,其结构和与危险件的安全距离应符合 GB 10395.1 的有关规定。排气管应装有保证火星熄灭功能。排气管的出口位置和方向应保证驾驶员和其他操作者尽量少地接触到有毒气体和烟雾
2	安全标志	GB 10395.1—2009 中 8.2 GB 10396 GB 16151.12—2008 中 3.12 GB/T 20790—2006 中 5.2 JB/T 5117—2006 中 3.2	对操作者存在或有潜在危险的部位(如正常操作时必须外露的功能件,防护装置的开口处和维修保养时有危险的部位)应固定永久的安全标志。安全警示标志应符合 GB 10396 的要求。收割台、驾驶台、粮箱、排草口、脱粒机体外壳、茎秆切碎器、茎秆夹持链、螺旋输送器检查口、加油口、排气管消声器出口附近等部位应有安全标志
3	安全使用说明	GB 10395.1—2009 中 8.1 GB 10395.7—2006 中 4.3 JB/T 5117—2006 中 5.2.10	使用说明书应对有关安全注意事项进行说明。包括: a)收割装置和/或切割装置有关剪切的危险 b)进入粮箱的危险 c)茎秆切碎器后不得站人 d)灭火器的使用方法 e)割台固定机构使用方法等 f)动力源停机装置的操作要领及使用方法 g)作业过程中的危险、维修保养工作中的危险等 h)装卸、行走、运输方面的危险
4	驾驶室	GB 10395.7—2006 中 4.1.1、4.1.6、4.1.7 GB 16151.12—2008 中 12	驾驶室内部或驾驶台的最小尺寸应符合 GB 10395.7—2006 中图 1 的规定 驾驶室门道尺寸应符合 GB 10395.7—2006 中图 3 的规定 驾驶室前挡风玻璃必须使用安全玻璃 驾驶室在不同面应有两个活动的紧急出口,紧急出口在驾驶室内不使用工具应容易打开,其横截面至少能包含一个长轴为 640 mm、短轴为 440 mm 的椭圆 使用安全玻璃作为紧急出口的,必须配备能敲碎玻璃的工具并粘贴标志
5	座位尺寸和位置及座位位置的调整	GB 10395.7—2006 中 4.1.2	座位位置应舒适、可调,座位尺寸应符合 GB 10395.7—2006 中图 2 的规定 座位的调整应不使用工具手动进行,垂直方向的最小调整量为±30 mm;水平纵向的最小调整量为±50 mm。垂直方向调整和水平方向调整应能独立进行(只对轮轨距大于 1 150 mm 的样机适用)。悬挂式的不考核

（续）

序号	检验项目	依据标准	合格指标说明
6	方向盘位置和安全间隙	GB 10395.7—2006 中 4.1.3 GB 16151.12—2008 中 6	方向盘应合理配置和安装，使操作者在正常操作位置上能安全方便的控制和操作样机；方向盘轴线最好位于座位中心轴线上，任何情况下偏置量均应不大于 50 mm。固定部件和方向盘之间的间隙应符合 GB 10395.7—2006 中图 1 的规定。其最大自由行程为 30°角；机械式转向操纵力不大于 250 N，全液压式转向操纵力不大于 15 N。悬挂式不考核
7	操纵装置操纵符号、安全间隙	GB 10395.1—2009 GB 10395.7—2006 中 4.1.4	操作者操纵装置及其位置应用符合 GB/T 4269.1 和 GB/T 4269.2 规定的清晰耐久符号标出或用适合操作者的文种描述 操纵力≥50 N 时，安全间隙≥50 mm；操纵力＜50 N 时安全间隙≥25 mm
8	剪切和挤压部位	GB 10395.7—2006 中 4.1.5、4.3	操作者坐在座位上，手或脚触及范围内不应有剪切或挤压部位。如果座位后部相邻部件具有光滑的表面、座位靠背各面交界无棱边，则认为座位靠背和其后部相邻部件间不存在危险部位
9	动力源停机装置	GB 10395.1—2009 中 5.1.8	在操作者位置附近，每个动力源都应有不需操作者持续施力即可停机的装置。处于“停机”位置时，只有经人工恢复到正常位置后方能启动。停机操作件应是红色，并与其他操作件和背景有明显的色差。使用说明书中应给出该装置的操作要领及使用方法
10	梯子的扶手或扶栏或抓手	GB 10395.1—2009 中 4.5 GB 10395.7—2006 中 4.1.8	a)门道梯子两侧应设置扶手或扶栏，以使操作者与梯子始终保持三处接触 b)所有工作台各边都应设有高出工作台 1 000 mm，但不大于 1 100 mm 的防护栏 c)扶手/扶栏的横截面尺寸为 25 mm～38 mm d)扶手/扶栏的较低端离地高度≤1 500 mm e)扶手/扶栏的后测的放手间隙≥50 mm f)抓手距梯子较高级踏板高度≤1 000 mm g)扶栏长度≥150 mm
11	燃油箱与排气管、电器件安全距离	GB 16151.12—2008 中 3.15	燃油箱与发动机排气管之间的距离应不小于 300 mm，距裸露电气接头及电器开关 200 mm 以上，或设置有效的隔热装置
12	进入操作平台或座位的梯子	GB 10395.1—2009 中 4.5 GB 10395.7—2006 中 4.1.8 GB 16151.12—2008 中 3.16	a)梯子的结构应防滑，防止形成泥土层 b)从梯子上下来时，向下可以看到下一级梯子踏板外缘 c)驾驶台地板应有防滑及排水措施 d)梯子向上或向下移动时，不应造成挤压和冲击操作者现象 e)脚踏板宽度≥200 mm f)脚踏板深度：梯子后面有封闭板的≥150 mm，无封闭板的≥200 mm g)阶梯间隔≤300 mm(单级梯子的踏板间隔≤350 mm) h)最低一级踏板表面离地高度≤550 mm；特殊情况下(水稻收割机、履带行走轮或倾斜补偿机构)最低一级梯子踏板表面离地高度可以为 700 mm i)梯子踏板到轮胎的间距≥25 mm j)驱动轮与上部机件的自由间隙≥60 mm

（续）

序号	检验项目	依据标准	合格指标说明
13	拨禾轮外缘安全间隙	GB 10395.7—2006 中 4.3	≥25 mm
14	割台分离机构	GB 10395.7—2006 中 4.3 GB 16151.12—2008 中 9.1	割台传动系分离机构应具有防止意外接合的结构
15	割台机械固定机构、割台锁定机构	GB 10395.7—2006 中 4.8.3 GB 16151.12—2008 中 9.1	样机应设置将割台保持在提起位置的机械装置。在使用说明书中，应给出该装置的使用方法。发动机熄火后，液压控制机构应保持割台不降落 割台与主机连接处的插销应有防止脱落的措施
16	粮箱防护	GB 10395.7—2006 中 4.4.1 GB 16151.12—2008 中 11.1	使用说明书中和机器上，应分别给出适当的安全标志，指出在机器运转时不得进入粮箱。粮箱结构应使谷物断流的情况降低到最小程度 粮箱盖不应作为安全装置，除非粮箱盖打开时，由连锁装置使螺旋输送器停止运转 根据安全需要，在粮箱外面设置安全检查用的阶梯和扶栏 粮箱的分配螺旋输送器出口应安装栅格状防护板
17	螺旋输送器防护	GB 10395.7—2006 中 4.4.2	所有螺旋输送器都应设置防护装置，防止与其意外接触 如果螺旋输送器设有符合下列规定的挡板，也可以认为满足防护要求：挡板能防止样机操纵位置或其他站立位置上的操作者意外的接触螺旋输送器；挡板固定牢固，如果挡板能推开或摆转，在样机运行期间应牢固固定在防护位置上；挡板上可以有 80 mm×80 mm 开口，在直接伸及区内，开口与螺旋输送器外缘间隔至少 100 mm，在其他触及区内，间隔至少 50 mm
18	悬挂式茎秆切碎器分离机构	GB 10395.7—2006 中 4.7 GB 16151.12—2008 中 11.3	茎秆切碎器的动力传动系在脱粒机构分离时也应分离；刀片顶点回转圆周围应至少有 850 mm 的安全距离。如果防护装置的下边缘离水平地面的高度小于 1 100 mm，850 mm 可减至 550 mm
19	机构的分离和清理	GB 10395.7—2006 中 4.8.1	维修和保养期间，意外移动会产生潜在挤压或剪切运动的有关机构，应特别注意留有适当的间隙，或进行防护和/或设置挡板。如果在人工转动脱粒机构时，需要使用特殊工具，该工具应随机提供，并应在使用说明书中给出该工具的使用方法
20	液体排放点	GB 10395.7—2006 中 4.8.2	发动机油(燃油、润滑油等)和液压油的排放点应设置在离地面较近处。其他要更换的工作液体应满足类似要求
21	蓄电池、电气电缆	GB 10395.1—2009 中 4.9 GB 10395.7—2006 中 4.9 GB 16151.12—2008 中 14.10	蓄电池应置于便于保养和维修的位置处。发电机应工作良好，蓄电池应保持常态电压；电气件、蓄电池的非接地端应进行防护，以防止与其意外接触及与地面形成短路 开关、按钮操作方便，工作可靠，不得因振动而自行接通或关闭 电缆应设置在不触及排气系统、不接近运动部件或锋利边缘的位置。电器导线均应捆扎成束，布置整齐，固定卡紧，接头可靠并有绝缘封套，在导线穿越孔洞时，应设绝缘套管；对位于与表面有潜在磨擦接触位置的电缆，应进行防护。电缆还应具有耐油性或加以防护，防止其与机油或汽油接触 除起动电动机电路和高压火花点火系统外，所有电路都应安装保险丝或其他过载保护装置。这些装置在电路间的布置应防止同时切断所有的报警系统

（续）

序号	检验项目	依据标准	合格指标说明
22	行走和驻车制动装置	GB 16151.12—2008 中 7 GB/T 20790—2006 中 3.5 JB/T 5117—2006 中 3.7、3.8	制动踏板应防滑，左右踏板应联锁且两脚蹬面应位于同一平面上。踏板的自由行程和储备行程应符合设计要求 驻车制动器锁定手柄锁定制动踏板必须可靠，没有外力不能松脱
23	重要部位紧固件强度等级	GB/T 20790—2006 中 5.2.8 JB/T 5117—2006 中 5.2.8	螺栓不低于 8.8 级，螺母不低于 8 级（重要部位是指滚筒纹杆螺栓或齿杆与幅盘联接螺栓、滚筒轴承座螺栓、轮辋螺栓、刀杆曲柄螺栓、发动机固定螺栓、茎秆切碎刀片固定螺栓、滚筒端盖螺栓等）
24	灭火器	GB 10395.7—2006 中 4.10 GB 16151.12—2008 中 3.20	必须在易于取卸的位置上配备可靠、有效的灭火器，在使用说明书中说明灭火器是操作者首先考虑到的保护工具，给出其使用方法及放置位置
25	照明和信号装置	GB 16151.12—2008 中 14 GB/T 20790—2006 中 3.3、3.4 JB/T 5117—2006 中 3.3、3.4	所有开关应安装可靠、开关自如，开关的位置应便于驾驶员操纵 应有发动机转速、水温、机油压力、蓄电池充电电流等指示装置，有倒车报警器。自走轮式机还应装行走喇叭、后反射器。每侧应装有后视镜各 1 只（半喂入机应至少有 1 只后视镜）。带自卸粮箱的机型应设置粮箱报警器 灯具应安装可靠，完好有效。至少应有作业灯 2 只，一只照向割台前方，一只照向卸粮区。最高车速大于 10 km/h 的自走式联合收割机还必须装前照灯 2 只、前位灯 2 只、后位灯 2 只、前转向灯 2 只、后转向灯 2 只、倒车灯 2 只、制动灯 2 只。半喂入式收割机应有一只用于照射作物进入主滚筒情况的作业灯 前照灯应有远、近光，功率不小于 50 W，发光强度不小于 8 000 cd。应有危险报警闪光灯 后反射器应能保证夜间在其正前方 150 m 处用前照灯照射时，在照射位置就能确认其反射光
注：安全检查项目有一项不合格，则判整机安全性不合格。			

ICS 65.060.99
B 95

中华人民共和国农业行业标准

NY 2091—2011

木薯淀粉初加工机械　安全技术要求

Machinery for primary processing of cassava starch—Technical means for ensuring safety

2011-09-01 发布　　2011-12-01 实施

中华人民共和国农业部 发布

前　言

本标准第5、第6章为强制性条款，其他为推荐性条款。

本标准按照GB/T 1.1—2009给出的规则起草。

本标准由中华人民共和国农业部农垦局提出。

本标准由农业部热带作物及制品标准化技术委员会归口。

本标准起草单位：中国热带农业科学院农业机械研究所、广西农垦集团有限责任公司、南宁市明阳机械制造有限公司。

本标准主要起草人：王金丽、黄晖、黄兑武、王忠恩。

木薯淀粉初加工机械　安全技术要求

1　范围

本标准规定了木薯淀粉初加工机械的有关术语和定义，以及在设计、制造、安装、维护和使用操作等方面的安全技术要求。

本标准适用于以鲜木薯和木薯干片为加工原料的木薯淀粉初加工机械，其他薯类淀粉初加工机械可参照使用。

2　规范性引用文件

下列文件对于本文件的应用是必不可少的。凡是注日期的引用文件，仅注日期的版本适用于本文件。凡是不注日期的引用文件，其最新版本（包括所有的修改单）适用于本文件。

GB/T 699　优质碳素结构钢

GB 4053.2　固定式钢梯及平台安全要求　第2部分　钢斜梯

GB 4053.3　固定式钢梯及平台安全要求　第3部分　工业防护栏杆及钢平台

GB 5226.1　机械安全　机械电气设备　第1部分：通用技术条件

GB/T 8196　机械安全　防护装置　固定式和活动式防护装置设计与制造一般要求

GB/T 9969.1　工业产品使用说明书　总则

GB 12265.1—1997　机械安全　防止上肢触及危险区的安全距离

GB 12265.2　机械安全　防止下肢触及危险区的安全距离

GB/T 15706.1　机械安全　基本概念与设计通则　第1部分：基本术语和方法

GB/T 15706.2　机械安全　基本概念与设计通则　第2部分：技术原则

GB 16754　机械安全　急停　设计原则

GB 16798　食品机械安全卫生

GB 18209.1—2000　机械安全　指示、标志和操作　第1部分：关于视觉、听觉和触觉信号的要求

GB 18209.2　机械安全　指示、标志和操作　第2部分：标志要求

3　术语和定义

GB/T 15706.1界定的以及下列术语和定义适用于本文件。

3.1

木薯淀粉初加工机械　machinery for primary processing of cassava starch

将鲜木薯或木薯干片加工成淀粉的工艺过程中，使用的输送机、洗薯机、碎解机、离心筛、干粉筛选机等设备的总称。

3.2

洗薯机　cassava washer

清除木薯外表皮沾带的泥沙等杂质及大部分表皮的设备。

3.3

碎解机　cassava crusher

将清洗干净的木薯粉碎成薯浆的设备。

3.4

离心筛　screen centrifuge

通过离心作用使木薯浆和渣分离的设备。

3.5

干粉筛选机 dry powder screening machine

通过筛网将干粉的粉头及其他大颗粒杂物与成品粉分离的设备。

3.6

安全标志 safety sign

用以表达特定安全信息的标志，由图形符号、安全色、几何形状（边框）或文字构成。

3.7

安全距离 safety distance

防护结构距危险区的最小距离。

4 危险一览表

设备在运输、安装、使用及维修维护中可能出现的危险现象见表1。

表1 主要危险一览表

序 号	危 险 种 类	序 号	危 险 种 类
1	引入或卷入	8	忽略电气防护
2	刮伤、扎伤或碰撞	9	安装错误
3	滑倒、绊倒、从工作台或梯子上摔落	10	违规操作
4	外露运动件无防护装置	11	漏电
5	起动、停机装置或安全装置失灵	12	噪声的危害
6	机器失去稳定性、倾倒	13	振动的危害
7	机械零部件或物料抛射	14	粉尘的危害

5 设计、制造要求

5.1 基本要求

5.1.1 设备的设计、制造应符合使用安全性和可靠性的要求。

5.1.2 设备可触及的外表面不应有锐棱、尖角和毛刺，不应有易伤人的开口和凸出部分。

5.1.3 操作装置应设计在设备明显位置，使用应安全可靠、方便敏捷。

5.1.4 连接件和紧固件应拆装安全、方便。

5.1.5 设备应符合吊装和运输的要求，质量较大或重心偏移的设备和零部件应设计合理的吊装位置。

5.1.6 设备空载噪声，碎解机应不大于91 dB(A)，其余设备应不大于85 dB(A)。

5.1.7 设备出厂前应进行空载试验，在额定转速下连续运行时间应不少于2 h，并应满足下列要求：

——运转平稳，无明显的振动、冲击和异常声响；

——调整装置灵活可靠，连接件和紧固件无松动现象；

——安全保护装置灵敏、可靠；

——减速箱及其他润滑部位无渗漏油现象；

——轴承温升符合相应产品标准的要求。

5.2 零部件质量

5.2.1 各零部件应有足够的强度、刚度、稳定性和安全系数。经热处理后，不应有裂纹和其他影响强度的缺陷。

5.2.2 与加工物料直接接触的零部件，应采用符合GB 16798中规定的无毒、无味、耐酸等不影响淀粉安全卫生质量的材料制造。

5.2.3 设备主轴的材料力学性能应不低于 GB/T 699 中规定的 45 号钢的要求。

5.2.4 碎解机转子应进行静平衡试验;离心筛筛蓝应进行动平衡试验,并符合相应产品标准规定的精度等级要求。

5.2.5 碎解机和离心筛等设备的主轴在初加工后应进行探伤检查,不应有裂纹等缺陷。

5.2.6 碎解机和离心筛的主轴应经调质处理,表面硬度应符合产品标准的要求。

5.2.7 已加工的零部件表面不应有锈蚀、碰伤、划痕等影响零件强度的缺陷。

5.3 安全防护

5.3.1 外露的带传动、链传动、齿轮传动及轴系等运动部件应有防护装置,防护装置应符合 GB/T 8196 的规定。

5.3.2 外露转动件端面应涂红色。

5.3.3 设备运行时有可能发生移位、松脱或抛射的零部件,应设置紧固或防松装置。

5.3.4 采用安全距离进行防护时,安全距离应符合 GB 12265.1 和 GB 12265.2 的要求。

5.3.5 操作位置应对人员没有危险,并有充分的安全操作空间。

5.3.6 高于地面 1.2 m 及以上的洗薯机等设备,应设置工作平台、通道和防护栏,防护栏和钢平台应符合 GB 4053.3 的要求。工作平台和通道应有防滑措施。

5.3.7 工作平台钢梯的设计、安装应符合 GB 4053.2 的要求。

5.3.8 碎解机、离心筛应根据需要配备辅助工作台,并留有适当的操作和调整位置。

5.4 调节和控制装置

5.4.1 调节机构、控制装置应操作安全可靠、灵活方便。

5.4.2 控制装置的设计应满足在动力中断后,只有通过手动才能重新启动的要求,启动应安全、快捷。

5.4.3 控制装置的配置和标记应明显可见、易识别,手动控制的设计应符合 GB/T 15706.2 中的有关要求。

5.4.4 停机装置应操作可靠、方便,停机操作件应为红色,并与其他操作件和背景有明显色差。

5.4.5 对转速较高的设备,在操作位置应设置急停装置,急停装置应符合 GB 16754 的要求。

5.5 电气装置

5.5.1 电气装置应安全可靠,并符合 GB 5226.1 的有关要求。外购的电气装置应有产品合格证,并符合相应标准的要求。

5.5.2 每台设备均应设置总电源开关,电源开关应能锁紧在"关闭"位置。

5.5.3 电机启动按钮应有防止意外启动的功能。

5.5.4 设备应有可靠的接地保护装置,接地电阻应符合 NY/T 737 的要求。

5.5.5 设备应有短路、过载和失压保护装置。

5.5.6 电气装置应安装牢固,线路连接良好;导线接头应有防止松脱的装置,需防震的电器及保护装置应有减振措施。

5.5.7 电器线路及护管应紧固可靠,不应有损伤和压扁等缺陷,与相对运动零件不应产生摩擦。

5.5.8 电机、电气元件的选择和安装应符合防水、防粉尘、防腐蚀等特定要求。

5.5.9 操作开关处应有注明用途的文字或符号。

5.6 装配质量

5.6.1 所有零部件均应符合质量要求,外购件、协作件应有合格证书。

5.6.2 碎解机锤片在装配前应按产品标准要求进行质量分组。

5.6.3 碎解机和离心筛顶盖开合应灵活可靠,与主体接合应牢固、密封。

5.6.4 离心筛筛网应平贴筛兰内壁,压网盆应将筛网紧固。

5.6.5 碎解机和干粉筛选机的筛网应张紧平整、牢固可靠。

5.7 安全标志和使用说明书

5.7.1 在易产生危险的地方,应设置安全标志或涂安全色。安全标志应符合 GB 18209.2 的规定。

5.7.2 电气装置的安全标志应符合相应电气标准的规定。

5.7.3 在高速旋转件附近明显部位,应用箭头、文字标明其转向、最高转速等信息。

5.7.4 应随机提供使用说明书,使用说明书的编写应符合 GB/T 9969.1 的规定。

5.7.5 除包括产品基本信息外,使用说明书还应包括安全注意事项、禁用信息以及对安全装置、调节控制装置与安全标志的详细说明等内容。

6 安装、维护和使用操作要求

6.1 安装和维护

6.1.1 设备安装应由专业人员按产品使用说明书和设计要求进行。

6.1.2 设备安装的基础应能承受相应的载荷,表面平整,碎解机、离心筛的安装基础应有减振措施。

6.1.3 对于重心偏移较大的重型设备或零部件,应采取防倾翻措施。

6.1.4 设备安装或大修后应进行试运行,并符合 5.1.7 的要求。

6.1.5 对设备进行维护、保养、清洁,应先切断电源,并采取有效的警示措施,以避免因误操作而发生安全事故。

6.1.6 对急停装置、安全防护装置应进行定期检查。

6.1.7 安全标志、操作指示若有缺损,应及时补充或更换。

6.1.8 对碎解机转子、离心筛筛蓝等高速旋转件应定期检查。需更换零部件时,应由专业维修人员或在其指导下进行。

6.1.9 对输送带、洗薯机应定期清洁,以免铁块、螺丝头等杂物混入物料中。

6.2 使用操作

6.2.1 使用单位应根据产品使用说明书和相关规定,编写操作规程和注意事项,以便于操作者使用。

6.2.2 新设备使用前,应对操作人员进行培训。操作者应尽可能了解设备的结构、工作原理和安全注意事项,操作时应严格执行操作规程和相关规定。

6.2.3 设备运行前应按要求做好设备的调整、保养和紧固件的检查工作。

6.2.4 开机后应使设备空运行 3 min~5 min,确定无异常后再进行负载工作。

6.2.5 输送机的木薯堆重应符合相关要求。

6.2.6 洗薯机在运行中不应用棍子、铁线等物件去疏通物料。

6.2.7 设备出现故障时,应立即停机,待设备完全停止后再进行故障排除。

6.2.8 不应随意改变规定的使用条件以及输送机输送速度和设备主轴转速等技术状态,不应随意进行可能影响设备安全性能的改装。

6.2.9 工作场地应宽敞、通风,有足够的退避空间,有可靠的灭火装置。

ICS 65.060.80
B 95

中华人民共和国农业行业标准

NY/T 2092—2011

天然橡胶初加工机械　螺杆破碎机

Machinery for primary processing of natural rubber—Screw crusher

2011-09-01 发布　　2011-12-01 实施

中华人民共和国农业部 发布

前　言

本标准是天然橡胶初加工机械相关标准之一。该相关标准的其他标准是：
——NY 228—1994　标准橡胶打包机技术条件；
——NY 232.1—1994　制胶设备基础件　辊筒；
——NY 232.2—1994　制胶设备基础件　筛网；
——NY 232.3—1994　制胶设备基础件　锤片；
——NY/T 262—2003　天然橡胶初加工机械　绉片机；
——NY/T 263—2003　天然橡胶初加工机械　锤磨机；
——NY/T 338—1998　天然橡胶初加工机械　五合一压片机；
——NY/T 339—1998　天然橡胶初加工机械　手摇压片机；
——NY/T 340—1998　天然橡胶初加工机械　洗涤机；
——NY/T 381—1999　天然橡胶初加工机械　压薄机；
——NY/T 408—2000　天然橡胶初加工机械产品质量分等；
——NY/T 409—2000　天然橡胶初加工机械　通用技术条件；
——NY/T 460—2010　天然橡胶初加工机械　干燥车；
——NY/T 461—2010　天然橡胶初加工机械　推进器；
——NY/T 462—2001　天然橡胶初加工机械　燃油炉；
——NY/T 926—2004　天然橡胶初加工机械　撕粒机；
——NY/T 927—2004　天然橡胶初加工机械　碎胶机；
——NY/T 1557—2007　天然橡胶初加工机械　干搅机；
——NY/T 1558—2007　天然橡胶初加工机械　干燥设备。
本标准按照GB/T 1.1—2009给出的规则起草。
本标准由中华人民共和国农业部农垦局提出。
本标准由农业部热带作物及制品标准化技术委员会归口。
本标准起草单位：中国热带农业科学院农产品加工研究所。
本标准主要起草人：朱德明、钱建英、陆衡湘、邓维用、陈成海、静玮。

天然橡胶初加工机械　螺杆破碎机

1　范围

本标准规定了天然橡胶初加工机械螺杆破碎机的产品型号规格、主要技术参数、技术要求、试验方法、检验规则及标志、包装、运输和贮存等要求。

本标准适用于天然橡胶初加工机械螺杆破碎机的设计制造及质量检验。

2　规范性引用文件

下列文件对于本文件的应用是必不可少的。凡是注日期的引用文件，仅注日期的版本适用于本文件。凡是不注日期的引用文件，其最新版本(包括所有的修改单)适用于本文件。

GB/T 699　优质碳素结构钢

GB/T 1800.2　产品几何技术规范(GPS)极限与配合　第2部分:标准公差等级和孔、轴极限偏差表

GB/T 1804—2000　一般公差　未注公差的线性和角度尺寸的公差

GB/T 2828.1　计数抽样检验程序　第1部分:按接受质量限(AQL)检索的逐批检验抽样计划

GB 5226.1　机械电气安全　机械电气设备　第1部分:通用技术条件

GB 8196　机械安全　防护装置　固定式和活动式防护装置设计与制造一般要求

GB/T 11352　一般工程用铸造碳钢件

JB/T 9832.2　农林拖拉机及机具漆膜附着力性能测定法　压切法

NY/T 408　天然橡胶初加工机械　产品质量分等

NY/T 409—2000　天然橡胶初加工机械　通用技术条件

3　产品型号规格及主要技术参数

3.1　型号规格的编制方法

产品型号规格的编制方法应符合 NY/T 409 的规定。

3.2　型号规格表示方法

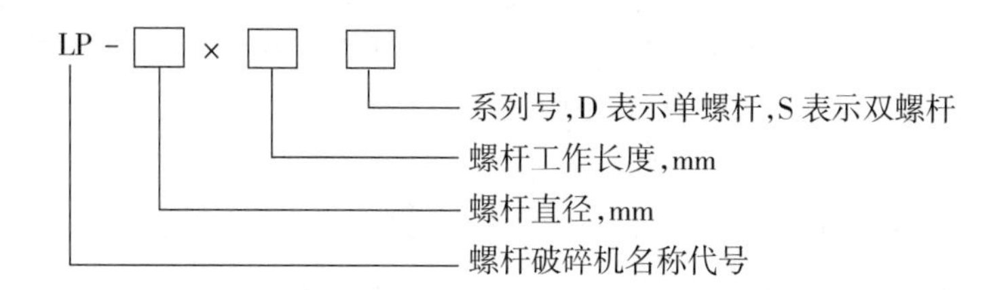

示例:

LP-450×1 200 S表示双螺杆破碎机,其螺杆直径为450 mm,螺杆工作长度为1 200 mm。

3.3　主要技术参数

产品的主要技术参数见表1。

表 1 产品主要技术参数

项　　目	技 术 参 数
螺杆直径,mm	300,400,450,500
螺杆工作长度,mm	500,600,800,1 000,1 200,1 400
螺距,mm	150,170,190,210,230,250
功率,kW	55,75,90,110
主轴转速,r/ min	36,48,60,70,80
生产率,t/ h	1,2,3,4,6
切刀数量,个	2,3,4
切刀间隙,mm	1.0～2.0

4 技术要求

4.1 整机要求

4.1.1 应按经批准的图样和技术文件制造。

4.1.2 图样上未注线性尺寸和角度公差应符合 GB/ T 1804—2000 中 C 级公差等级的规定。

4.1.3 整机装配完工后运行 3 h 以上,空载时轴承温升应不超过 30℃;负载时最高温升应不超过 35℃。整机运行过程中,减速器等各密封部位不应有渗漏现象,减速器油温应不超过 60℃。

4.1.4 整机运行应平稳,不应有异常声响。调整机构应灵活可靠,紧固件无松动。

4.1.5 空载噪声应不大于 80 dB(A)。

4.1.6 加工出的胶块应符合生产工艺的要求。

4.1.7 使用可靠性应不小于 95%。

4.2 主要零部件

4.2.1 螺轴

4.2.1.1 螺轴材料的力学性能应不低于 GB/ T 699 中 45 号钢的要求,并应进行调质处理。

4.2.1.2 轴承位配合公差应按 GB/ T 1800.2 中 k6 的规定。

4.2.1.3 轴承位配合表面粗糙度为 $\overset{3.2}{\bigtriangledown}$ 。

4.2.2 螺套

4.2.2.1 螺套采用力学性能不低于 GB/ T 11352 中规定的 ZG 310～570 材料制造。

4.2.2.2 轴套配合公差带应按 GB/ T 1800.2 中 M7 中的规定。

4.2.3 切刀

4.2.3.1 切刀沿圆周方向均匀分布。

4.2.3.2 切刀材料的力学性能应不低于 GB/ T 699 中 45 号钢的要求。

4.2.3.3 切刀硬度为 40 HRC～50 HRC。

4.3 装配

4.3.1 装配质量应按 NY/ T 409—2000 中 5.6 的规定。

4.3.2 安装后,螺轴的轴向窜动应不大于 0.25 mm。

4.3.3 切刀与筛板的间隙应均匀,最大与最小间隙差应小于 0.5 mm。

4.3.4 两 V 带轮轴线的平行度应不大于两轮中心距的 1%;两 V 带轮对应面的偏移量应不大于两轮中心距 0.5%。

4.4 外观和涂漆

4.4.1 外观表面应平整，不应有图样未规定的凹凸和损伤。

4.4.2 铸件表面不应有飞边、毛刺等。

4.4.3 焊接件外观表面不应有焊瘤、金属飞溅物等缺陷。焊缝表面应均匀，不应有裂纹。

4.4.4 漆层外观色泽应均匀、平整光滑；不应有露底、严重的流痕和麻点；明显的起泡起皱应不多于3处。

4.4.5 漆层的漆膜附着力应符合JB/T 9832.2中2级3处的规定。

4.5 安全防护

4.5.1 外露V带轮、飞轮等转动部件应装固定式防护罩，防护罩应符合GB 8196的规定。

4.5.2 外购的电器装置质量应按GB 5226.1的规定，并应有安全合格证。

4.5.3 电气设备应有可靠的接地保护装置，接地电阻应不大于10 Ω。

4.5.4 机械可触及的零部件不应有会引起损伤的锐边、尖角和粗糙的表面等。

4.5.5 螺杆破碎机应设有过载保护装置。

5 试验方法

5.1 空载试验

5.1.1 总装配检验合格后应进行空载试验。

5.1.2 机器连续运行应不小于3 h。

5.1.3 空载试验项目和要求见表2。

表2 空载试验项目和要求

试验项目	要求
运行情况	符合4.1.4的规定
切刀与工作腔的间隙	符合4.3.3的规定
电气装置	工作正常
轴承温升	符合4.1.3的规定
噪声	符合4.1.5的规定

5.2 负载试验

5.2.1 负载试验应在空载试验合格后进行。

5.2.2 负载试验时，连续工作应不少于2 h。

5.2.3 负载试验项目和要求见表3。

表3 负载试验项目和要求

试验项目	要求
运行情况	符合4.1.4的规定
电气装置	工作正常并符合4.5.3的规定
轴承温升	≤35℃
生产率	符合表1中的规定
工作质量	符合4.1.6的规定

5.3 试验方法

生产率、噪声、尺寸公差、形位公差、硬度和使用可靠性等应按NY/T 408—2000中第4章的相关规定进行测定；漆膜附着力应按 JB/T 9832.2 的规定进行测定。

6 检验规则

6.1 出厂检验

6.1.1 每台螺杆破碎机应经检验合格，取得合格证后方可出厂。

6.1.2 出厂检验项目及要求：

——外观和涂漆应符合 4.4 的规定；

——装配应符合 4.3 的规定；

——安全防护应符合 4.5 的规定；

——空载试验应符合 5.1 的规定。

6.1.3 用户有要求时，可进行负载试验。负载试验应按 5.2 的规定。

6.2 型式检验

6.2.1 有下列情况之一时，应进行型式检验：

——新产品生产或产品转厂生产；

——正式生产后，结构、材料、工艺等有较大改变，可能影响产品性能；

——正常生产时，定期或周期性抽查检验；

——产品长期停产后恢复生产；

——出厂检验发现产品质量显著下降；

——质量监督机构提出型式检验要求；

——合同规定。

6.2.2 型式检验应符合第 4 章和表 1 的要求。抽样按 GB/T 2828.1 规定的正常检查一次抽样方案。

6.2.3 样本一般应是 6 个月内生产的产品。抽样检查批量应不少于 3 台，样本为 2 台。

6.2.4 整机抽样地点在生产企业的成品库或销售部门；零部件在半成品库或装配线上以检验合格的零部件中抽取。

6.2.5 检验项目、不合格分类和判定规则见表 4。

6.2.6 零部件的检验项目为 4.2 中规定的相应零部件的所有项目。只有所有项目都合格时，该零部件才合格。

7 标志、包装、运输和贮存

产品的标志、包装、运输和贮存应符合 NY/T 409—2000 第 8 章的规定。

表 4 型式检验项目、不合格分类和判定规则

<table>
<tr><th>不合格分类</th><th>检验项目</th><th>样本数</th><th>项目数</th><th>检查水平</th><th>样本大小字码</th><th>AQL</th><th>Ac</th><th>Re</th></tr>
<tr><td>A</td><td>1. 生产率
2. 使用可靠性
3. 安全防护
4. 工作质量</td><td rowspan="2">2</td><td>4</td><td rowspan="2">S-1</td><td rowspan="2">A</td><td>6.5</td><td>0</td><td>1</td></tr>
<tr><td>B</td><td>1. 噪声
2. 切刀硬度
3. 轴承温升和减速器油温
4. 轴承位轴颈尺寸
5. 轴颈表面粗糙度</td><td>5</td><td>25</td><td>1</td><td>2</td></tr>
</table>

（续）

不合格分类	检验项目	样本数	项目数	检查水平	样本大小字码	AQL	*Ac*	*Re*
C	1. V带轮的偏移量 2. 切刀间隙 3. 整机外观 4. 漆层外观 5. 漆膜附着力 6. 标志和技术文件	2	6	S-1	A	40	2	3
注：AQL为合格质量水平，*Ac*为合格判定数，*Re*为不合格判定数。评定时，采用逐项检验考核。A、B、C各类的不合格总数小于或等于*Ac*为合格，大于或等于*Re*为不合格。A、B、C各类均合格时，该批产品为合格品，否则为不合格品。								

第三部分

技能培训类标准

ICS 03.100.30
A 18

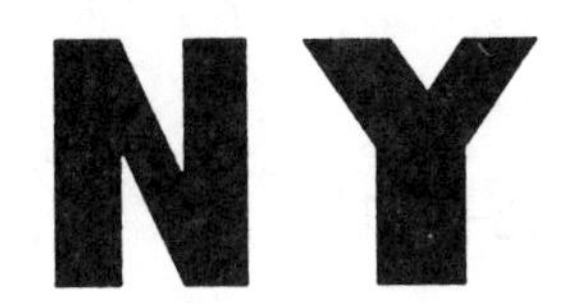

中华人民共和国农业行业标准

NY/T 2093—2011

农村环保工

2011-09-01 发布 2011-12-01 实施

中华人民共和国农业部 发布

前　言

本标准按照 GB/T 1.1—2009 给出的规则起草。

本标准由农业部人事劳动司提出并归口。

本标准起草单位:农业部农村能源职业技能鉴定指导站。

本标准主要起草人:刘东生、王飞、刘宏斌、李想、张艳丽、徐哲、任昌山。

农 村 环 保 工

1 范围

本标准规定了农村环保工职业的术语和定义、基本要求、工作要求。

本标准适用于农村环保工的职业技能培训鉴定。

2 术语和定义

下列术语和定义适用于本文件。

2.1

农村环保工

从事农村污水、固体废弃物(不含危险废物)处理利用设施的施工安装、启动调试、监测运行、管理维护的人员。

3 职业概况

3.1 职业等级

本职业共设5个等级,分别为初级(国家职业资格五级)、中级(国家职业资格四级)、高级(国家职业资格三级)、技师(国家职业资格二级)、高级技师(国家职业资格一级)。

3.2 职业环境条件

室外,常温。

3.3 职业能力特征

具有一定的学习和计算能力,有一定的观察、分析、推理和判断能力,四肢健全,手指、手臂灵活,动作协调。

3.4 基本文化程度

初中毕业。

3.5 培训要求

3.5.1 培训期限

全日制职业学校教育,根据其培养目标和教学计划确定。晋级培训期限:初级不少于80标准学时,中级不少于120标准学时,高级不少于180标准学时,课堂教学和现场实习学时数比例为1∶1;技师及高级技师培训时间不少于200学时,课堂教学和现场实习时间比例为2∶1。

3.5.2 培训教师

培训初级的教师应具有本职业高级以上职业资格证书或相关专业中级以上技术职务任职资格;培训中级、高级的教师应具有本职业技师以上职业资格证书或相关专业中级以上专业技术职务任职资格;培训技师、高级技师的教师应具有本职业高级技师职业资格证书或相关专业高级专业职务任职资格。各级教师均具有相应的教学经验。

3.5.3 培训场地与设施

满足教学需要的标准教室,具有农村污水、固体废弃物处理利用设施的施工现场,以及正常运行的农村污水、固体废弃物处理利用设施工程现场和必要的试验条件。

3.6 鉴定要求

3.6.1 适用对象

从事或准备从事本职业的人员。

3.6.2 申报条件

3.6.2.1 初级(具备以下条件之一者)

a) 经本职业初级正规培训达规定标准学时数,并取得毕(结)业证书;

b) 在本职业连续见习工作1年以上;

c) 本职业学徒期满。

3.6.2.2 中级(具备以下条件之一者)

a) 取得本职业初级职业资格证书后,连续从事本职业工作2年以上,经本职业中级正规培训达规定标准学时数,并取得毕(结)业证书;

b) 取得本职业初级职业资格证书后,连续从事本职业工作3年以上;

c) 在本职业连续见习工作4年以上;

d) 取得经劳动保障行政部门审核认定的,以中级技能为培养目标的中等以上职业学校本职业毕业证书。

3.6.2.3 高级(具备以下条件之一者)

a) 取得本职业中级职业资格证书后,连续从事本职业工作2年以上,经本职业高级正规培训达规定标准学时数,并取得毕(结)业证书;

b) 取得本职业中级职业资格证书后,在本职业连续工作3年以上;

c) 取得高级技工学校或经劳动保障行政部门审核认定的,以高级技能为培养目标的高等职业学校本职业毕业证书;

d) 取得本职业中级职业资格证书的大专以上本专业或相关专业毕业生,连续从事本职业工作2年以上。

3.6.2.4 技师(具备以下条件之一者)

a) 取得本职业高级职业资格证书后,连续从事本职业工作3年以上,经本职业高级正规培训达规定标准学时数,并取得毕(结)业证书;

b) 取得本职业高级职业资格证书后,连续从事本职业工作5年以上;

c) 取得本职业高级职业资格证书的高级技工学校本职业毕业生,连续从事本职业工作3年以上;

d) 取得大学本科相关专业毕业证书,并连续从事本职业工作3年以上。

3.6.2.5 高级技师(具备以下条件之一者)

a) 取得本职业技师职业资格证书后,连续从事本职业工作3年以上,经本职业正规高级技师培训,达规定标准学时数,并取得毕(结)业证书;

b) 取得大学本科相关专业毕业证书,并连续从事本职业工作5年以上。

3.6.3 鉴定方式

分为理论知识考试和技能操作考核。理论知识考试采取闭卷笔试方式,技能操作考核采用现场实际操作方式。理论知识考试和技能操作考核均实行百分制,成绩皆达60分以上者为合格。理论知识考试合格者方可参加技能考核。技师和高级技师还需进行综合评审。

3.6.4 考评人员与考生配比

理论知识考试考评人员与考生配比为1∶30,每个标准教室不少于2人;技能操作考核考评人员与考生配比1∶10,且每次考评不少于3名考评人员。

3.6.5 鉴定时间

理论知识考试时间为90 min;技能操作考核:初级不少于120 min,中级、高级不少于180 min,技师、高级技师不少于120 min。

3.6.6 鉴定场所和设施

理论知识考试在标准教室里进行，技能操作考核场所应设在农村污水、固体废弃物处理利用设施工程现场，并具有必要的条件。

4 基本要求

4.1 职业道德

4.1.1 职业道德基本知识

4.1.2 行为规范

a) 遵纪守法，讲文明，讲礼貌，维护社会公德；

b) 严格按操作规程进行工作；

c) 尊重用户，热情服务。

4.2 基础知识

4.2.1 专业基础知识

a) 识图和绘图基础知识；

b) 建筑材料基础知识；

c) 建筑施工工艺基础知识；

d) 常用工具操作知识；

e) 农村污水处理基础知识；

f) 农村固体废弃物处理基础知识；

g) 有机肥及其利用基础知识；

h) 农村环保相关技术标准。

4.2.2 安全知识

a) 防火、防爆常识；

b) 急救常识；

c) 施工安全操作常识；

d) 呼救常识；

e) 安全用电常识。

4.2.3 法律知识

a) 公民的权利和义务；

b)《合同法》相关常识；

c)《劳动法》相关常识；

d)《农业法》相关常识；

e)《环境保护法》相关常识；

f)《消费者权利保护法》相关常识。

5 工作要求

本职业对初级、中级、高级、技师、高级技师的技能要求依次递进，高级别涵盖低级别的内容。

5.1 初级

职业功能	工作内容	技能要求	相关知识
一、处理池施工	(一)施工准备	1. 能完成放线 2. 能挖池坑 3. 能拌制砂浆	1. 池定位放线知识 2. 池坑施工知识 3. 配制混凝土、灰浆基础知识 4. 粗骨料、细骨料基础知识

（续）

职业功能	工作内容	技能要求	相关知识
一、处理池施工	（二）池体施工	1. 能完成混凝土基础施工 2. 能完成砖混池体施工 3. 能进行混凝土池墙体施工 4. 能完成防渗层的施工 5. 能完成池墙外回填土 6. 能安装预埋件	1. 混凝土基础施工的有关知识 2. 混凝土池墙体施工的有关知识 3. 回填土有关知识
二、处理池启动	（一）农村污水处理池启动	1. 能采集接种物 2. 能投加接种物	1. 农村污水基本知识 2. 接种物有关知识
	（二）农村固体废弃物处理池启动	1. 能收集生活垃圾、秸秆和粪便 2. 能预处理生活垃圾、秸秆和粪便	1. 农村固体废弃物基本知识 2. 生活垃圾、秸秆、粪便预处理有关知识
三、处理池运行管理	（一）农村污水处理池运行管理	1. 能够清理进水口杂物 2. 能够采集进出水样品	1. 农村污水处理进水口杂物清理有关知识 2. 农村污水样品采集有关知识
	（二）农村固体废弃物处理池运行管理	1. 能够完成进、出料工作 2. 能测定发酵物料的温度	1. 农村固体废弃物处理进出料有关知识 2. 农村固体废弃物处理温度测定有关知识

5.2 中级

职业功能	工作内容	技能要求	相关知识
一、处理池施工	（一）施工准备	1. 能确定池址 2. 能确定处理池放线位置 3. 能确定材质，并计算各种材料用量	1. 农村污水处理池、固体废弃物处理池选址知识 2. 农村污水处理池、固体废弃物处理池定位与放线方法 3. 农村污水处理池、固体废弃物处理池材料、设备有关知识
	（二）池体施工	1. 能处理基础裂缝 2. 能处理池墙体蜂窝、麻面 3. 能完成混凝土养护工作 4. 能做闭水试验	1. 基础裂缝处理有关知识 2. 池墙体蜂窝、麻面处理有关知识 3. 混凝土养护有关知识 4. 闭水试验有关知识
	（三）设施安装	1. 能完成格栅安装 2. 能完成管道安装 3. 能完成生物填料安装 4. 能完成水生植物种植 5. 能完成防雨设施的安装	1. 格栅安装有关知识 2. 管道安装有关知识 3. 生物填料安装有关知识 4. 水生植物种植有关知识 5. 防雨设施安装有关知识
二、处理池启动	（一）农村污水处理池进水启动	1. 能选择接种物 2. 能确定进水量及进水周期	1. 接种来源有关知识 2. 进水量与进水周期有关知识
	（二）农村固体废弃物处理池启动	1. 能配制发酵原料 2. 能确定通风时间和通风量	1. 发酵原料配比有关知识 2. 有机固体废弃物好氧发酵氧浓度有关知识
三、处理池运行	（一）农村污水处理池运行	1. 能定期清除处理池内剩余污泥 2. 能完成水生植物的冬季清理工作 3. 能使用水质检测仪进行原位监测	1. 生活污水处理池污泥清除有关知识 2. 水生植物冬季清理有关知识 3. 水质原位监测有关知识
	（二）农村固体废弃物处理池运行	1. 能采取池体保温措施 2. 能定期监测有机固体废弃物处理池的温度、含水率和色泽	1. 池体保温有关知识 2. 农村有机固体废弃物好氧发酵指标监测有关知识

（续）

职业功能	工作内容	技能要求	相关知识
四、处理池管理与维护	（一）故障判断和排除	1. 能排除污水处理池堵塞故障 2. 能排除农村固体废弃物处理池渗滤故障	1. 农村污水处理池故障的判断与排除有关知识 2. 农村有机废弃物处理池故障的判断与排除有关知识
	（二）维护和保养	1. 能更换农村污水处理池进出管道 2. 能更换农村固体废弃物处理池防雨设施	1. 农村污水处理池管道更换有关知识 2. 农村有机固体废弃物处理防雨设施更换有关知识

5.3 高级

职业功能	工作内容	技能要求	相关知识
一、工程施工	（一）施工准备	1. 能进行工程选址 2. 能确定工程放线位置 3. 能完成备料工作	1. 农村污水处理工程、固体废弃物处理工程选址知识 2. 农村污水处理工程、固体废弃物处理工程定位与放线方法 3. 农村污水处理工程、固体废弃物处理工程材料、设备有关知识
	（二）土方及基础工程	1. 能完成钢筋混凝土基础工程施工 2. 能处理基础工程施工中遇到的常见问题	1. 钢筋混凝土基础施工有关知识 2. 防止土壁塌方的措施 3. 验槽知识 4. 特殊地基的处理知识
	（三）主体工程施工	1. 能完成模板工程施工 2. 能完成钢筋混凝土工程施工 3. 能完成泵坑施工	1. 模板工程施工有关知识 2. 钢筋混凝土工程有关知识 3. 泵坑施工有关知识
	（四）设施安装	1. 能完成污水计量装置安装 2. 能完成布水装置安装 3. 能完成污水进水自控装置安装 4. 能完成无机填料安装 5. 能完成风机的安装 6. 能完成污水泵的安装 7. 能完成曝气装置的安装	1. 污水计量装置安装有关知识 2. 布水装置安装有关知识 3. 污水进水自控装置有关知识 4. 无机填料安装有关知识 5. 风机安装有关知识 6. 污水泵安装有关知识 7. 曝气装置安装有关知识
	（五）质量检验	1. 能完成土方工程检验 2. 能完成模板工程检验 3. 能完成混凝土工程检验	1. 土方工程检验有关知识 2. 模板工程检验有关知识 3. 混凝土工程检验有关知识
二、工程启动	（一）农村污水处理工程的进水启动	1. 能启动污水进水自控装置 2. 能启动曝气装置	1. 污水进水自控装置原理及操作规程 2. 曝气装置原理及操作规程
	（二）农村固体废弃物处理工程的启动	1. 能调节发酵原料含水率 2. 能调节发酵原料碳氮比 3. 能确定发酵原料的翻搅次数	1. 发酵原料含水率知识 2. 发酵原料碳氮比知识 3. 发酵原料翻搅有关知识
三、工程运行	（一）农村污水处理工程运行	1. 能使用污水水泵 2. 能使用曝气装置 3. 能处理污水处理设施堵塞故障 4. 能处理人工湿地雍水现象	1. 污水泵工作原理及操作规程 2. 曝气装置构造及操作有关知识 3. 污水处理设施堵塞故障有关知识 4. 人工湿地雍水现象有关知识
	（二）农村固体废弃物处理工程运行	1. 能计算日常进料量、出料量 2. 能处理固体废弃物渗滤液 3. 能正确使用翻搅机进行机械翻堆	1. 农村固体废弃物处理工程进出料量有关知识 2. 农村固体废弃物渗滤液有关知识 3. 翻搅机有关知识

（续）

职业功能	工作内容	技能要求	相关知识
四、工程管理与维护	（一）农村污水处理工程维护保养	1. 能更换污水泵 2. 能更换曝气装置 3. 能更换填料 4. 能适时收割和处理水生植物	1. 水泵更换有关知识 2. 曝气装置更换有关知识 3. 填料更换有关知识 4. 水生植物收割和处理有关知识
	（二）农村固体废弃物处理工程维护保养	1. 能更换风机 2. 能保养翻搅机	1. 风机更换有关知识 2. 翻搅机保养有关知识
五、综合利用	（一）农村污水处理后出水的应用	1. 能确定农村污水处理后的灌溉次数和面积	1. 农村污水处理后的灌溉次数和面积有关知识
	（二）有机肥应用	1. 能确定有机肥农田施用量、施用时间	1. 有机肥施用量有关知识 2. 有机肥施用时间有关知识

5.4 技师

职业功能	工作内容	技能要求	相关知识
一、工程运行	（一）农村污水处理工程运行	1. 能处理农村污水处理工程池容减小的问题 2. 能处理农村污水处理工程运行中出现气味的问题 3. 能处理农村污水处理工程运行中出现短流的问题	1. 农村污水处理技术 2. 农村污水处理工程运行基本原理 3. 农村污水处理工程仪器设备有关知识
	（二）农村固体废弃物处理工程的运行	1. 能处理农村有机固体废弃物处理工程不能正常升温的问题 2. 能处理农村有机固体废弃物处理工程运行中发酵温度高的问题	1. 农村有机固体废弃物处理工程基本原理 2. 农村固体废弃物处理技术 3. 农村固体废弃物处理工程仪器设备知识
二、工程管理与维护	（一）农村污水处理工程的日常维护	1. 能维修污水泵 2. 能维修曝气装置 3. 能确定水生植物重播播期和密度	1. 污水泵维修有关知识 2. 曝气装置维修有关知识 3. 水生植物重播有关知识
	（二）农村有机固体废弃物处理工程的日常维护	1. 能维修风机 2. 能维修机械翻搅设备	1. 风机维修有关知识 2. 机械翻搅设备有关知识
三、综合利用	（一）生活污水处理后出水的应用	1. 能编制农村污水处理后出水农田灌溉操作规程 2. 能编制农村污水处理后出水草坪灌溉操作规程 3. 能编制农村污水处理出水果园灌溉操作规程	1. 农村污水处理后的农田灌溉有关知识 2. 农村污水处理的草坪灌溉有关知识 3. 农村污水处理后的果园灌溉有关知识
	（二）有机肥利用	1. 能编制有机肥农田施用操作规程 2. 能编制有机肥草坪施用操作规程 3. 能编制有机肥果园施用操作规程	1. 有机肥农田施用有关知识 2. 有机肥草坪施用有关知识 3. 有机肥果园施用有关知识
四、培训	（一）技术人员培训	1. 能培训本级以下人员	1. 农村污水处理池施工及运行知识 2. 农村有机固体废弃物处理池施工及运行知识
	（二）农户培训	1. 能对农户进行日常管理知识培训 2. 能对农户进行综合利用知识培训	1. 农村污水处理池日常管理知识 2. 农村有机固体废弃物处理池日常管理知识 3. 农村污水处理后的综合利用知识 4. 农村固体废弃物处理后的综合利用知识

5.5 高级技师

职业功能	工作内容	技能要求	相关知识
一、工程运行	(一)农村污水处理工程的运行	1. 能编制农村污水处理工程运行操作规程 2. 能分析农村污水处理工程的运行效率 3. 能编制农村污水处理工程运行报告	1. 农村污水处理工程运行基本原理 2. 农村污水处理工程运行效率有关知识 3. 农村污水处理工程运行报告编制有关知识
	(二)农村有机固体废弃物处理工程的运行	1. 能编制农村固体废弃物处理工程运行操作规程 2. 能分析农村固体废弃物处理工程的运行效率 3. 能编制农村固体废弃物处理工程运行报告	1. 农村固体废弃物处理工程运行基本原理 2. 农村固体废弃物处理工程运行效率有关知识 3. 农村固体废弃物处理工程运行报告编制有关知识
二、工程管理	(一)农村污水处理工程的管理	1. 能编制农村污水处理工程运行岗位制度 2. 能编制农村污水处理工程运行的操作规程 3. 能考核农村污水处理工程运行人员绩效	1. 农村污水处理工程运行岗位制度有关知识 2. 农村污水处理工程运行操作规程 3. 农村污水处理工程运行人员绩效考核有关知识
	(二)农村有机固体废弃物处理工程的管理	1. 能编制农村有机固体废弃物处理工程运行岗位制度 2. 能编制农村有机固体废弃物处理工程运行的操作规程 3. 能考核农村有机固体废弃物处理工程运行人员绩效	1. 农村固体废弃物处理工程运行岗位制度有关知识 2. 农村固体废弃物处理工程运行操作规程 3. 农村固体废弃物处理工程运行人员绩效考核有关知识
三、综合利用	(一)农村污水处理后出水的利用	1. 能确定农村污水处理后的利用方式 2. 能分析农村污水处理后的利用效果 3. 能编制农村污水综合利用报告	1. 农村污水处理后的利用方式知识 2. 农村污水处理后的利用效果分析有关知识 3. 农村污水综合利用报告编制有关知识
	(二)有机肥利用	1. 能确定农村固体废弃物处理后的利用方式 2. 能分析农村固体废弃物处理后的利用效果 3. 能编制农村固体废弃物综合利用报告	1. 农村固体废弃物处理后的利用方式知识 2. 农村固体废弃物处理后的利用效果分析有关知识 3. 农村固体废弃物综合利用报告编制有关知识
四、培训	(一)培训手册编制	1. 能编制农村污水处理技术培训手册 2. 能编制农村固体废弃物处理技术培训手册	1. 农村污水处理技术研究进展及最新动态 2. 农村固体废弃物处理技术研究进展及最新动态 3. 技术培训手册编写要求
	(二)人员培训	1. 能培训本级以下人员	1. 农村污水处理工程施工及运行知识 2. 农村有机固体废弃物处理工程施工及运行知识

6 比重表

6.1 理论知识

项目		初级 %	中级 %	高级 %	技师 %	高级技师 %
基本要求	职业道德	5	5	5	5	5
	基础知识	20	20	20	20	20
相关知识	施工	40	25	20	0	0
	启动	15	20	15	0	0
	池(工程)的运行	10	15	10	20	20
	池(工程)的管理与维护	10	15	15	25	20
	综合利用	0	0	15	15	20
	培训	0	0	0	15	15
合计		100	100	100	100	100

6.2 技能操作

项目		初级 %	中级 %	高级 %	技师 %	高级技师 %
技能要求	施工	50	40	25	0	0
	启动	20	20	20	0	0
	池(工程)的运行	15	15	15	25	20
	池(工程)的管理与维护	15	25	20	30	30
	综合利用	0	0	20	20	20
	培训	0	0	0	25	30
合计		100	100	100	100	100

ICS 03.100.30
A 18

中华人民共和国农业行业标准

NY/T 2094—2011

装载机操作工

Operators of loader

2011-09-01 发布

2011-12-01 实施

中华人民共和国农业部 发布

前　言

本标准按照GB/T 1.1—2009给出的规则起草。

本标准由农业部人事劳动司提出并归口。

本标准起草单位:农业部农机行业职业技能鉴定指导站。

本标准主要起草人:温芳、李宗岭、叶宗照、祖树强、周小燕、梁福同。

装载机操作工

1 范围

本标准规定了装载机操作工职业的术语和定义、职业概况和工作基本要求。

本标准适用于装载机操作工的职业技能鉴定。

2 术语和定义

下列术语和定义适用于本文件。

2.1

装载机操作工 operators of loader

操作装载机，进行散装物料装载、铲运作业，并对机械进行维护保养及故障处理的人员。

3 职业概况

3.1 职业等级

本职业共设 3 个等级，分别为初级（国家职业资格五级）、中级（国家职业资格四级）、高级（国家职业资格三级）。

3.2 职业环境条件

室外、噪声、粉尘。

3.3 职业能力特征

具有一定观察、判断和应变能力；四肢灵活，动作协调；无赤绿色盲，两眼视力不低于对数视力表 4.9（允许矫正）；两耳能辨别距离音叉 50 cm 的声源方向。

3.4 基本文化程度

初中毕业。

3.5 培训要求

3.5.1 培训期限

全日制职业学校教育，根据其培养目标和教学计划确定。晋级培训期限：初级不少于 180 标准学时，中级不少于 150 标准学时，高级不少于 120 标准学时。

3.5.2 培训教师

培训初级的教师应具有本职业高级以上职业资格证书或相关专业初级以上专业技术职务任职资格；培训中、高级的教师应具有本职业高级职业资格证书 3 年以上或相关专业中级以上专业技术职务任职资格。

3.5.3 培训场地与设备

满足教学需要的标准教室、实践场所以及必要的教具和设备。

3.6 鉴定要求

3.6.1 适用对象

从事或准备从事本职业的人员。

3.6.2 申报条件

3.6.2.1 初级（具备下列条件之一者）

a） 经本职业初级正规培训达规定标准学时数，并取得结业证书；

b） 在本职业连续见习工作2年以上。

3.6.2.2 中级(具备下列条件之一者)

a） 取得本职业初级职业资格证书后，连续从事本职业工作1年，经本职业中级正规培训达规定标准学时数，并取得结业证书；

b） 取得本职业初级职业资格证书后，连续从事本职业工作3年以上；

c） 连续从事本职业工作4年以上，经本职业中级正规培训达规定标准学时数，并取得结业证书；

d） 连续从事本职业工作6年以上；

e） 取得经人力资源和社会保障部门审核认定的、以中级技能为培养目标的中等以上职业学校相关专业的毕业证书。

3.6.2.3 高级(具备下列条件之一者)

a） 取得本职业中级职业资格证书后，连续从事本职业工作2年以上，经本职业高级正规培训达规定标准学时数，并取得结业证书；

b） 取得本职业中级职业资格证书后，连续从事本职业工作4年以上；

c） 连续从事本职业工作9年以上，经本职业高级正规培训达规定标准学时数，并取得结业证书；

d） 取得人力资源和社会保障部门审核认定的，以高级技能为培养目标的高级技工学校或高等职业学校相关专业的毕业证书；

e） 取得本专业或相关专业大专以上毕业证书，经本职业高级正规培训达规定标准学时数，并取得结业证书；

f） 取得本专业或相关专业大专以上毕业证书，连续从事本职业工作2年以上。

3.6.3 鉴定方式

分为理论知识考试和技能操作考核。理论知识考试采用闭卷笔试方式，技能操作考核采用现场实际操作方式。理论知识考试和技能操作考核均实行百分制，成绩皆达到60分及以上者为合格。

3.6.4 考评人员与考生配比

理论知识考试考评人员与考生配比为1∶20，每个标准教室不少于2名考评人员；技能操作考核考评员与考生配比为1∶5，且不少于3名考评员。职业资格考评组成员不少于5人。

3.6.5 鉴定时间

理论知识考试为120 min；技能操作考核时间，根据考核项目而定，但不少于90 min。

3.6.6 鉴定场所设备

理论知识考试在标准教室进行；技能操作考核在具备必要考核设备的实践场所进行。

4 基本要求

4.1 职业道德

4.1.1 职业道德基本知识

4.1.2 职业守则

遵章守法，爱岗敬业；

规范操作，安全生产；

钻研技术，节能降耗；

诚实守信，优质服务。

4.2 基础知识

4.2.1 机械常识

a） 常用金属和非金属材料的种类、性能及用途；

b） 常用油料的种类、牌号、性能与用途；

c) 常用标准件的种类、规格和用途。

4.2.2 电工常识

a) 直流电路与电磁的基本知识；
b) 交流电路基本概念；
c) 安全用电知识。

4.2.3 装载机基础知识

a) 装载机的类型及其主要特点；
b) 装载机的总体构造及功用；
c) 农业生产物料的种类和特点；
d) 农业生产物料的装载要求。

4.2.4 相关法律、法规知识

a)《中华人民共和国道路交通安全法》相关知识；
b)《中华人民共和国环境保护法》相关知识；
c)《中华人民共和国合同法》相关知识；
d)《农业机械安全监督管理条例》相关知识；
e)《特种设备安全监察条例》相关知识。

5 工作要求

本标准对初级、中级、高级的技能要求依次递进，高级别涵盖低级别的要求。

5.1 初级

职业功能	工作内容	技能要求	相关知识
一、作业准备	（一）出车前检查	1. 能进行车辆外观的检查 2. 能检查发动机燃油和机油油量 3. 能检查发动机冷却液 4. 能检查风扇皮带松紧度 5. 能检查轮胎气压 6. 能检查车辆制动、灯光等装置技术状态 7. 能检查装载机手柄、开关等操作元件的技术状态 8. 能检查装载机的铲斗等工作装置作业前的技术状态	1. 车辆外观检查的主要内容 2. 发动机机油量检查方法 3. 发动机冷却液的检查步骤 4. 风扇皮带松紧度的检查方法 5. 轮胎气压的检查方法 6. 车辆制动、灯光等装置的检查内容 7. 装载机操作元件的名称、功能 8. 装载机工作装置的基本知识 9. 装载机工作装置技术状态的检查内容
	（二）作业条件调查	1. 能采集天气、场地、道路等有关自然条件信息，确定作业方案 2. 能识别待装物料的性质和工程的分类及待装车辆的载重能力	1. 自然条件信息的采集方法 2. 作业方案的撰写方法 3. 物料的性质和工程的分类基本知识 4. 常见车辆的分类及技术参数
二、驾驶与作业实施	（一）车辆道路驾驶	1. 能识读驾驶室内各类仪表 2. 能驾驶装载机在常规道路上行驶	1. 装载机驾驶室内各类仪表的功用及其显示的含义 2. 装载机驾驶的基本作业要领和注意事项
	（二）作业实施	1. 能驾驶装载机进行铲运作业 2. 能驾驶装载机进行装载作业 3. 能驾驶装载机进行堆料作业 4. 能根据货物密度换算每斗货物重量 5. 能填写工作日记 6. 能进行事故的自救和急救	1. 装载机安全作业操作规程 2. 装载机铲运作业的操作要领和作业方法 3. 装载机装载作业注意事项 4. 装载机堆料作业注意事项 5. 货物密度与体积的换算方法 6. 工作日记的内容和填写要求 7. 事故后的自救、急救等基本知识

（续）

职业功能	工作内容	技能要求	相关知识
三、故障诊断与排除	（一）诊断与排除发动机故障	1. 能诊断和排除发动机燃油油路堵塞等简单故障 2. 能诊断和排除发动机漏油、漏水等简单故障	1. 发动机的总体构造与功用 2. 发动机燃油油路堵塞、漏油和漏水等简单故障的原因及排除方法
	（二）诊断与排除电气系统故障	1. 能诊断和排除蓄电池自行放电、接线柱等线路接头松动、保险丝烧毁等简单故障 2. 能诊断和排除喇叭不响、灯不亮等简单故障	1. 装载机电气系统的组成及功用 2. 装载机电路的特点 3. 蓄电池的基本知识 4. 装载机电气系统保险丝烧毁等简单故障的原因及排除方法
四、技术维护与保养	（一）日常保养	1. 能进行装载机的清洁、润滑、检查、调整和紧固等日常保养 2. 能补充和加注燃油、机油、冷却液和润滑脂 3. 能完成机器的入库保管	1. 技术维护的概念和分类 2. 日常保养的内容和要求 3. 燃油、机油、润滑脂、冷却液的加注方法 4. 装载机保管期间发生损坏的类型及原因 5. 入库保管的技术措施 6. 车库防火安全知识 7. 灭火器的使用方法 8. 常用工具的使用方法
	（二）技术维护	1. 能进行风扇传动带等发动机简单易损件的更换 2. 能进行齿尖等工作装置简单易损件的更换	1. 风扇传动带、齿尖等简单易损件的更换方法 2. 装载机工作装置的结构

5.2 中级

职业功能	工作内容	技能要求	相关知识
一、驾驶与作业实施	（一）车辆道路驾驶	1. 能在风雨、冰雪等特殊气候条件下驾驶装载机 2. 能驾驶装载机在坡道、山区道路、隧道桥梁等复杂道路行驶	1. 风雨、冰雪等特殊气候条件下驾驶装载机的注意事项 2. 装载机在坡道、山区道路、隧道桥梁等复杂道路上的驾驶操作要领
	（二）作业实施	1. 能操作装载机在瞭望条件不良等复杂场地的情况下铲运等作业 2. 能在铲斗满载状态下驾驶装载机越过大坡 3. 能根据货物状况，调整铲斗进斗角度	1. 在瞭望条件不好等复杂场地的情况下铲运等作业注意事项 2. 驾驶装载机铲斗满载越过大坡的注意事项 3. 装载不同货物时铲斗进斗角度的调整操作要领
二、故障诊断与排除	（一）诊断与排除发动机故障	1. 能诊断和排除发动机排烟异常等常见故障 2. 能诊断和排除发动机因空气滤清器堵塞等造成启动困难、无力等常见故障 3. 能诊断和排除发动机过热的故障	1. 发动机的基本构造和工作过程 2. 发动机排烟异常等常见故障的原因及排除方法 3. 发动机空气滤清器堵塞等常见故障的原因及排除方法 4. 发动机过热故障的原因及排除方法
	（二）诊断与排除底盘故障	1. 能诊断和排除离合器分离不彻底、打滑故障 2. 能诊断和排除转向失灵等转向系统常见故障 3. 能诊断和排除变速器乱挡、跳挡等传动系统常见故障 4. 能诊断和排除液压系统进气故障	1. 机械传动的类型、特点和失效形式 2. 传动、行走系统、转向与制动系统的构造和工作原理 3. 离合器分离不彻底、打滑故障的原因及排除方法 4. 转向失灵等转向系统常见故障的原因及排除方法 5. 变速器乱挡、跳挡等传动系统常见故障的原因及排除方法 6. 液压系统进气等常见故障的原因及排除方法

（续）

职业功能	工作内容	技能要求	相关知识
三、技术维护与保养	（一）机器试运转	1. 能进行装载机的试运转 2. 能检查和调整装载机试运转后的技术状态	1. 装载机试运转的目的、原则和基本规程 2. 装载机试运转后的质量验收标准
	（二）定期保养	1. 能识读零件图 2. 能进行装载机累计工作 250 h 内的技术保养	1. 机械识图的一般知识 2. 装载机累计工作 250 h 技术保养规程
	（三）技术维护	1. 能更换轴承、油封等一般易损件 2. 能更换装载机铲斗等一般工作部件 3. 能正确使用常用电工工具、仪器仪表	1. 滤清器、轴承、油封等一般易损件的拆装要领 2. 装载机铲斗等一般工作部件的更换方法 3. 常用电工工具、仪器仪表的使用方法和安全操作注意事项

5.3 高级

职业功能	工作内容	技能要求	相关知识
一、驾驶与作业实施	（一）车辆道路驾驶	1. 能驾驶装载机在泥水中、松软的地面等恶劣环境下行驶 2. 能完成装载机陷车的应急处理	1. 在泥水中、松软的地面等恶劣环境下驾驶操作要领和注意事项 2. 土壤的垂直载荷与沉陷的关系 3. 装载机陷车的应急处理方法
	（二）作业实施	1. 能驾驶装载机进行精确装载等精细作业 2. 能驾驶装载机在高温、寒冷等特殊气候条件下的进行装载、堆料、铲运作业 3. 能完成装车货物的均衡装载 4. 能进行规定危险品的装卸作业	1. 平整场地、精确装载等精细作业的驾驶操作要领和注意事项 2. 装载机在高温、寒冷等特殊气候条件下进行装载、堆料、铲运作业的操作要领和注意事项 3. 装车货物均衡装载的注意事项 4. 危险品装卸的安全知识
二、故障诊断与排除	（一）诊断与排除发动机故障	1. 能诊断和排除发动机功率不足、燃油消耗率过高等复杂故障 2. 能诊断和排除发动机工作不稳定等复杂故障 3. 能诊断和排除发动机机油压力过低故障	1. 发动机功率不足、燃油消耗率过高等复杂故障的原因及排除方法 2. 发动机工作不稳定故障的原因及排除方法 3. 发动机机油压力过低故障的原因及排除方法 4. 柴油机电子控制技术的特点 5. 电子控制燃油系统的分类与组成 6. 电子控制柴油机的控制功能 7. 废气涡轮增压的基本知识
	（二）诊断与排除底盘故障	1. 能诊断和排除液力变矩器、变速箱油温过高等传动系统复杂故障 2. 能诊断和排除由制动器引起的制动跑偏、制动拖滞、制动失效等故障 3. 能诊断和排除由前轮定位引起的轮胎异常磨损故障	1. 液力变矩器、变速箱油温过高等传动系统故障的原因及排除方法 2. 制动跑偏、制动拖滞、制动失效等故障的原因及排除方法 3. 轮胎异常磨损故障的原因及排除方法
	（三）诊断与排除电气系统故障	1. 能识读装载机电路图 2. 能诊断和排除蓄电池充电电流过大、过小或不充电等电气系统常见故障 3. 能诊断和排除启动机动力不能结合或结合后无法分离故障	1. 装载机主要电器设备的构造及工作原理 2. 装载机电路图的识读内容和方法 3. 装载机电气系统常见故障的原因及排除方法

（续）

职业功能	工作内容	技能要求	相关知识
二、故障诊断与排除	（四）诊断与排除液压系统故障	1. 能识读装载机液压回路图 2. 能诊断和排除因液压油缸及其他液压元件漏油、油路堵塞造成液压系统失灵等常见故障 3. 能诊断和排除液压系统油温迅速升高故障	1. 液压传动基本知识 2. 液压系统的基本构造及工作过程 3. 装载机常用的液压回路及其工作过程 4. 装载机液压回路图的识读内容和方法 5. 装载机液压系统漏油等常见故障的原因 6. 装载机液压系统油温迅速升高等常见故障的原因和排除方法
三、技术维护与保养	（一）定期保养	1. 能识读装配图 2. 能进行装载机累计工作 2 000 h 以内的技术保养	1. 公差与配合、表面粗糙度的基本知识 2. 机械装配图的识读方法 3. 装载机累计工作 2 000 h 技术保养规程
	（二）技术维护	1. 能进行液压油缸、分配器等液压系统重要零部件的拆装与更换 2. 能进行发动机节温器部件的更换 3. 能进行发动机气门间隙、供油提前角的调整	1. 液压油缸、分配器等液压系统重要零部件的拆装与更换操作要领及注意事项 2. 发动机节温器的更换操作要领及注意事项 3. 发动机气门间隙、供油提前角的调整要领及注意事项
四、管理与培训	（一）技术管理	1. 能制定作业计划 2. 能完成作业成本核算 3. 能制定货物的装卸、搬运工艺 4. 能发现生产方面的不安全因素，提出改进意见 5. 能制定装载机故障应急处理预案 6. 能撰写技术总结	1. 作业计划的内容 2. 装载机作业成本的构成和降低途径 3. 影响装载作业生产效率的因素 4. 装载机操作工作业程序、标准、制度和管理要求 5. 安全生产的制度、措施 6. 装载机故障应急处理预案包含的内容 7. 技术总结的内容和写作方法
	（二）培训与指导	1. 能指导初、中级人员操作 2. 能对初级人员进行技术培训 3. 能编写培训教案	1. 培训教育的基本方法 2. 装载机操作工培训的基本要求 3. 培训教案编写的基本要求

6 比重表

6.1 理论知识

项目			初级，%	中级，%	高级，%
基本要求		职业道德	5	5	5
		基础知识	20	15	10
相关知识	一、作业准备	出车前检查	5	—	—
		作业条件调查	3	—	—
	二、驾驶与作业实施	车辆道路驾驶	12	12	6
		作业实施	15	15	10
	三、故障诊断与排除	诊断与排除发动机故障	12	15	9
		诊断与排除底盘故障	—	15	8
		诊断与排除电气系统故障	7	—	8
		诊断与排除液压系统故障	—	—	12
	四、技术维护与保养	机器试运转	—	5	—
		日常保养	13	—	—
		定期保养	—	8	10
		技术维护	8	10	10
	五、管理与培训	技术管理	—	—	7
		培训与指导	—	—	5
合计			100	100	100

6.2 技能操作

项　　目		初级,%	中级,%	高级,%
技能要求	一、驾驶与作业实施	50	50	30
	二、故障诊断与排除	20	25	35
	三、技术维护与保养	30	25	25
	四、管理与培训	—	—	10
合　　计		100	100	100

ICS 03.100.30
A 18

中华人民共和国农业行业标准

NY/T 2095—2011

玉米联合收获机操作工

Operators of maize combine harvester

2011-09-01 发布　　2011-12-01 实施

中华人民共和国农业部　发布

前　言

本标准按照 GB/T1.1—2009 给出的规则起草。

本标准由农业部人事劳动司提出并归口。

本标准起草单位:农业部农机行业职业技能鉴定指导站。

本标准主要起草人:温芳、崔玉山、冯佐龙、叶宗照、孙彦玲、张缺俊。

玉米联合收获机操作工

1 范围

本标准规定了玉米联合收获机操作工职业的术语和定义、基本要求、工作要求。

本标准适用于玉米联合收获机操作工的职业技能培训鉴定。

2 术语和定义

下列术语和定义适用于本文件。

2.1

玉米联合收获机操作工　operators of maize combine harvester

操作玉米联合收获机，进行玉米摘穗、剥皮等收获作业，并对机械进行维护保养及故障处理的人员。

3 职业概况

3.1 职业等级

本职业共设 3 个等级，分别为初级（国家职业资格五级）、中级（国家职业资格四级）和高级（国家职业资格三级）。

3.2 职业环境条件

室外、常温、噪声和粉尘。

3.3 职业能力特征

具有一定观察、诊断和应变能力；四肢灵活，动作协调；无赤绿色盲，两眼视力不低于对数视力表 4.9（允许矫正）；两耳能辨别距离音叉 500 mm 的声源方向。

3.4 基本文化程度

初中毕业（或同等学历）。

3.5 培训要求

3.5.1 培训期限

全日制职业学校教育，根据其培养目标和教学计划确定。晋级培训期限：初级不少于 180 标准学时，中级不少于 150 标准学时，高级不少于 120 标准学时。

3.5.2 培训教师

培训初级的教师应具有本职业高级以上职业资格证书或相关专业初级以上专业技术职务任职资格；培训中、高级的教师应具有本职业高级职业资格证书 3 年以上或相关专业中级以上专业技术职务任职资格。

3.5.3 培训场地与设备

满足教学需要的标准教室、实践场所以及必要的教具和设备。

3.6 鉴定要求

3.6.1 适用对象

从事或准备从事本职业的人员。

3.6.2 申报条件

3.6.2.1 初级（具备下列条件之一者）

a） 持联合收割机驾驶员职业资格证书的人员可以直接申报本职业同等级别的职业资格证书；

b) 经本职业初级正规培训达规定标准学时数,并取得结业证书;
c) 在本职业连续见习工作2年以上。

3.6.2.2 中级(具备下列条件之一者)

a) 取得本职业初级职业资格证书后,连续从事本职业工作1年,经本职业中级正规培训达规定标准学时数,并取得结业证书;
b) 取得本职业初级职业资格证书后,连续从事本职业工作3年以上;
c) 连续从事本职业工作4年以上,经本职业中级正规培训达规定标准学时数,并取得结业证书;
d) 连续从事本职业工作6年以上;
e) 取得经人力资源和社会保障部门审核认定的、以中级技能为培养目标的中等以上职业学校相关专业的毕业证书。

3.6.2.3 高级(具备下列条件之一者)

a) 取得本职业中级职业资格证书后,连续从事本职业工作2年以上,经本职业高级正规培训达规定标准学时数,并取得结业证书;
b) 取得本职业中级职业资格证书后,连续从事本职业工作4年以上;
c) 连续从事本职业工作9年以上,经本职业高级正规培训达规定标准学时数,并取得结业证书;
d) 取得人力资源和社会保障部门审核认定的、以高级技能为培养目标的高级技工学校或高等职业学校相关专业的毕业证书;
e) 取得本专业或相关专业大专以上毕业证书,经本职业高级正规培训达规定标准学时数,并取得结业证书;
f) 取得本专业或相关专业大专以上毕业证书,连续从事本职业工作2年以上。

3.6.3 鉴定方式

分为理论知识考试和技能操作考核。理论知识考试采用闭卷笔试方式,技能操作考核采用现场实际操作方式。理论知识考试和技能操作考核均实行百分制,成绩皆达到60分以上者为合格。

3.6.4 考评人员与考生配比

理论知识考试考评人员与考生配比为1∶20,每个标准教室不少于2名考评人员;技能操作考核考评员与考生配比为1∶5,且不少于3名考评员。职业资格考评组成员不少于5人。

3.6.5 鉴定时间

理论知识考试为120 min;技能操作考核时间依考核项目而定,但不少于90 min。

3.6.6 鉴定场所设备

理论知识考试在标准教室进行;技能操作考核在具备必要考核设备的实践场所进行。

4 基本要求

4.1 职业道德

4.1.1 职业道德基本知识

4.1.2 职业守则

遵章守法,爱岗敬业;
规范操作,安全生产;
钻研技术,节能降耗;
诚实守信,优质服务。

4.2 基础知识

4.2.1 机械常识

a) 常用金属和非金属材料的种类、性能和用途;

b) 常用油料的种类、牌号、性能、用途和选用知识；
c) 常用标准件的种类、规格和用途；
d) 常用工、量具使用知识。

4.2.2 电工常识

a) 直流电路与电磁的基本知识；
b) 交流电路基本概念；
c) 安全用电知识。

4.2.3 玉米联合收获机基础知识

a) 玉米联合收获机的类型及其主要特点；
b) 玉米联合收获机的总体构造及功用；
c) 玉米种植管理收获农艺基础知识。

4.2.4 相关法律、法规知识

a)《中华人民共和国道路交通安全法》相关知识；
b)《农业机械安全监督管理条例》相关知识；
c)《农业机械产品修理、更换、退货责任规定》相关知识；
d)《联合收割机跨区作业管理办法》相关知识。

5 工作要求

本标准对初级、中级和高级的技能要求依次递进，高级别涵盖低级别的要求。

5.1 初级

职业功能	工作内容	技能要求	相关知识
一、收获前准备	（一）出车前检查	1. 能进行车辆外观检查 2. 能检查发动机冷却液、蓄电池电解液液面高度 3. 能检查发动机、传动箱机油油位和轮胎气压等 4. 能检查传动链条、皮带张紧度等 5. 能检查安全防护装置 6. 能检查驾驶操作手柄、开关和仪表等技术状态	1. 车辆外观检查的主要内容 2. 发动机冷却液、蓄电池电解液液面高度的技术要求和检查方法 3. 发动机、传动箱机油油位的技术要求和检查方法 4. 轮胎气压的技术要求和检查方法 5. 传动链条、皮带张紧度的技术要求和检查方法 6. 玉米联合收获机安全防护装置配备要求 7. 玉米联合收获机驾驶操作手柄、开关的功用和使用方法 8. 驾驶室仪表的功用及显示含义
	（二）作业准备与驾驶	1. 能进行机械收获玉米的株距、行距等农艺情况的调查 2. 能根据机器的结构特点，进行田块、道路通过性的调查 3. 能驾驶玉米联合收获机进库、移库和出库 4. 能驾驶玉米联合收获机在常规道路上行驶	1. 玉米联合收获机对收获作物的要求 2. 玉米联合收获机作业时对道路和田块的要求 3. 玉米联合收获机进库、移库和出库操作要领 4. 道路驾驶注意事项和操作安全规程
二、收获作业	（一）机器调试	1. 能根据玉米长势等情况进行摘穗板间隙、拉茎辊间隙、剔草刀间隙的调整 2. 能根据玉米结穗高度来调整摘穗台工作高度	1. 玉米机械收获操作要求 2. 摘穗板、拉茎辊、剔草刀间隙的技术要求和调整方法 3. 摘穗台工作高度的技术要求和调整方法

（续）

职业功能	工作内容	技能要求	相关知识
二、收获作业	（二）田间作业	1. 能根据田块大小和机器的结构特点选择合理的玉米机械收获作业路线 2. 能驾驶玉米联合收获机对无倒伏等常规作业条件下的玉米进行收获作业 3. 能填写工作日记	1. 玉米联合收获机作业路线的选择方法 2. 玉米联合收获机安全操作规程 3. 玉米联合收获机收获作业操作知识 4. 工作日记的填写方法
三、故障诊断与排除	（一）摘穗台故障诊断与排除	1. 能诊断和排除摘穗台堵塞故障 2. 能诊断和排除拉茎辊缠绕故障 3. 能诊断和排除拨禾链跳链和掉链故障	1. 玉米联合收获机摘穗台的组成、功用和工作过程 2. 玉米联合收获机摘穗台简单故障的原因及排除方法
	（二）工作装置故障诊断与排除	1. 能诊断和排除果穗升运器堵塞、刮板扭曲变形等简单故障 2. 能诊断和排除剥皮辊缠绕、堵塞等常见故障 3. 能诊断和排除秸秆还田机皮带磨损过快等简单故障	1. 玉米联合收获机果穗升运器构造和工作过程 2. 果穗升运器堵塞等简单故障的原因及排除方法 3. 玉米联合收获机剥皮机构组成和功用 4. 剥皮机构堵塞等简单故障的原因及排除方法 5. 秸秆还田机的组成和功用 6. 秸秆还田机皮带磨损过快等简单故障的原因及排除方法
	（三）发动机故障诊断与排除	1. 能诊断和排除柴油机油管、水管等接头漏油、漏水故障 2. 能诊断和排除柴油机油路堵塞或存在空气而导致发动机不能启动的简单故障	1. 发动机的组成和功用 2. 柴油机管路连接基本要求 3. 柴油机油路堵塞或存在空气等简单故障的原因及排气方法
	（四）底盘故障诊断与排除	1. 能诊断和排除轮胎螺栓断裂、底盘系统杆件螺栓松动、断裂等故障 2. 能诊断和排除制动偏刹等故障	1. 螺栓的检查、紧固和装配要求 2. 制动系统的组成、功用和工作过程 3. 制动系统偏刹等简单故障的原因及排除方法
	（五）电气液压系统故障诊断与排除	1. 能诊断和排除接线柱等线路接头松动等简单故障 2. 能诊断和排除喇叭不响、灯不亮等简单故障	1. 玉米联合收获机电路的组成和特点 2. 蓄电池的基本知识 3. 玉米联合收获机电路简单故障的原因及排气方法 4. 电器元件安装知识 5. 玉米联合收获机液压系统的组成和功用
四、技术维护与保养	（一）日常保养	1. 能完成机器外部检查、润滑、清理等日常保养工作 2. 能清洁空气滤清器和散热器等 3. 能完成蓄电池充电和添加电解液工作 4. 能补充和加注燃油、机油、冷却液和润滑脂	1. 玉米联合收获机日常保养内容和要求 2. 空气滤清器和散热器的保养方法 3. 蓄电池的保养方法 4. 燃油、机油、冷却液、润滑脂加注方法
	（二）技术维护	1. 能更换空气滤清器、机油滤清器、皮带、保险丝等简单易损件 2. 能对因松动偏离正常工作位置的链轮、皮带轮进行修正	1. 空气滤清器、机油滤清器、皮带、保险丝等易损件检查更换方法 2. 链轮、皮带轮安装知识

（续）

职业功能	工作内容	技能要求	相关知识
四、技术维护与保养	（三）入库保管	1. 能对裸露金属表面进行防锈处理 2. 能放尽水箱、机体中的冷却水 3. 能按说明书要求放置摘穗台 4. 能按要求完成链条、皮带的保养存放 5. 能对液压油缸、张紧弹簧进行复位处理 6. 能卸下蓄电池进行检查并定期充电	1. 玉米联合收获机入库保管基本要求 2. 金属防锈处理知识 3. 发动机冷却液的知识 4. 摘穗台、链条、皮带、液压油缸、张紧弹簧等保管维护知识 5. 蓄电池保管维护知识 6. 千斤顶等工具的使用方法

5.2 中级

职业功能	工作内容	技能要求	相关知识
一、收获前准备	（一）出车前检查	1. 能进行摘穗台分动箱、秸秆还田机传动箱等箱体密封性和传动性能的检查 2. 能进行制动器、离合器等行走系统重要部件技术状态的检查	1. 摘穗台分动箱等箱体的基本结构及技术要求 2. 行走系统基本结构及技术要求
	（二）作业准备与驾驶	1. 能驾驶玉米联合收获机在坡道、渡口、涵洞、铁道口等复杂道路行驶 2. 能完成玉米联合收获机的装卸车工作	1. 坡道、渡口、涵洞、铁道口等复杂道路的驾驶知识 2. 玉米联合收获机装卸车方法和操作要领
二、收获作业	（一）机器调试	1. 能根据玉米长势、种植密度等确定收获速度 2. 能根据地表状况、农艺要求等对秸秆还田机构的留茬高度进行调整	1. 玉米联合收获机行走无级变速机构基本结构和调整方法 2. 秸秆还田机构造、工作原理和调整方法
	（二）田间作业	1. 能驾驶玉米联合收获机对不同行距、长势等作业条件下的玉米进行收获作业 2. 能驾驶玉米联合收获机在慢坡地、潮湿地块等复杂地块进行玉米收获作业	1. 不同种植农艺、长势的玉米机械收获作业操作要领 2. 玉米联合收获机在坡地等复杂地块收获作业注意事项
三、故障诊断与排除	（一）摘穗台故障诊断与排除	1. 能诊断和排除摘穗辊、拉茎辊等部位轴承过热、损坏故障 2. 能诊断和排除摘穗台喂入不畅等常见故障	1. 摘穗机构的结构、工作原理及安装技术要求 2. 摘穗台喂入不畅等常见故障的原因及排除方法
	（二）工作装置故障诊断与排除	1. 能诊断和排除果穗升运器果穗损伤等常见故障 2. 能诊断和排除剥皮机构齿钉磨损、胶辊损坏等常见故障 3. 能诊断和排除秸秆还田机构秸秆切碎过长、切不断等故障	1. 果穗升运器果穗损伤等常见故障原因及排除方法 2. 剥皮机构结构和工作原理 3. 剥皮机构齿钉磨损、胶辊损坏等常见故障的原因及排除方法 4. 秸秆还田机结构和工作原理 5. 秸秆还田机秸秆切碎过长、切不断等常见故障原因及排除方法
	（三）发动机故障诊断与排除	1. 能诊断和排除发动机燃油系统引起的排烟异常等常见故障 2. 能诊断和排除发动机空气滤清器堵塞造成启动困难、无力等常见故障	1. 发动机的构造及工作过程 2. 发动机排烟异常等常见故障原因及排除方法 3. 发动机启动困难、无力等常见故障原因及排除方法

（续）

职业功能	工作内容	技能要求	相关知识
三、故障诊断与排除	（四）底盘故障诊断与排除	1. 能诊断和排除离合器打滑、分离不开或分离不彻底故障 2. 能诊断和排除制动失灵等常见故障	1. 离合器的种类、结构和工作过程 2. 行走离合器常见故障的原因及排除方法 3. 小制动器的构造、功用和工作原理 4. 制动失灵等常见故障的原因及排除方法
	（五）电气液压系统故障诊断与排除	1. 能正确使用万用表 2. 能诊断和排除机油油压、水温等电器系统信号失灵等常见故障 3. 能诊断和排除因液压油缸内泄引起的秸秆还田机自行沉降、油缸无法锁定等常见故障 4. 能诊断和排除因液压油脏引起的常见故障	1. 万用表使用方法 2. 电器系统信号失灵等常见故障的原因及排除方法 3. 液压泵的种类、结构和工作过程 4. 液压油缸的种类、结构和工作过程 5. 液压阀的种类、结构和工作过程 6. 液压系统常见故障的原因及排除方法
四、技术维护与保养	（一）机器试运转	1. 能完成玉米收获机的试运转 2. 能完成玉米收获机试运转后技术状态的检查和调整	1. 玉米联合收获机试运转的目的、原则和基本规程 2. 玉米联合收获机试运转后的质量验收技术要求
	（二）定期保养	1. 能定期检查液压油箱油面和清洗液压油滤网等零部件 2. 能按润滑图规定的润滑周期定期进行润滑 3. 能保养发电机 4. 能保养启动机	1. 玉米联合收获机定期保养的内容及要求 2. 玉米联合收获机发电机的构造和工作过程 3. 启动电机的构造和工作过程 4. 电压调节器的构造和工作过程 5. 电压调节器、发电机和启动机的保养要求和要领
	（三）技术维护	1. 能拆装与更换轮胎等易损件 2. 能拆装与更换滚动轴承等 3. 能对茎秆切碎抛送装置的动、定刀片间隙进行调整	1. 机器零部件拆装的一般原则及注意事项 2. 拆装与更换轮胎要领和左右轮胎对换注意事项 3. 拆装与更换滚动轴承要领 4. 茎秆切碎抛送装置的动、定刀片间隙调整方法 5. 常用量具的使用方法

5.3 高级

职业功能	工作内容	技能要求	相关知识
一、收获前准备	（一）出车前检查	1. 能进行多路换向阀、转向器等液压系统部件技术状态的检查 2. 能进行发动机提速性能、排烟、排废气等发动机技术状态的检查	1. 液压系统技术状态检查方法 2. 发动机技术状态要求和检查方法
	（二）作业准备与驾驶	1. 能驾驶玉米联合收获机在凹凸、复杂弯道等特殊路况上行驶 2. 能完成限高、运输狭窄等特殊要求下玉米联合收获机的分解运输	1. 复杂弯道等特殊路况的驾驶知识 2. 玉米联合收获机较大总成件的拆解方法

（续）

职业功能	工作内容	技能要求	相关知识
二、收获作业	（一）机器调试	1. 能根据玉米行距调整玉米联合收获机轮距 2. 能校正导向轮前束值 3. 能根据玉米果穗大小、成熟程度等进行剥皮机工作部件的检查和调整	1. 玉米联合收获机轮距的调整方法 2. 导向轮前束值的检查和调整方法 3. 剥皮机工作部件的检查和调整方法
	（二）田间作业	1. 能驾驶玉米联合收获机对有倒伏、果穗下垂等特殊条件下的玉米进行收获作业 2. 能根据地表情况随时调控秸秆回收装置、秸秆还田机的离地高度 3. 能检查玉米机械收获作业质量	1. 倒伏、果穗下垂等特殊条件下的玉米机械收获方法 2. 玉米联合收获机田间作业随时调控操作要领 3. 玉米联合收获机收获作业质量主要指标和检查方法
三、故障诊断与排除	（一）摘穗台故障诊断与排除	1. 能诊断和排除摘穗机构不转动等复杂故障 2. 能诊断和排除拨禾输送链条传动噪声大等故障 3. 能诊断和排除摘穗机构断秸秆、啃穗、断果穗等复杂故障	1. 摘穗机构不转动等复杂故障的原因及排除方法 2. 拨禾输送链条传动噪声大等故障的原因及排除方法 3. 摘穗机构断秸秆、啃穗、断果穗等复杂故障的原因及排除方法
	（二）工作装置故障诊断与排除	1. 能诊断和排除剥皮机啃粒、剥不净等故障 2. 能诊断和排除秸秆还田机震动异常的故障	1. 剥皮机啃粒、剥不净等故障的原因及排除方法 2. 秸秆还田机震动异常故障的原因及排除方法
	（三）发动机故障诊断与排除	1. 能诊断和排除发动机气门间隙过大等复杂故障 2. 能诊断和排除发动机缸套、活塞磨损等故障	1. 发动机气门间隙过大等复杂故障的原因及排除方法 2. 发动机缸套、活塞磨损等故障的原因及排除方法
	（四）底盘故障诊断与排除	1. 能诊断和排除行走无级变速机构变速范围过小、不变速等故障 2. 能诊断和排除变速箱乱挡、脱挡等故障	1. 行走无级变速机构的结构和工作过程 2. 行走无级变速机构变速范围过小、不变速等故障的原因及排除方法 3. 行走变速箱的结构和工作原理 4. 变速箱乱挡、脱挡等故障的原因及排除方法
	（五）电气液压系统故障诊断与排除	1. 能识读玉米联合收获机电路图 2. 能诊断和排除发电机、启动电机和电压调节器等常见故障 3. 能诊断和排除充电系统充电电流过大、过小或不充电等故障 4. 能识读玉米联合收获机液压回路图 5. 能诊断和排除液压阀卡滞、液压油路堵塞造成液压系统失灵等常见故障 6. 能诊断和排除方向盘自由行程变大、转向失灵等故障	1. 玉米联合收获机电路图符号含义和识读方法 2. 玉米联合收获机发电机、启动电机和电压调节器等常见故障的原因及排除方法 3. 充电电流过大、过小或不充电等故障的原因及排除方法 4. 玉米联合收获机液压回路图符号含义和识读方法 5. 液压转向器结构和工作原理 6. 液压系统升降或转向失灵等故障的原因及排除方法

（续）

职业功能	工作内容	技能要求	相关知识
四、技术维护与保养	（一）定期保养	1. 能完成玉米联合收获机整机的季度保养 2. 能完成玉米联合收获机发动机、电气元件及整机重要工作部件等进行冬季存放前的保养	1. 玉米联合收获机整机季度保养部位及保养方法 2. 玉米联合收获机发动机、电气元件及整机重要工作部件冬季存放前的保养要求
	（二）技术维护	1. 能对摘穗台、升运器、剥皮机构、秸秆还田机等部位磨损零部件进行更换或钳工简单修理 2. 能检查与调整配气机构、喷油器、无极变速器等技术状态 3. 能检查与调整离合器分离间隙、摩擦片磨损程度 4. 能检查与调整行走制动器的工作间隙 5. 能检查、调整摘穗台传动轴等重要部位的轴承间隙 6. 能拆装与更换拉茎辊、摘穗辊等摘穗台主要部件	1. 钳工操作知识 2. 喷油器压力、供油提前角、气门间隙等检查与调整方法 3. 离合器分离间隙的检查与调整方法 4. 制动器工作间隙的检查与调整方法 5. 穗台传动轴等重要部位的轴承间隙检查与调整方法 6. 摘穗台上拉茎辊、摘穗辊等主要部件拆装要领和注意事项
五、管理与培训	（一）组织管理	1. 能制定作业计划 2. 能完成作业成本核算 3. 能发现生产方面的不安全因素，提出安全生产有效措施	1. 作业计划包含的内容 2. 作业成本的构成和降低途径 3. 安全生产的制度与保障措施
	（二）培训与指导	1. 能指导初、中级人员田间作业 2. 能指导初、中级人员进行机器保养和故障排除 3. 能进行初级人员的技术培训	1. 培训教育的基本方法 2. 玉米联合收获机操作工培训基本要求 3. 培训教案编写的基本要求

6 比重表

6.1 理论知识

项目			初级，%	中级，%	高级，%
基本要求		职业道德	5	5	5
		基础知识	25	20	15
相关知识	收获前准备	出车前检查	12	6	6
		作业准备与驾驶	8	4	4
	收获作业	机器调试	10	10	7
		田间作业	10	10	8
	故障诊断与排除	摘穗台故障诊断与排除	4	5	5
		工作装置故障诊断与排除	4	5	3
		发动机故障诊断与排除	4	7	8
		底盘故障诊断与排除	4	3	4
		电气液压系统故障诊断与排除	4	5	5
	技术维护与保养	机器试运转	—	5	—
		日常保养	6		
		定期保养	—	7	8
		技术维护	2	8	12
		入库保管	2	—	—
	管理与培训	组织管理	—	—	6
		培训与指导	—	—	4
合计			100	100	100

6.2 技能操作

项目		初级,%	中级,%	高级,%
技能要求	收获前准备	15	10	5
	收获作业	40	40	35
	故障诊断与排除	20	25	30
	技术维护与保养	25	25	20
	管理与培训	—	—	10
合计		100	100	100

ICS 03.100.30
A 18

中华人民共和国农业行业标准

NY/T 2096—2011

兽用化学药品制剂工

2011-09-01 发布 2011-12-01 实施

中华人民共和国农业部 发布

前　言

本标准按照 GB/T 1.1—2009 给出的规则起草。

本标准由中华人民共和国农业部人事劳动司提出并归口。

本标准起草单位:农业部兽药行业职业技能鉴定指导站。

本标准起草人:杨秀玉、田玉柱、宋冶萍、吴福林、顾进华、王峰、郭晔。

兽用化学药品制剂工

1 职业概况

1.1 职业名称

兽用化学药品制剂工。

1.2 职业定义

系指直接从事兽用化学药品制剂生产操作的人员。

1.3 职业等级

本职业共设四个等级，分别为中级技能（国家职业资格四级）、高级技能（国家职业资格三级）、技师（国家职业资格二级）和高级技师（国家职业资格一级）。

1.4 职业环境条件

室内，室温。

1.5 职业能力特征

具有一定的学习和计算能力；具有一定的形体知觉；手指、手臂灵活，动作协调。

1.6 基本文化程度

初中毕业。

1.7 培训要求

1.7.1 培训期限

全日制职业学校教育，根据其培养目标和教学计划确定。晋级培训期限：中级不少于 400 标准学时；高级不少于 320 标准学时；技师不少于 240 标准学时；高级技师不少于 160 标准学时。

1.7.2 培训教师

培训中级的教师应具有本职业高级及以上职业资格证书或相关专业高级及以上专业技术职务任职资格；培训高级的教师应具有本职业技师职业资格证书或相关专业技师专业技术职务任职资格；培训技师的教师应具有本职业高级技师职业资格证书或相关专业高级技师专业技术职务任职资格；培训高级技师的教师应具有本职业高级技师职业资格证书 2 年以上或相关专业高级专业技术职务任职资格。

1.7.3 培训场所设备

满足教学需要的标准教室和具有相应制剂设备及必要的工具、计量器具等及制剂辅助设施设备的场地。

1.8 鉴定要求

1.8.1 适用对象

从事或准备从事本职业的人员。

1.8.2 申报条件

1.8.2.1 中级(具备以下条件之一者)

a） 连续从事本职业工作 3 年以上，经本职业中级正规培训达规定标准学时数，并取得结业证书；

b） 连续从事本职业工作 5 年以上；

c） 取得经人力资源和社会保障行政部门审核认定的、以中级技能为培养目标的中等以上职业学校本职业（专业）毕业证书。

1.8.2.2 高级(具备以下条件之一者)

a) 取得本职业中级职业资格证书后,连续从事本职业工作4年以上,经本职业高级正规培训达规定标准学时数,并取得结业证书;

b) 取得本职业中级职业资格证书后,连续从事本职业工作6年以上;

c) 取得高级技工学校或经人力资源和社会保障行政部门审核认定的、以高级技能为培养目标的高等职业学校本职业(专业)毕业证书;

d) 取得本职业中级职业资格证书的大专以上本专业或相关专业毕业生。

1.8.2.3 技师(具备以下条件之一者)

a) 取得本职业高级职业资格证书后,连续从事本职业工作5年以上,经本职业技师正规培训达规定标准学时数,并取得结业证书;

b) 取得本职业高级职业资格证书后,连续从事本职业工作7年以上;

c) 取得本职业高级职业资格证书的高级技工学校本职业(专业)毕业生和大专以上本专业或相关专业的毕业生,连续从事本职业工作2年以上。

1.8.2.4 高级技师(具备以下条件之一者)

a) 取得本职业技师职业资格证书后,连续从事本职业工作3年以上,经本职业高级技师正规培训达规定标准学时数,并取得结业证书;

b) 取得本职业技师职业资格证书后,连续从事本职业工作5年以上。

1.8.3 鉴定方式

分为理论知识考试和技能操作考核。理论知识考试采用闭卷笔试等方式,技能操作考核采用现场实际操作、模拟操作等方式。理论知识考试和技能操作考核均实行百分制,成绩皆达60分及以上者为合格,技师还须进行综合评审。

1.8.4 考评人员与考生配比

理论知识考试考评人员与考生配比为1∶20,每个标准教室不少于2名考评人员;技能操作考核考评员与考生配比为1∶5,且不少于3名考评员,综合评审委员不少于5人。

1.8.5 鉴定时间

理论知识考试时间不少于90 min;技能操作考核时间:中级不少于100 min,高级不少于120 min,技师不少于150 min,高级技师不少于180 min;综合评审时间不少于30 min。

1.8.6 鉴定场所设备

理论知识考试在标准教室进行;技能操作考核在配备必要的制剂设备、工具、计量器具等及制剂辅助设施设备的场所进行。

2 基本要求

2.1 职业道德

2.1.1 职业道德基本知识

2.1.2 职业守则

a) 遵守兽药相关的法律、法规;

b) 爱岗敬业,具有高度责任心;

c) 遵守企业各项管理制度;

d) 严格执行岗位标准操作规程(SOP);

e) 严守企业机密;

f) 团结合作,虚心好学;

g) 具有安全生产意识。

2.2 基础知识

2.2.1 兽药基础知识

a) 兽药化学名称、通用名称、商品名称；
b) 兽药的分类(按作用与应用分)。

2.2.2 兽药原辅料及包装材料基础知识

a) 兽药原料基础知识；
b) 兽药辅料基础知识；
c) 兽药包装材料基础知识。

2.2.3 兽药制剂基础知识

a) 兽药常用制剂的分类；
b) 常用兽药制剂生产工艺；
c) 无菌生产基础知识；
d) 消毒灭菌方法基础知识。

2.2.4 安全生产与环境保护知识

a) 防火；
b) 防爆；
c) 防腐；
d) 安全用电；
e) 废气物处理基础知识。

2.2.5 兽药制剂生产设备设施基础知识

a) 制剂生产设备基础知识；
b) 生产设施基础知识。

2.2.6 相关法律、法规知识

a) 《中华人民共和国劳动法》的相关知识；
b) 《中华人民共和国劳动合同法》的相关知识；
c) 《中华人民共和国产品质量法》的相关知识；
d) 《中华人民共和国兽药管理条例》的相关知识；
e) 《兽药生产质量管理规范》(GMP)的相关知识；
f) 《兽药标签、包装管理办法》的相关知识。

3 工作要求

本标准对中级、高级、技师和高级技师的技能要求依次递进，高级别涵盖低级别的要求。

3.1 中级

职业功能	工作内容	技能要求	相关知识
一、准备生产条件	(一)检查生产环境、设施、设备	1. 能够检查生产环境卫生 2. 能够检查生产现场清洁、清场是否彻底 3. 能够检查工作现场的生产状态标志 4. 能够检查设备的状态标志 5. 能检查生产环境的温湿度、压差	1.《兽药生产质量管理规范》中环境卫生要求 2. 清洁要求 3. 状态标志管理要求 4. 洁净厂房温湿度、压差要求

（续）

职业功能	工作内容	技能要求	相关知识
一、准备生产条件	（二）准备文件	1. 能根据生产指令准备待产品种的生产工艺规程 2. 能根据生产指令准备待生品种的岗位标准操作规程 3. 能根据生产指令准备空白记录及外围记录 4. 能够检查本批生产记录、标准操作规程等生产用文件是否齐全	1. 生产工艺规程 2. 岗位标准操作规程 3. 文件管理要求 4. 批生产记录要求
	（三）准备工作服	1. 能够进行不同生产区域的工作服清洗 2. 能够整理、消毒灭菌、干燥工作服，并对其进行分类保管贮藏	1. 工作服清洗、消毒灭菌岗位标准操作规程 2. 不同生产区工作服的区别及各自的清洗、消毒方法 3. 干燥、消毒、灭菌要求
二、准备物料	（一）准备原、辅料	1. 能够按照生产指令单领取待生产品种所需原辅料 2. 能够核对原辅料的品名、批号、规格、含量和厂家等 3. 能够对原辅料进行脱包、清洁等处理 4. 能够密封、存放原辅料	1. 生产工艺规程 2. 脱内外包装岗位标准操作规程 3. 清洁内外包装岗位标准操作规程 4. 物料管理要求 5. 常用原辅料的外观、色泽等知识
	（二）准备包材、标签	1. 能核对标签等包装文字内容 2. 能清洗包材 3. 能印制批号 4. 能够使用洗瓶机、胶塞清洗机、烘箱、隧道烘箱、消毒柜、贴标机等进行清洗、烘干、消毒	1. 生产工艺规程 2. 包材、标签岗位标准操作规程 3. 药品名称相关知识 4. 包材洗涤标准操作规程 5. 批号管理要求 6. 标签管理要求 7. 洗瓶机、胶塞清洗机、烘箱、隧道烘箱、消毒柜、贴标机标准操作规程 生产无菌产品还应具有： 8. 微生物学基础知识 9. 厂房净化要求 10. 工艺用水要求
三、制备产品	（一）干燥物料	能够使用干燥设备干燥原辅料	1. 生产工艺规程 2. 干燥岗位标准操作规程 3. 干燥设备标准操作规程
	（二）粉碎、过筛物料	1. 能够选择正确孔径的筛网，并检查筛网的完整性 2. 能够使用粉碎、过筛设备对原辅料进行粉碎、过筛 3. 能够检查粉碎物料的粒度	1. 计量相关基础知识 2. 生产工艺规程 3. 粉碎、过筛岗位标准操作规程 4. 筛网孔径要求 5. 温、湿度要求 6. 环境压差要求 7. 粉碎机、筛粉机标准操作规程
	（三）混合物料	1. 能使用电子台秤等计量器具称量原辅料 2. 能使用混合设备混合原辅料	1. 生产工艺规程 2. 混合岗位标准操作规程 3. 计量基础知识 4. 混合机标准操作规程
	（四）制粒、整粒	能够使用制粒机、整粒机制粒、整粒	1. 生产工艺规程 2. 制粒、整粒岗位标准操作规程 3. 制粒机、整粒机标准操作规程

（续）

职业功能	工作内容	技能要求	相关知识
三、制备产品	(五)压片	1. 能安装、更换冲头、冲模 2. 能使用压片机压片 3. 能够检查片重差异	1. 生产工艺规程 2. 压片岗位标准操作规程 3. 计量基础知识 4. 压片机标准操作规程
四、分装、包装(冻干)产品	(一)分(灌)装产品	1. 能设置分装机的分装装量 2. 能够使用分装机、灌封机、封口机分装、封口 3. 能够使分装的产品包装密封、平整 4. 能够随时在线检查分装产品的装量	1. 生产工艺规程 2. 分装岗位标准操作规程 3. 计量基础知识 4. 装量检查标准操作规程 5. 成品外观性状 6. 分装机、包装机标准操作规程 7. 微生物学基础知识 8. 厂房净化要求 9. 工艺用水要求
	(二)包装产品	1. 能使用包装设备包装产品 2. 能够使包装数量准确,外观平整	1. 生产工艺规程 2. 包装岗位标准操作规程 3. 计量器具基础知识 4. 包装材料的物料平衡计算知识 5. 偏差处理方法相关知识
	(三)冻干产品	能够使用冻干机冻干产品	1. 生产工艺规程 2. 冻干岗位标准操作规程 3. 冻干机标准操作规程
五、维护设施、设备	(一)维护设备	能够维护、保养设备并使其正常运行	1. 设备使用管理制度 2. 设备的标准操作规程 3. 设备的维修、保养规程 4. 安全管理要求
	(二)维护设施	1. 能够维持厂房洁净和设施正常运行 2. 能够维护工艺用水系统正常工作	1. 设施使用管理制度 2. 设施的标准操作规程 3. 设施的维修、保养规程 4. 设施的清洁、消毒规程 5. 安全管理要求
六、清场、清洁	(一)清理生产现场	1. 能够检查、清理剩余原辅料、标签 2. 能够检查、清理文件 3. 能够检查、清理容器具 4. 能够更换厂房、设备状态标志	清场岗位标准操作规程
	(二)清洁、消毒生产场地	1. 能够清洁、消毒厂房设备 2. 能够清洁、消毒容器具	1. 清洁消毒岗位标准操作规程 2. 清洁消毒相关基础知识

3.2 高级

职业功能	工作内容	技能要求	相关知识
一、准备生产条件	(一)检查生产环境温湿度	1. 能够判断生产环境温湿度指标是否符合生产要求 2. 能够判断生产环境的压差、风向风速等是否符合生产要求	1. 温湿度控制要求 2. 环境压差控制要求
	(二)监测净化空气质量	能够对生产环境进行尘埃粒子、沉降菌等的监测	生产环境监测要求

（续）

职业功能	工作内容	技能要求	相关知识
二、准备物料	(一)准备原料辅料	能识别原辅料的外观性状	1. 物料管理要求 2. 原辅料要求
	(二)准备包材标签	1. 能够解决包材清洗、干燥、灭菌过程中出现的异常情况 2. 能够统一审定核对标签、说明书等的批号等内容正确、一致	1. 包材要求 2. 灭菌岗位标准操作规程 3. 洗瓶机、胶塞清洗机、烘箱、隧道烘箱、消毒柜标准操作规程
三、制造产品	(一)粉碎过筛物料	1. 能识别常用原辅料外观性状 2. 能检查粉碎物料外观性状的变化 3. 能够发现粉碎、过筛过程中出现的异常情况	1. 主要原、辅料外观性状要求 2. 粉碎机、粉筛机维护保养要求 3. 粉碎、过筛岗位质量监控要点的内容
	(二)干燥物料	能够发现物料干燥过程中出现的异常情况	1. 干燥机等设备维护保养要求 2. 干燥岗位质量监控要点内容
	(三)混合物料	1. 能够判断混合物料的外观性状、混合均匀度是否符合要求 2. 能够发现物料混合过程中出现的异常情况	1. 混合机维护保养要求 2. 混合岗位质量监控要点
	(四)制粒整粒	1. 能按要求制备软材 2. 能够检查颗粒粒度、外观性状及干燥程度 3. 能够发现制粒、整粒过程中出现的异常情况	1. 等量递增稀释法相关知识 2. 制粒、整粒岗位质量监控要点
	(五)压片	1. 能够根据要求调整片重 2. 能够根据要求调整崩解度、脆碎度 3. 能够发现压片过程中出现的异常情况	1. 脆碎度仪标准操作规程 2. 压片岗位质量监控要点 3. 压片机维护保养要求
	(六)配液	1. 能够校验和使用计量器具、pH 计、电导率仪 2. 能够使用配液设备进行配液	1. 配液岗位生产工艺规程 2. 配液岗位标准操作规程 3. 液体混合均匀度知识 4. 化学相关基础知识 5. 药剂学基础知识 6. 配液岗位质量监控要点
	(七)过滤除菌	1. 能够按要求进行过滤除菌 2. 能够安装、使用除菌过滤器 3. 能够对滤芯、滤膜等过滤器材进行清洁和消毒	1. 过滤除菌岗位生产工艺规程 2. 过滤除菌岗位标准操作规程 3. 过滤除菌的基础知识 4. 安全生产相关知识 5. 不同材质滤器的使用、要求及储存条件相关知识
	(八)消毒灭菌物料	能够使用消毒灭菌设备进行消毒灭菌	1. 消毒灭菌岗位工艺规程 2. 消毒灭菌岗位标准操作规程 3. 消毒灭菌的相关知识 4. 消毒灭菌柜岗位质量监控要点
四、分装、冻干产品	(一)无菌分装产品	1. 能够使用分装设备进行无菌分装 2. 能根据装量调节分装机，使装量控制在合格范围内	1. 无菌分装生产工艺规程 2. 无菌分装岗位标准操作规程 3. 无菌分装岗位质量监控要点
	(二)冻干产品	1. 能根据冻干工作曲线设置冻干机运行的相应参数 2. 能够检查冻干机的工作状态是否正常 3. 能初步分析冻干过程出现的冻干机故障	1. 冻干机工作原理 2. 物料冻干基本原理 3. 冻干基本原理及冻干工艺等相关知识
五、灯检产品	(一)检查澄清度	能够检查产品的澄清度	1. 澄清度检查岗位标准操作规程 2. 标准比色液相关知识

（续）

职业功能	工作内容	技能要求	相关知识
五、灯检产品	(二)检查澄明度	能检查产品的澄明度	1. 澄明度检查岗位标准操作规程 2. 澄明度测定仪维护保养标准操作规程
六、维护设施、设备	(一)维护设施	1. 能够根据生产要求调节控制系统的温湿度、压差、风速、风量等 2. 能够清洗、干燥、更换三级过滤器 3. 能够对厂房进行维护	1. 高效过滤器基础知识 2. 控制系统温湿度、压差、风速、风量等基础知识 3. 厂房维护相关知识
	(二)维护设备	对设备进行维护，使设备能够正常运行	设备维护、使用基础知识
七、清场、清洁	(一)清理生产现场	1. 能及时清理30万级以下控制区厂房前一品种的生产管理文件、记录 2. 能及时清理30万级以上洁净厂房前一品种的生产管理文件、记录 3. 能及时清理30万级以下控制区厂房生产的前一品种遗留物 4. 能及时清理30万级以上洁净厂房生产的前一品种遗留物	预防药物混淆的相关知识
	(二)清洁、消毒生产场地	1. 能按设备清洁消毒周期消毒生产设备 2. 能按生产环境清洁消毒周期消毒生产现场 3. 能够对工作台、仪器设备表面、地面、地漏等进行清洁、消毒	1. 常用消毒剂的名称、配制方法及使用 2. 耐药性相关知识 3. 生产设备的清洗方法及清洗周期 4. 设备清洁、消毒标准操作规程 5. 地漏的清洁消毒标准操作规程

3.3 技师

职业功能	工作内容	技能要求	相关知识
一、制造产品	(一)干燥物料	1. 能够判断各种干燥物料的外观变化、干燥程度及对产品质量的影响 2. 能够根据物料性质的不同选择不同的干燥方法	干燥温度对物料的影响相关知识
	(二)混合物料	1. 能够判断混合物料的外观均匀度 2. 能够分析并解决混合不均匀等问题 3. 能够解决物料混合过程中出现的异常情况	混合均匀度基础知识
	(三)制粒、整粒	1. 能够配制各种黏合剂，并能解决配制黏合剂过程中出现的异常情况 2. 能够解决制粒过程中出现的技术问题 3. 能够解决整粒过程中出现的技术问题	1. 黏合剂的作用 2. 黏合剂的配制技术 3. 不同辅料的作用与用途 4. 制粒机的种类及工作原理 5. 整粒机的种类及应用
	(四)压片	1. 能够解决片重、压片机压力不合适等相关问题 2. 能够解决脆碎度、崩解度异常的技术问题 3. 能够解决外观异常的技术问题	压片机工作原理、压片机一般故障的分析

（续）

职业功能	工作内容	技能要求	相关知识
一、制造产品	（五）配液	1. 能够进行生产处方计算、复核批生产指令单，并能发现有无异常情况 2. 能够进行工艺用水的水质检测，并分析出现的异常情况 3. 能够根据要求配液，并能解决配液过程中出现的技术问题 4. 能够控制和调节配液指标	1. 工艺用水的质检方法 2. 工艺用水的质量监控要点
	（六）过滤除菌	1. 能够进行各种规格材质滤芯的完整性测试，并能解决测试过程中的一般技术问题 2. 能够进行各种不同材质滤芯的使用和维护 3. 能够判断滤后料液的澄明度，并能解决出现的技术问题	《兽药生产质量管理规范》对过滤除菌的要求
	（七）消毒灭菌	1. 能够设定各种物品消毒灭菌参数，并能解决消毒灭菌中出现异常的一般技术问题 2. 能够参与制订产品的消毒灭菌工艺 3. 能够进行消毒柜的验证，并能参与验证方案的制定	《兽药生产质量管理规范》对消毒无菌的要求
	（八）分装半成品	1. 能够按照无菌分装的各项要求进行操作，并能解决分装过程中出现的技术问题 2. 能够按照各无菌产品的装量要求和分装要点控制和调整其装量 3. 能够分装机和无菌分装工序的验证要求，并能参与验证方案的制定	1. 无菌及防止交叉污染的相关知识 2. 无菌分装岗位质量监控要点
	（九）冻干产品	1. 能够发现并正确处理冻干机工作时出现的异常情况 2. 能够按工艺要求制定与调整冻干曲线、冻干工艺 3. 能够分析并解决冻干产品出现的质量问题	1. 不同型号冻干机的工作原理及性能 2. 冻干曲线、冻干工艺等相关知识
二、培训指导	培训	能培训本职业中级、高级操作工	中级、高级晋级培训要求
	指导	能指导本职业中级、高级操作工	中级、高级晋级指导要求

3.4 高级技师

职业功能	工作内容	技能要求	相关知识
一、制备产品	（一）压片	1. 能够及时解决压片过程中出现的异常情况及质量问题 2. 能够为处方调整和工艺改进提供技术指导 3. 能够指导新产品、新工艺的压片试生产 4. 能够修订压片工艺规程和压片岗位标准操作规程 5. 能够为压片工序的验证提供技术指导，并能够编写压片工序的验证方案	1. 压片岗位物料平衡的计算 2. 物料平衡异常的原因分析

（续）

<table>
<tr><th>职业功能</th><th>工作内容</th><th>技能要求</th><th>相关知识</th></tr>
<tr><td rowspan="2">一、制备产品</td><td>（二）配液</td><td>1. 能够及时解决无菌配液过程中出现的异常情况及质量问题
2. 能够进行无菌制剂生产工艺改进
3. 能够指导新产品、新工艺的配液试生产
4. 能够修订配液工艺规程和配液岗位标准操作法
5. 能够为配液工序的各项验证提供技术指导，并能够编写配液工序的各项验证方案</td><td>1. 无菌生产的具体要求相关知识
2. 无菌验证相关知识
3. 配液新工艺开发相关知识</td></tr>
<tr><td>（三）冻干物料</td><td>1. 能够解决冻干过程中出现的异常情况及质量问题
2. 能够对冻干参数的调整提供技术指导
3. 能够为制订合理冻干曲线提供技术指导
4. 能够指导新产品、新工艺的试生产
5. 能够制定、修订生产工艺规程
6. 能够为本工序的各项验证提供技术指导，并能够编写本工序的各项验证方案</td><td>1. 工业药剂学知识
2. 冻干辅料知识
3. 冻干原理/冻干技术
4. 冻干工艺验证相关知识
5. 文件制修订相关知识</td></tr>
<tr><td rowspan="2">二、培训指导</td><td>培训</td><td>能培训本职业高级工、技师操作工</td><td>高级工、技师晋级培训要求</td></tr>
<tr><td>指导</td><td>能指导本职业高级工、技师操作工</td><td>高级工、技师晋级指导要求</td></tr>
</table>

4 比重表

4.1 理论知识

<table>
<tr><th colspan="2">项　目</th><th>中级，%</th><th>高级，%</th><th>技师，%</th><th>高级技师，%</th></tr>
<tr><td rowspan="2">基本要求</td><td>职业道德</td><td>5</td><td>5</td><td>5</td><td>5</td></tr>
<tr><td>基础知识</td><td>15</td><td>15</td><td>25</td><td>25</td></tr>
<tr><td rowspan="7">相关知识</td><td>准备</td><td>5</td><td>5</td><td>—</td><td>—</td></tr>
<tr><td>配制</td><td>25</td><td>30</td><td>60</td><td>60</td></tr>
<tr><td>分装、包装、冻干</td><td>25</td><td>15</td><td>—</td><td>—</td></tr>
<tr><td>灯检</td><td>—</td><td>15</td><td>—</td><td>—</td></tr>
<tr><td>设备、设施</td><td>15</td><td>5</td><td>—</td><td>—</td></tr>
<tr><td>清洁、清场</td><td>5</td><td>10</td><td>—</td><td>—</td></tr>
<tr><td>培训指导</td><td>—</td><td>—</td><td>10</td><td>10</td></tr>
<tr><td colspan="2">合　计</td><td>100</td><td>100</td><td>100</td><td>100</td></tr>
<tr><td colspan="6">注：表中不配分的地方，请划“—”。</td></tr>
</table>

4.2 技能操作

<table>
<tr><th colspan="2">项　目</th><th>中级，%</th><th>高级，%</th><th>技师，%</th><th>高级技师，%</th></tr>
<tr><td rowspan="7">技能要求</td><td>准备</td><td>10</td><td>5</td><td>—</td><td>—</td></tr>
<tr><td>配制</td><td>35</td><td>40</td><td>60</td><td>90</td></tr>
<tr><td>分装、包装、冻干</td><td>25</td><td>15</td><td>30</td><td>—</td></tr>
<tr><td>灯检</td><td>—</td><td>15</td><td>—</td><td>—</td></tr>
<tr><td>设备、设施</td><td>15</td><td>10</td><td>—</td><td>—</td></tr>
<tr><td>清洁、清场</td><td>15</td><td>15</td><td>—</td><td>—</td></tr>
<tr><td>培训指导</td><td>—</td><td>—</td><td>10</td><td>10</td></tr>
<tr><td colspan="2">合　计</td><td>100</td><td>100</td><td>100</td><td>100</td></tr>
<tr><td colspan="6">注：表中不配分的地方，请划“—”。</td></tr>
</table>

ICS 03.100.30
A 18

中华人民共和国农业行业标准

NY/T 2097—2011

兽用生物制品检验员

2011-09-01 发布 2011-12-01 实施

中华人民共和国农业部 发布

前　言

本标准按照 GB/T 1.1—2009 给出的规则起草。

本标准由中华人民共和国农业部人事劳动司提出并归口。

本标准起草单位:农业部兽药行业职业技能鉴定指导站。

本标准起草人:魏财文、杨承槐、张媛、吴福林、顾进华、王峰、郭晔。

兽用生物制品检验员

1 职业概况

1.1 职业名称

兽用生物制品检验员。

1.2 职业定义

在兽用生物制品检验中，直接从事检验的人员。

1.3 职业等级

本职业共设四个等级，分别为中级（国家职业资格四级）、高级（国家职业资格三级）、技师（国家职业资格二级）、高级技师（国家职业资格一级）。

1.4 职业环境条件

室内、室温。

1.5 职业能力特征

具有一定的学习、表达和计算能力；手指、手臂灵活；嗅觉、色觉正常。

1.6 基本文化程度

高中毕业（或同等学历）。

1.7 培训要求

1.7.1 培训期限

全日制职业学校教育，根据其培养目标和教学计划确定。晋级培训期限：中级不少于200标准学时；高级不少于150标准学时；技师不少于100标准学时；高级技师不少于80标准学时。

1.7.2 培训教师

培训中级、高级的教师应具有本职业技师及以上职业资格证书或相关专业中级及以上专业技术职务任职资格；培训技师的教师应具有本职业高级技师职业资格证书或相关专业高级专业技术职务任职资格；培训高级技师的教师应具有本职业高级技师职业资格证书2年以上或相关专业高级专业技术职务任职资格。

1.7.3 培训场所设备

满足教学需要的标准教室；具有相应实验仪器设备及必要的实验材料和动物的场地。

1.8 鉴定要求

1.8.1 适用对象

从事或准备从事本职业的人员。

1.8.2 申报条件

1.8.2.1 中级(具备以下条件之一者)

a) 连续从事本职业工作3年以上，经本职业中级正规培训达规定标准学时数，并取得结业证书；
b) 连续从事本职业工作7年以上；
c) 取得经人力资源和社会保障行政部门审核认定的、以中级技能为培养目标的中等以上职业学校本职业（专业）毕业证书。

1.8.2.2 高级(具备以下条件之一者)

a) 取得本职业中级职业资格证书后，连续从事本职业工作4年以上，经本职业高级正规培训达规定标准学时数，并取得结业证书；

b） 取得本职业中级职业资格证书后，连续从事本职业工作6年以上；

c） 取得高级技工学校或经人力资源和社会保障行政部门审核认定的、以高级技能为培养目标的高等职业学校本职业（专业）毕业证书；

d） 大专以上本专业或相关专业毕业生，连续从事本职业工作2年以上。

1.8.2.3 技师（具备以下条件之一者）

a） 取得本职业高级职业资格证书后，连续从事本职业工作5年以上，经本职业技师正规培训达规定标准学时数，并取得结业证书；

b） 取得本职业高级职业资格证书后，连续从事本职业工作7年以上；

c） 取得本职业高级职业资格证书的高级技工学校本职业（专业）毕业生和大专以上本专业或相关专业的毕业生，连续从事本职业工作2年以上。

1.8.2.4 高级技师（具备以下条件之一者）

a） 取得本职业技师职业资格证书后，连续从事本职业工作3年以上，经本职业高级技师正规培训达规定标准学时数，并取得结业证书；

b） 取得本职业技师职业资格证书后，连续从事本职业工作5年以上。

1.8.3 鉴定方式

分为理论知识考试和技能操作考核。理论知识考试采用闭卷笔试等方式，技能操作考核采用现场实际操作、模拟操作等方式。理论知识考试和技能操作考核均实行百分制，成绩皆达60分及以上者为合格。技师、高级技师还须进行综合评审。

1.8.4 考评人员与考生配比

理论知识考试考评人员与考生配比为1∶20，每个标准教室不少于2名考评人员；技能操作考核考评员与考生配比为1∶3，且不少于3名考评员；综合评审委员不少于5人。

1.8.5 鉴定时间

理论知识考试时间不少于90 min；技能操作考核时间：中级不少于120 min，高级不少于180 min，技师不少于240 min，高级技师不少于300 min；综合评审时间不少于30 min。

1.8.6 鉴定场所设备

理论知识考试在标准教室进行；技能操作考核在具有相应实验仪器设备及必要的实验材料和动物的场地进行。

2 基本要求

2.1 职业道德

2.1.1 职业道德基本知识

2.1.2 职业守则

a） 爱岗敬业，为我国兽用生物制品检验事业发展努力工作；

b） 努力学习业务知识，不断提高理论水平和操作能力；

c） 工作积极，具有高度的责任心；

d） 科学严谨，严格执行操作规程，真实准确记录检验结果；

e） 遵守法律、法规和有关规定。

2.2 基础知识

2.2.1 专业理论知识

a） 兽医微生物学基础知识；

b） 兽医免疫学基础知识；

c） 兽用生物制品学基础知识；
d） 动物生理学基础知识；
e） 动物病理学基础知识；
f） 家畜解剖学基础知识。

2.2.2 生物安全与环境保护知识

a） 生物安全基础知识；
b） 环境保护基础知识。

2.2.3 相关法律、法规知识

a）《中华人民共和国劳动法》的相关知识；
b）《中华人民共和国劳动合同法》的相关知识；
c）《中华人民共和国动物防疫法》的相关知识；
d）《兽药管理条例》的相关知识；
e）《病原微生物实验室生物安全管理条例》的相关知识；
f）《实验动物管理条例》的相关知识；
g）《兽医实验室生物安全操作技术管理规范》的相关知识；
h）《兽药生产质量管理规范》的相关知识。

3 工作要求

本标准对中级、高级、技师和高级技师的技能要求依次递进，高级别涵盖低级别的要求。

3.1 中级

职业功能	工作内容	技能要求	相关知识
一、常规检验	（一）性状检查	1. 能进行疫苗外观检测 2. 能进行疫苗剂型检查	1. 外观检测方法 2. 剂型检查方法
	（二）真空度及剩余水分测定	1. 能进行真空度测定 2. 能进行剩余水分测定	1. 真空度测定方法 2. 剩余水分测定方法
	（三）工艺用水检测	1. 能进行纯化水的常规理化检测 2. 能进行注射用水的常规理化检测	1. 纯化水的理化检测方法 2. 注射用水的理化检测方法
	（四）空气洁净度检测	1. 能进行沉降菌的检测 2. 能进行尘埃粒子的检测	1. 沉降菌的检测 2. 尘埃粒子的检测
二、微生物学与免疫学检验	（一）无菌检验/纯粹检验	1. 能按照标准进行无菌检验、纯粹检验 2. 能进行杂菌计数和病原性鉴定	1. 无菌检验、纯粹检验方法 2. 杂菌计数和病原性鉴定方法
	（二）效力检验	1. 能运用血细胞凝集抑制试验方法进行抗体效价测定 2. 能运用琼脂扩散试验方法进行抗原、抗体效价测定 3. 能运用凝集试验方法进行抗原效价测定	1. 血细胞凝集（抑制）试验方法 2. 琼脂扩散试验方法 3. 平板、试管、微量凝集方法
	（三）细菌形态观察	1. 能观察菌落形态 2. 能制备涂片、染色并观察细菌形态	1. 细菌典型菌落形态 2. 涂片及常用染色方法
三、检验记录	（一）记录原始数据	1. 能填写检验原始记录 2. 能编写检验报告	1. 检验记录的基本要求 2. 检验原始报告要求
	（二）计算修约	1. 能进行有效数字和数值修约 2. 能进行运算	1. 数字修约原则 2. 运算规则 3. 注意事项

3.2 高级

职业功能	工作内容	技能要求	相关知识
一、常规检验	(一)性状检测	1. 能进行稳定性测定 2. 能进行黏度测定	1. 稳定性检查方法 2. 黏度测定方法
	(二)内毒素检测	1. 能进行注射用水的内毒素检测 2. 能进行原辅料的内毒素检测	1. 注射用水内毒素检测方法 2. 原辅料内毒素检测方法
	(三)污水检测	1. 能进行污水的外观检测 2. 能进行污水的动物试验检测	1. 污水外观检测方法 2. 动物试验检测方法
二、微生物和免疫学检验	(一)变异性检验	1. 能运用斜光镜检查法进行菌落检查 2. 能运用结晶紫染色检查法进行菌落检查	1. 斜光镜检查法 2. 结晶紫染色检查法
	(二)鉴别检验	1. 能运用马丁琼脂培养法进行鉴别检验 2. 能运用明胶穿刺培养法进行鉴别检验 3. 能运用特异性血清中和试验进行鉴别检验	1. 马丁琼脂培养法 2. 明胶穿刺培养法 3. 特异性血清中和试验
	(三)活菌(芽孢)计数	1. 能进行活菌计数 2. 能对支原体进行变色形成单位检测 3. 能进行芽孢计数	1. 菌落形成单位计数方法 2. 变色形成单位计数方法 3. 芽孢计数方法
	(四)安全检验	1. 能观察小动物和靶动物接种后临床症状 2. 能进行无猪瘟抗体易感猪的筛选 3. 能进行猪瘟活疫苗的安全检验	1. 安全检验方法 2. 易感猪的筛选方法 3. 猪瘟活疫苗安全检验方法
	(五)效力检验	1. 能进行病毒含量测定 2. 能运用中和试验等方法测定抗体效价 3. 能进行微量间接血凝试验抗原和阴、阳性血清的效价测定 4. 能用反向间接血凝试验进行疫苗的抗原含量和诊断液效价测定	1. 病毒含量测定方法 2. 中和试验 3. 微量间接血凝试验 4. 反向间接血凝试验
三、清场消毒	(一)试验室清洗消毒灭菌	1. 能配制常用消毒液和清洁剂 2. 能清洁处理常用器皿 3. 能进行实验用具、器材、实验台、实验场地的消毒灭菌	1. 消毒液的配制方法 2. 器皿清洁处理方法 3. 消毒灭菌方法
	(二)无害化处理	1. 能处理实验室污染物及污染利器 2. 能对动物组织、动物尸体等进行无害化处理 3. 能对有毒溶液进行无害化处理	1. 带有活毒活菌的培养物、污染利器的无害化处理方法 2. 动物组织、动物尸体无害化处理方法 3. 有毒溶液无害化处理

3.3 技师

职业功能	工作内容	技能要求	相关知识
一、常规检验	(一)甲醛含量检测	能进行甲醛残留量测定	甲醛残留量测定
	(二)苯酚含量检测	能进行苯酚残留量测定	苯酚残留量测定
	(三)汞类含量检测	能进行汞类防腐剂残留量测定	汞类防腐剂残留量测定

（续）

职业功能	工作内容	技能要求	相关知识
二、微生物与免疫学检验	（一）支原体检验	1. 能进行支原体检验 2. 能观察支原体菌落	1. 支原体检验方法 2. 支原体判定标准
	（二）鉴别检验	1. 能用细胞病变检查法进行鉴别检验 2. 能用动物接种法进行鉴别检验 3. 能用荧光抗体法进行鉴别检验	1. 细胞病变检查法 2. 动物接种法 3. 荧光抗体法
	（三）外源病毒检验	1. 能用鸡胚检查法进行外源病毒检验 2. 能用鸡检查法进行外源病毒检验 3. 能用细胞检查法进行外源病毒检验 4. 能用红细胞吸附试验进行外源病毒检验	1. 鸡胚检查法 2. 鸡检查法 3. 细胞检查法 4. 红细胞吸附试验
	（四）效力检验	1. 能用攻毒保护试验进行效力检验 2. 能进行蚀斑计数检测	1. 攻毒保护试验 2. 蚀斑计数方法
三、培训指导	（一）培训	1. 能对中级工人进行职业培训 2. 能对高级工人进行职业培训	1. 职业培训的特点 2. 职业培训的方法 3. 职业培训的内容 4. 职业培训的注意事项
	（二）培训效果评估	1. 能对培训效果进行评估 2. 能分析培训中存在的问题	1. 培训评估工作的重要性 2. 培训评估工作的存在问题 3. 培训评估工作标准和工作流程

3.4 高级技师

职业功能	工作内容	技能要求	相关知识
一、分子生物学检验	（一）特异性检验	能进行诊断试剂盒的特异性检验	诊断试剂盒的特异性检验方法
	（二）外源病毒检验	能用聚合酶链反应进行外源病毒检验	常规聚合酶链反应
二、免疫学检验	（一）特异性	能用荧光抗体染色法进行猪瘟病毒特异性检验	荧光抗体染色法
	（二）鉴别检验	能用蛋白质免疫印迹法进行鉴别检验	蛋白质免疫印迹方法
	（三）外源病毒检验	1. 能用补体结合试验进行外源病毒禽白血病病毒检验 2. 能用荧光抗体染色试验法进行外源病毒检验 3. 能用免疫组化法进行外源病毒检验	1. 禽白血病病毒补体结合试验 2. 荧光抗体染色试验 3. 免疫组化相关知识
	（四）效力检验及效价测定	1. 能用酶联免疫吸附试验测定抗体效价 2. 能用毒素和抗毒素中和试验进行疫苗的效力检验和抗毒素的效价测定 3. 能用补体结合试验进行抗原效价测定	1. 酶联免疫吸附试验 2. 毒素和抗毒素中和试验 3. 补体结合试验
三、实验设计	（一）制订试验方案	1. 能根据试验目的制订试验方案 2. 能根据现有器材制订试验方案	1. 试验设计原则 2. 试验设计方案
	（二）设计试验过程	1. 能根据不同的试验目的和实验原理选择实验材料和实验手段 2. 能确定实验设计中的反应变量 3. 能合理设立实验组 4. 能设计记录表格 5. 能处理分析实验数据	1. 试验设计过程 2. 试验设计方法

4 比重表

4.1 理论知识

项目		中级,%	高级,%	技师,%	高级技师,%
基本要求	职业道德	5	5	5	5
	基础知识	30	25	40	40
相关知识	检验准备	25	15	15	15
	检验操作	30	40	30	30
	检验记录	10	—	—	—
	清场消毒	—	15	—	—
	培训指导	—	—	10	—
	实验设计	—	—	—	10
合计		100	100	100	100
注:表中不配分的地方,请划“—”。					

4.2 技能操作

项目		中级,%	高级,%	技师,%	高级技师,%
技能要求	检验准备	20	15	25	40
	检验操作	70	70	75	60
	检验记录	10	—	—	—
	清场消毒	—	15	—	—
	培训指导	—	—	—	—
合计		100	100	100	100
注:表中不配分的地方,请划“—”。					

ICS 03.100.30
A 18

中华人民共和国农业行业标准

NY/T 2098—2011

兽用生物制品制造工

2011-09-01 发布　　2011-12-01 实施

中华人民共和国农业部 发布

前　言

本标准按 GB/T 1.1—2009 给出的规则起草。

本标准由中华人民共和国农业部人事劳动司提出并归口。

本标准起草单位:农业部兽药行业职业技能鉴定指导站。

本标准起草人:陈瑞爱、刘玉云、孙新堂、吴福林、顾进华、王峰、郭晔。

兽用生物制品制造工

1 职业概况

1.1 职业名称

兽用生物制品制造工。

1.2 职业定义

在兽用生物制品生产中，直接从事生产操作的人员。

1.3 职业等级

本职业共设四个等级，分别为中级工(国家职业资格四级)、高级工(国家职业资格三级)、技师(国家职业资格二级)、高级技师(国家职业资格一级)。

1.4 职业环境条件

实验室和生产车间。

1.5 职业能力特征

具有一定的实际操作、灵活运用能力；具有一定的空间感和形体知觉；手指、手臂灵活，动作协调。

1.6 基本文化程度

初中毕业。

1.7 培训要求

1.7.1 培训期限

全日制职业学校教育，根据其培养目标和教学计划确定。晋级培训期限：中级不少于400标准学时；高级不少于320标准学时；技师不少于240标准学时；高级技师不少于160标准学时。

1.7.2 培训教师

培训中级工、高级工的教师应具有本职业技师及以上技术职称；培训技师的教师应具有本职业高级技师及以上技术职称；培训高级技师的教师应具有本职业高级技师职业2年以上资格证书及技术职称。

1.7.3 培训场所设备

满足教学需要的标准教室和具有相应生物制品制造设备及必要的工具、计量器具等及生物制品制造辅助设施设备的场地。

1.8 鉴定要求

1.8.1 适用对象

从事或准备从事本职业的人员。

1.8.2 申报条件

1.8.2.1 中级(具备以下条件之一者)

a) 连续从事本职业工作3年以上，经本职业中级正规培训达规定标准学时数，并取得结业证书；

b) 连续从事本职业工作5年以上；

c) 取得经人力资源和社会保障行政部门审核认定的、以中级技能为培养目标的中等以上职业学校本职业(专业)毕业证书。

1.8.2.2 高级(具备以下条件之一者)

a) 连续从事本职业工作4年以上，经本职业高级正规培训达规定标准学时数，并取得结业证书；

b) 取得本职业中级职业资格证书后，连续从事本职业工作6年以上；

c) 取得高级技工学校或经人力资源和社会保障行政部门审核认定的、以高级技能为培养目标的高等职业学校本职业(专业)毕业证书；

d) 取得本职业中级职业资格证书的大专以上本专业或相关专业毕业生，连续从事本职业工作2年以上。

1.8.2.3 技师(具备以下条件之一者)

a) 取得本职业高级职业资格证书后，连续从事本职业工作5年以上，经本职业技师正规培训达规定标准学时数，并取得结业证书；

b) 取得本职业高级职业资格证书后，连续从事本职业工作7年以上；

c) 取得本职业高级职业资格证书的高级技工学校本职业(专业)毕业生和大专以上本专业或相关专业的毕业生，连续从事本职业工作2年以上。

1.8.2.4 高级技师(具备以下条件之一者)

a) 取得本职业技师职业资格证书后，连续从事本职业工作3年以上，经本职业高级技师正规培训达规定标准学时数，并取得结业证书；

b) 取得本职业技师职业资格证书后，连续从事本职业工作5年以上。

1.8.3 鉴定方式

分为理论知识考试和技能操作考核。理论知识考试采用闭卷笔试等方式，技能操作考核采用现场实际操作、模拟操作等方式。理论知识考试和技能操作考核均实行百分制，成绩皆达60分及以上者为合格。技师、高级技师还须进行综合评审。

1.8.4 考评人员与考生配比

理论知识考试考评人员与考生配比为1∶15，每个标准教室不少于2名考评人员；技能操作考核考评员与考生配比为1∶3，且不少于3名考评员；综合评审委员不少于5人。

1.8.5 鉴定时间

理论知识考试时间不少于90 min；技能操作考核时间：中级不少于60 min，高级不少于90 min，技师不少于150 min，高级技师不少于210 min；综合评审时间不少于30 min。

1.8.6 鉴定场所设备

理论知识考试在标准教室进行；技能操作考核在具有相应的兽用生物制品制造设备及必要的工具、计量器具等及兽用生物制品制造辅助设施设备的场地。

2 基本要求

2.1 职业道德

2.1.1 职业道德基本知识

2.1.2 职业守则

a) 爱岗敬业，有为祖国兽用生物制品业健康发展做贡献的奉献精神；

b) 努力学习业务知识，不断提高理论水平和操作能力；

c) 科学严谨，实事求是；

d) 严格执行操作规程；

e) 工作积极，主动热情；

f) 遵纪守法，不谋取私利。

2.2 基础知识

2.2.1 专业理论知识

a) 兽医微生物学基础知识；

b) 动物免疫学基础知识；

c) 细胞学基础知识；

d) 生物制品学的相关知识。

2.2.2 生物安全与环境保护知识

2.2.2.1 生物安全基础知识

2.2.2.2 环境保护基础知识

2.2.3 相关法律法规

a) 《中华人民共和国劳动法》的相关知识；

b) 《中华人民共和国劳动合同法》的相关知识；

c) 《中华人民共和国动物防疫法》；

d) 《兽药管理条例》；

e) 《病原微生物实验室生物安全管理条例》的相关知识；

f) 《实验动物管理条例》的相关知识；

g) 《兽医实验室生物安全管理规范》的相关知识；

h) 《兽药生产质量管理规范》的相关知识。

3 工作要求

本标准对中级工、高级工、技师和高级技师的技能要求依次递进，高级别涵盖低级别的要求。

3.1 中级工

职业功能	工作内容	技能要求	相关知识
一、溶液和培养基的制备	(一)细菌培养基配制	1. 能识别、使用、保存细菌培养基所需的试剂 2. 能使用称量器具称量细菌培养基所需的试剂 3. 能识别、使用、维护配制细菌培养基的器具 4. 能配置细菌培养基	1. 无菌知识 2. 无菌操作方法 3. 试剂的基础知识 4. 细菌培养基配置器具知识 5. 细菌培养基配置方法
	(二)细胞培养液配制	1. 能识别、使用、保存细胞培养液所需试剂 2. 能使用称量器具称量细胞培养液所需的试剂 3. 能识别、使用、维护配制细胞培养液的器具 4. 能配置细胞培养液	1. 无菌知识 2. 无菌操作方法 3. 试剂的基础知识 4. 细胞培养液配置器具知识 5. 细胞培养液配置方法
	(三)消毒液配制	1. 能识别、使用、保存各种消毒用试剂 2. 能配制、使用和保存消毒液	1. 消毒剂的种类与选择方法 2. 消毒的基本原理
二、生产用鸡蛋的准备	(一)鸡蛋选择	1. 能选择合格的蛋 2. 能确定疫苗生产中所需蛋的种类	1. 鸡蛋常识 2. SPF 鸡蛋和非免疫蛋的异同
	(二)鸡蛋前处理	1. 能把鸡蛋擦拭干净 2. 能对鸡蛋进行消毒	1. 鸡蛋清洁的方法 2. 鸡蛋消毒的方法
	(三)鸡蛋孵化	1. 能操作孵化设备和设置参数 2. 能对蛋进行孵化 3. 能区分死胚、活胚、弱胚和非受精蛋	1. 孵化设备的常识和使用方法 2. 鸡蛋孵化方法 3. 鸡蛋胚发育的过程
三、胚蛋接种与抗原收获	(一)鸡胚蛋接种	1. 能对接种前的鸡胚进行消毒 2. 能确定鸡胚接种病毒剂量 3. 能人工接种鸡胚 4. 能操作接种机接种胚蛋	1. 鸡胚消毒的方法 2. 鸡胚的人工接种方法 3. 使用接种机接种胚蛋的方法
	(二)胚液收获	1. 能在胚液收获前选出坏死胚蛋 2. 能对收获前的胚蛋进行消毒 3. 能人工收获胚液 4. 能使用收获机收获胚液	1. 人工收获胚液方法 2. 收获机性能和操作知识 3. 收获胚液标准操作规程(SOP)

（续）

职业功能	工作内容	技能要求	相关知识
四、生产记录	(一)原辅料领取记录	1. 能识别、使用和保存原辅料 2. 能按照生产指令领取原辅料	1. 原辅料常识 2. 原辅料领取与保存方法 3. 记录的填写要求和规定
	(二)设备运行记录	1. 能识别设备运行的基本参数 2. 能记录设备运行参数	1. 设备运行的各种参数 2. 原始记录填写要求和规定
	(三)半成品和成品库存记录	1. 能记录半成品数量与效价 2. 能记录产品数量与效价	原始记录填写要求和规定
五、成品包装、储存	(一)产品包装	能使用轧盖机、贴标机完成产品包装	1. 轧盖机、贴标机的性能和操作知识 2. 包装要求 3. 疫苗保存知识
	(二)产品储存	1. 能储存活疫苗 2. 能储存灭活疫苗	1. 活疫苗的储存方法 2. 灭活疫苗的储存方法
六、清场	(一)生产设施处理	1. 能清洁生产设施 2. 能消毒生产设施	1. 消毒剂种类 2. 消毒方法及运用范围
	(二)工艺设备处理	1. 能对工艺设备进行清洁与消毒 2. 能对工艺设备进行维护与保养	1. 清洁与消毒方法 2. 设备维护与保养方法
	(三)场地处理	1. 能清洁场地 2. 能消毒场地	1. 场地清洁方法 2. 场地消毒方法
	(四)废弃物处理	1. 能处理固体废弃物 2. 能处理液体废弃物	1. 生物安全知识 2. 固体和液体废弃物处理方法

3.2 高级工

职业功能	工作内容	技能要求	相关知识
一、生产设备灭菌	(一)生产器具清洁与灭菌	1. 能对生产器具进行清洁 2. 能选择生产器具的灭菌方法 3. 能对生产器具进行灭菌	1. 生产器具清洁方法 2. 生产器具灭菌方法
	(二)生产工艺设备灭菌	1. 能选择生产工艺设备的灭菌方法 2. 能对接种设备进行灭菌 3. 能对灭活设备与乳化设备进行灭菌 4. 能对发酵罐和生物反应器进行灭菌 5. 能对分装设备进行灭菌	1. 灭菌基础知识 2. 灭菌方法选择
二、菌毒(虫)种准备	(一)菌毒(虫)种复苏	1. 能对毒种进行复苏 2. 能对菌种进行复苏 3. 能对虫种进行复苏	1. 菌毒(虫)种生物学特性 2. 菌毒(虫)种复苏方法 3. 菌毒(虫)种扩繁方法
	(二)菌毒(虫)种的扩繁	1. 能对毒种进行扩繁 2. 能对菌种进行扩繁 3. 能对虫种进行扩繁	
三、细胞毒的生产	(一)细胞培养	1. 能对细胞进行计数 2. 能识别不同细胞的形态 3. 能对细胞进行消化 4. 能判断细胞生长状况，确定病毒接种和收获时间	1. 细胞培养知识 2. 细胞基本形态特征
	(二)病毒接种	1. 能稀释生产用病毒液 2. 能接种病毒	1. 病毒稀释方法 2. 病毒接种方法

（续）

职业功能	工作内容	技能要求	相关知识
三、细胞毒的生产	(三)病毒收获	1. 能确定病毒收获时间 2. 能确定细胞接种病毒后的细胞病变程度 3. 能收获病毒	1. 病毒稀释方法 2. 病毒接种方法
四、细菌的发酵	(一)细菌培养	1. 能识别与操作细菌发酵罐 2. 能接种菌种 3. 能使用发酵罐培养细菌	1. 细菌形态学知识 2. 发酵罐的性能和操作知识 3. 细菌的接种方法 4. 细菌的培养方法
	(二)细菌收获	能收获细菌培养液	1. 细菌培养液收获方法 2. 细菌培养液浓缩方法
五、活疫苗的配制与分装	(一)活疫苗配制	1. 能测定半成品的效价 2. 能选择和使用抗原的保护剂 3. 能配置活疫苗	1. 半成品效价测定方法 2. 抗原保护剂种类、作用原理和选择方法
	(二)活疫苗分装	1. 能识别与操作分装机 2. 能对活疫苗进行分装	1. 分装机的性能和操作知识 2. 分装标准操作规程(SOP)
六、灭活疫苗的配制与分装	(一)抗原灭活	1. 能识别与操作抗原灭活罐 2. 能选择合适的抗原灭活剂与灭活方法 3. 能使用抗原灭活罐对抗原进行灭活	1. 抗原灭活罐的性能和操作知识 2. 抗原灭活剂的种类与使用方法 3. 抗原灭活的方法
	(二)灭活抗原乳化	1. 能识别与操作抗原乳化设备 2. 能选择合适乳化剂和乳化方法 3. 能对灭活抗原进行乳化	1. 乳化设备的性能和操作知识 2. 乳化原理 3. 乳化剂种类选择和乳化方法
	(三)灭活疫苗分装	1. 能识别和操作分装机 2. 能对灭活疫苗进行分装	1. 分装机性能和操作知识 2. 灭活疫苗分装方法

3.3 技师

职业功能	工作内容	技能要求	相关知识
一、动物免疫、血清制备、脏器采集	(一)实验动物的选择与免疫	1. 能选择合适的实验动物 2. 能熟悉不同动物的注射方法	1. 动物类别与免疫反应特征 2. 动物注射方法
	(二)血清制备与保存	1. 能对不同动物进行采血液 2. 能分离血清 3. 能对血清进行保存	1. 不同动物血液采集方法 2. 血清分离方法 3. 血清保存方法
	(三)脏器采集	1. 能识别动物不同脏器 2. 能无菌采集动物脏器	1. 动物解剖知识 2. 动物脏器的采集方法
二、抗原浓缩	(一)灭活抗原浓缩	1. 能选择灭抗原浓缩的方法和设备 2. 能对灭抗原进行浓缩	1. 抗原浓缩方法 2. 抗原浓缩设备性能和操作知识
	(二)活抗原浓缩	1. 能选择活抗原浓缩的方法和设备 2. 能对活抗原进行浓缩	
三、疫苗冻干	疫苗冻干	1. 能选择疫苗的冻干方法 2. 能选择疫苗的冻干保护剂 3. 能设计疫苗的冻干程序 4. 能对疫苗进行冻干 5. 能维护和保养冻干设备	1. 冻干原理 2. 冻干设备的性能与操作知识
四、培训指导	(一)指导操作	1. 能编写操作手册 2. 能够指导和培训中、高级工进行实际操作	1. 操作手册编写方法 2. 培训讲义编写方法 3. 培训基本方法
	(二)理论培训	1. 能整理和编写生产过程中所用的专业技术知识 2. 能讲授本专业技术知识	

（续）

职业功能	工作内容	技能要求	相关知识
五、生产管理	(一)生产安排	1. 能制定生产计划 2. 能安排生产活动	1. 生产质量管理规范知识 2. 生产工艺流程相关知识 3. 生产 SOP 文件 4. 生产工艺设备的运行与维护知识
	(二)生产活动的监督与检查	1. 能发现生产中的异常情况 2. 能处理生产中的异常情况	

3.4 高级技师

职业功能	工作内容	技能要求	相关知识
一、生物反应器高密度培养细胞繁殖病毒	(一)细胞培养	1. 能操作生物反应器 2. 能根据细胞生长状况调节生物反应器的各种参数 3. 能对生物反应器进行维护和保养	1. 生物反应器的基本原理 2. 生物反应器的性能和操作知识 3. 细胞培养的方法 4. 生物反应器高密度培养细胞的行业技术动态
	(二)病毒接种与收获	1. 能确定病毒接种条件 2. 能确定病毒接种剂量与方法 3. 能确定病毒接种后细胞培养的参数 4. 能确定病毒收获时间 5. 能对病毒进行收获	
	(三)工艺改进	1. 能分析行业技术动态 2. 能组织开展生物反应器细胞培养技术的改进	
二、抗原纯化	(一)灭活抗纯化	1. 能选择灭活抗原纯化的方法和设备 2. 能操作灭活抗原纯化的设备纯化抗原	1. 抗原的纯化理论 2. 抗原的纯化方法 3. 抗原纯化的设备性能和操作知识
	(二)活抗原纯化	1. 能选择活抗原纯化方法和设备 2. 能操作活抗原纯化设备纯化抗原	
三、培训指导	(一)指导操作	1. 能够编写操作手册 2. 能够指导和培训技师进行实际操作	1. 操作手册的编写方法 2. 生产工艺过程中的各种操作方法 3. 培训讲义编写方法 4. 培训方法
	(二)理论培训	1. 能编写本专业理论培训讲义 2. 能培训技师理论知识	
四、质量管理	(一)质量管理	1. 能确定产品质量的关键控制点 2. 能分析产品产量和质量出现偏差的原因 3. 能验证生产工艺的可行性及设备是否正常运行	1. 生产质量管理规范知识 2. 设备相关知识 3. 引起产品产量和质量偏差的各种原因
	(二)质控文件编写	1. 能收集与整理生产过程数据 2. 能编写企业产品质控文件	1. 行业法律法规 2. 文件编写方法

4 比重表

4.1 理论知识

项目		中级,%	高级,%	技师,%	高级技师,%
基本要求	职业道德	5	5	5	5
	基础知识	25	25	25	25
相关知识	溶液和培养基的制备	15	—	—	—
	生产用鸡蛋的准备	20	—	—	—
	胚蛋接种与抗原收获	15	—	—	—
	生产记录	5	—	—	—

（续）

项目		中级，%	高级，%	技师，%	高级技师，%
相关知识	成品包装、储存	5	—	—	—
	清场	10	—	—	—
	生产工艺设备的灭菌	—	5	—	—
	菌毒(虫)种的准备	—	10	—	—
	细胞毒的生产	—	20	—	—
	细菌的发酵	—	15	—	—
	活疫苗的配制、分装	—	10	—	—
	灭活疫苗的配制、分装	—	10	—	—
	动物免疫、血清制备、脏器采集	—	—	15	—
	抗原的浓缩	—	—	15	—
	冻干	—	—	15	—
	培训指导	—	—	15	15
	生产管理	—	—	10	—
	生物反应器高密度培养细胞繁殖病毒	—	—	—	20
	抗原纯化	—	—	—	20
	质量管理	—	—	—	15
合计		100	100	100	100
注：表中不配分的地方，请划“—”					

4.2 技能操作

项目		中级，%	高级，%	技师，%	高级技师，%
技能要求	溶液和培养基的制备	35	—	—	—
	生产用鸡蛋的准备	15	—	—	—
	胚蛋接种与抗原收获	25	—	—	—
	生产记录	5	—	—	—
	成品包装、储存	10	—	—	—
	清场	10	—	—	—
	生产工艺设备的灭菌	—	10	—	—
	菌毒(虫)种的准备	—	25	—	—
	细胞毒的生产	—	25	—	—
	细菌的发酵	—	20	—	—
	活疫苗的配制、分装	—	10	—	—
	灭活疫苗的配制、分装		10	—	—
	动物免疫、血清制备、脏器采集	—	—	20	—
	抗原的浓缩	—	—	25	—
	冻干	—	—	25	—
	培训指导	—	—	20	15
	生产管理	—	—	10	—
	生物反应器高密度培养细胞繁殖病毒	—	—	—	30
	抗原纯化	—	—	—	30
	质量管理	—	—	—	15
合计		100	100	100	100
注：表中不配分的地方，请划“—”。					

ICS 03.100.30
A 18

中华人民共和国农业行业标准

NY/T 2099—2011

土地流转经纪人

2011-09-01 发布　　2011-12-01 实施

中华人民共和国农业部　发布

前　言

本标准按照 GB/T 1.1—2009 给出的规则起草。

本标准由中华人民共和国农业部人事劳动司提出并归口。

本标准起草单位:农业部人力资源开发中心。

本标准主要起草人:金文成、莫广刚、王小映、刘涛、何兵存、韩骥、李晓妹、牛静。

土地流转经纪人

1 职业概况

1.1 职业名称

土地流转经纪人。

1.2 职业定义

从事农村土地转包、出租、互换、转让、入股等交易活动的信息收集传递，交易代理服务等中介活动而获取佣金的人员。

1.3 职业等级

本职业共设三个等级，分别为中级(国家职业资格四级)、高级(国家职业资格三级)、技师(国家职业资格二级)。

1.4 职业环境

室内、外常温。

1.5 职业能力特征

具有一定的分析判断、推理、计算、语言表达及人际交往应变能力。

1.6 基本文化程度

初中毕业。

1.7 培训要求

1.7.1 培训期限

全日制职业学校教育，根据培养目标和教学计划确定。晋级培训期限：中级/四级不少于 90 标准学时；高级/三级不少于 60 标准学时；技师/二级不少于 40 标准学时。

1.7.2 培训教师

培训教师应具有相应级别：

a) 培训中级/四级的教师应具有本职业高级职业资格证书或相关专业技术职称资格；

b) 培训高级/三级及技师/二级的教师应具有本职业技师职业资格证书或相关专业讲师以上(含讲师)专业技术职称资格。

1.7.3 培训场地设备

能满足教学需要的标准教室；有必要的教学及计算机、网络设备、设施；室内光线、通风、卫生条件良好。

1.8 鉴定要求

1.8.1 适用对象

从事或准备从事本职业的人员。

1.8.2 申报条件

1.8.2.1 中级(具备以下条件之一者)

a) 经本职业中级正规培训达规定标准学时数，并取得结业证书；

b) 在本职业连续工作 2 年以上。

1.8.2.2 高级(具备以下条件之一者)

a) 取得本职业中级职业资格证书后，连续从事本职业工作 2 年以上，经本职业高级正规培训达规定标准学时数，并取得毕(结)业证书；

b) 取得本职业中级资格证书后，连续从事本职业工作4年以上；

c) 具有大专及以上学历(或同等学历)，经本职业高级正规培训达规定标准学时数，并取得毕(结)业证书。

1.8.2.3 技师(具备以下条件之一者)

a) 取得本职业高级资格证书后，连续从事本职业工作2年以上，经本职业高级正规培训达规定标准学时数，并取得毕(结)业证书；

b) 取得本职业高级资格证书后，连续从事本职业工作4年以上。

1.8.3 鉴定方式

分为理论知识考试和专业能力考核。理论知识考试和专业能力考核均采用闭卷笔试的方式。理论知识考试和专业能力考核均实行百分制，成绩皆达60分以上者为合格。土地流转经纪人(技师/二级)还须进行综合评审。

1.8.4 考评人员与考生配比

理论知识及专业能力考核的考试考评人员与考生配比为1∶20，每个标准教室不少于2名考评人员；综合评审委员不少于3人。

1.8.5 鉴定时间

理论知识考试时间为90 min；专业能力考核时间为90 min；综合评审时间不少于30 min。

1.8.6 鉴定场所设备

理论知识考试和专业能力考核在标准教室进行。综合评审在条件较好的小型会议室进行，室内需配备必要的计算机、照明、投影等设备，室内卫生、光线、通风条件良好。

2 基本要求

2.1 职业道德

2.1.1 职业道德基本知识

2.1.2 职业守则

a) 爱国守法，遵守行业规范；

b) 敬业爱岗，尽责守信，热情主动，具有团队合作精神；

c) 维护客户利益，保守秘密。

2.2 基础知识

2.2.1 土地基础知识

a) 土地的概念；

b) 土地的分类；

c) 土地制度；

d) 土地登记。

2.2.2 土地流转基础知识

a) 土地流转的概念、特点及发展历程；

b) 土地流转的主体、方式及程序；

c) 土地流转合同。

2.2.3 土地流转经纪知识

a) 土地流转经纪人的概念、工作特点；

b) 土地流转经纪的概念、主要内容及流程；

c) 土地流转信息服务；

d) 土地流转代理；

e) 土地评价；

f) 土地市场营销知识。

2.2.4 农业经营管理知识

a) 农业经营的特点；

b) 农业产业知识；

c) 农业社会化服务知识。

2.2.5 相关法律、法规与政策知识

a) 农村土地承包法律、法规知识；

b) 土地管理法律、法规知识；

c) 其他相关法律、法规知识；

d) 国家土地政策知识。

2.2.6 信息技术应用知识

a) 微型计算机应用的基本知识；

b) 计算机网络及互联网(Internet)的基本知识；

c) 计算机病毒的防治知识。

3 工作要求

本标准对中级、高级、技师的要求依次递进，高级别包含低级别的要求。

3.1 中级

职业功能	工作内容	技能要求	相关知识
一、信息采集与处理	(一)采集信息	1. 能拟订信息采集提纲 2. 能利用电话、走访等简单方法采集土地流转市场信息	1. 土地流转市场信息的获取方法 2. 土地流转信息的分类及内容
	(二)分析信息	能通过现场调查及查阅相关土地登记资料，判断信息的准确性和有效性	1. 影响市场信息准确性的相关因素 2. 土地流转市场信息的调查分析方法
	(三)发布信息	能利用电话、面谈等简单方式发布土地流转市场供求信息	信息发布的内容要点和注意事项
二、土地利用情况分析与评价	(一)鉴别土地权属	能通过查看客户的土地承包合同、证书鉴别土地权属状况	土地承包合同、证书基础知识
	(二)评价土地利用现状	能通过现场查看判断土地现状用途、核实土地面积及四至	1. 土地登记知识 2. 土地分类知识
三、客户建立与谈判订约	(一)建立客户	1. 能通过电话、走访等方式建立客户关系 2. 能为客户口头介绍土地的位置、面积、权属、价格和用途等情况	1. 与客户沟通的基本技巧 2. 所流转土地的相关知识
	(二)谈判订约	能订立土地流转经纪代理合约	
四、流转合同签署与报备	(一)签署土地流转合同	能为客户填写土地流转合同	1. 土地流转合同的基础知识 2. 农村土地承包经营权流转管理办法
	(二)代办相关报备手续	1. 能为客户代办土地流转申报 2. 能为客户代办土地流转合同备案 3. 能为客户代办土地流转登记手续	

3.2 高级

职业功能	工作内容	技能要求	相关知识
一、信息采集与处理	(一)采集信息	1. 能拟订局部地区土地流转市场信息采集方案 2. 能通过广播、电视、报刊等方法采集土地流转市场信息	建立土地流转市场信息采集渠道的方法
	(二)分析信息	1. 能进行信息的分类整理 2. 能通过调研预测土地流转市场发展趋势	1. 信息分类方法 2. 市场供求分析方法
	(三)发布信息	能利用报刊、信函、传真等方式发布土地流转市场供求信息	广告传播的基本知识
二、土地利用情况分析与评价	(一)鉴别土地权属	能通过查阅相关土地权属资料鉴别土地权属的详细状况	土地承包经营权证管理办法
	(二)评价土地利用现状	能通过现场查看评价土地适宜性和判断土地等级	土地评价知识
三、客户建立与谈判订约	(一)建立客户	1. 能拟定业务洽谈方案 2. 能通过撰写书面说明资料,为客户介绍土地利用情况和适宜性评价	商务谈判的基本知识
	(二)谈判订约	1. 能拟定标准的土地流转经纪代理合同 2. 能拟定土地专业合作社入股、分红方案	1. 合同法知识 2. 专业合作社法
四、流转合同签署与报备	(一)签署土地流转合同	1. 能为客户拟定土地流转合同 2. 能指导客户签订土地流转合同	1. 农村土地承包法律知识 2. 合同法基础知识 3. 计算机应用的基本知识
	(二)代办相关报备手续	1. 能为客户准备土地流转申报资料 2. 能为客户准备土地流转合同备案资料 3. 能为客户准备土地流转登记资料 4. 能为客户准备土地专业合作社登记资料	

3.3 技师

职业功能	工作内容	技能要求	相关知识
一、信息采集与处理	(一)采集信息	1. 能拟订不同地区土地流转市场信息采集方案 2. 能通过互联网等方法采集土地流转市场信息	1. 我国农村土地地理分布、气候条件等基础知识 2. 互联网基本操作方法 3. 土地流转相关信息网站介绍
	(二)分析信息	1. 能进行信息的系统整理 2. 能通过调研判断土地流转市场发展趋势	1. 数据统计、分析方法 2. 国家土地政策知识
	(三)发布信息	能利用互联网、广播、电视等方式发布土地流转市场供求信息	1. 计算机基本使用操作方法 2. 互联网信息传播知识
二、土地利用情况分析与评价	(一)鉴别土地权属	能鉴别复杂的土地权属状况	土地管理法律知识
	(二)评价土地利用现状	能通过查阅相关资料了解土地规划用途	

（续）

职业功能	工作内容	技能要求	相关知识
三、建立客户与谈判订约	(一)建立客户	1. 能对客户资源进行分类管理 2. 能对土地流转市场进行细分管理	1. 土地市场营销知识 2. 农业经营管理知识 3. 纠纷处理的原则与方法
	(二)谈判订约	1. 能够调解客户间的土地流转纠纷 2. 能拟定土地专业合作社章程	
四、流转合同签署与报备	(一)签署土地流转合同	能修订、完善土地流转合同	1. 土地登记知识 2. 工商注册登记知识
	(二)代办相关报备手续	1. 能为客户预审土地流转申报资料 2. 能为客户预审土地流转合同备案资料 3. 能为客户预审土地流转登记资料 4. 能为客户预审土地专业合作社登记资料	
五、培训与指导	培训与指导	1. 能对土地流转经纪人中级进行培训 2. 能指导中级、高级土地流转经纪人日常中介服务活动	1. 培训、教学的基本方法 2. 土地流转经纪人培训基本要求

4 比重表

4.1 理论知识

项　　目		中级 %	高级 %	技师 %
基本要求	职业道德	5	5	5
	基础知识	35	35	35
相关知识	信息采集及处理	10	5	5
	土地利用情况分析与评价	15	15	20
	建立客户与谈判订约	15	15	10
	流转合同签署与报备	20	25	20
	培训与指导	—	—	5
合　计		100	100	100

4.2 技能操作

项　　目		中级 %	高级 %	技师 %
相关知识	信息采集及处理	20	20	15
	土地利用情况分析与评价	15	25	30
	建立客户与谈判订约	30	20	15
	流转合同签署与报备	35	35	30
	培训与指导	—	—	10
合　计		100	100	100

ICS 03.100.30
A 18

中华人民共和国农业行业标准

NY/T 2100—2011

渔网具装配操作工

2011-09-01 发布　　2011-12-01 实施

中华人民共和国农业部 发布

前　言

本标准按照 GB/T 1.1—2009 给出的规则起草。

本标准由中华人民共和国农业部人事劳动司提出并归口。

本标准起草单位：农业部渔船检验局。

本标准主要起草人：姚立民、陈礼球、钱如敏。

渔网具装配操作工

1 职业概况

1.1 职业名称

渔网具装配操作工。

1.2 职业定义

从事渔网具生产装配操作的人员。

1.3 职业等级

本职业共设三个等级，分别为初级(国家职业资格五级)、中级(国家职业资格四级)、高级(国家职业资格三级)。

1.4 职业环境

室内，正常工作环境，无毒害。

1.5 职业能力特征

手脚灵活，视力正常，动作协调。

1.6 基本文化程度

初中毕业及以上学历。

1.7 培训要求

1.7.1 培训期限

初级不少于100标准学时；中级不少于80标准学时；高级不少于60标准学时。

1.7.2 培训教师

培训初级、中级和高级的教师，应具有本职业或相关专业中级以上专业技术职务任职资格。

1.7.3 培训场地和设备

满足教学需要的教室及本工种必需的生产操作设备。

1.8 鉴定要求

1.8.1 适用对象

从事或准备从事本职业的人员。

1.8.2 申报条件

1.8.2.1 初级工(具备下列条件之一者)

a) 经本职业或相关专业初级正规培训达到规定标准学时数，并取得结业证书；

b) 在本职业连续工作2年以上；

c) 从事本职业学徒期满。

1.8.2.2 中级工(具备下列条件之一者)

a) 取得本职业初级资格证书后，连续从事本职业工作2年以上；经本职业或相关专业中级正规培训达规定标准学时数，并取得结业证书；

b) 取得本职业初级资格证书后，连续从事本职业工作4年以上；

c) 连续从事本职业工作6年以上；

d) 取得经劳动保障行政部门审核认定的、以中级技能为培养目标的中等以上职业学校本职业或相近专业毕业证书。

1.8.2.3 高级工

a) 取得本职业中级职业资格证书后，连续从事本职业工作 4 年以上，经本职业高级正规培训达规定标准学时数，并取得结业证书；

b) 取得本职业中级职业资格证书后，连续从事本职业工作 6 年以上；

c) 大专以上本专业或相关专业毕业生取得本职业中级职业资格证书后，连续从事本职业工作 2 年以上。

1.8.3 鉴定方式

鉴定方式为理论知识考试和技能操作考试。理论知识考试采用闭卷笔试方式；技能操作考核采用现场实际操作方式。理论知识考试和技能操作考试均实行百分制，成绩皆达 60 分以上者为合格。

1.8.4 考评人员与考生配比

理论知识考试考评员与考生比例为 1∶20，每个考场不少于 2 名考评人员；技能操作考核考评员与考生比例为 1∶10，且每个考场不少于 2 名考评员。综合评审不少于 3 人。

1.8.5 鉴定时间

各等级理论知识考试时间为 90 min，技能操作考核时间为 60 min～120 min。

1.8.6 鉴定场所设备

理论知识考试在教室内进行；技能操作考试在满足考试需要的操作现场进行。

2 基本要求

2.1 职业道德

2.1.1 职业道德基本知识

2.1.2 职业守则

a) 爱岗敬业，遵纪守法；

b) 掌握技能，努力钻研；

c) 遵守规程，团结协作；

d) 安全操作，优质高产。

2.2 基础知识

2.2.1 专业知识

a) 常用渔具材料基础知识；

b) 工艺流程基础知识；

c) 原料、工艺与产品质量的关系；

d) 生产设备构造原理；

e) 操作规程；

f) 检验规程。

2.2.2 法律法规知识

a) 产品质量法；

b) 产品技术标准；

c) 劳动合同法规的知识。

2.2.3 安全操作知识

a) 机械安全常识；

b) 电器安全常识；

c) 操作安全常识。

3 工作要求

本标准对绳网具操作工初级、中级和高级的技能要求依次递进,高级别涵盖低级别的要求。

3.1 初级

职业功能	工作内容	技能要求	相关知识
生产前准备	1. 原材料准备	1. 掌握原材料(半成品)的品名、规格、性能及质量要求 2. 按工艺要求熟练正确配料	原材料、工艺的相关知识
	2. 生产设备	1. 了解机械设备的构造、工作原理 2. 了解电器构造及工作原理	机械、电器设备的相关知识
	3. 生产现场准备	1. 正确穿戴防护用品 2. 确保生产现场满足生产需要,符合安全生产要求	安全生产、操作规程的相关知识
生产	1. 原料或半成品配置	按工艺要求掌握正确的原料或半成品配置方法	相关的工艺知识
	2. 生产操作	1. 按操作要求正确开机生产 2. 按图纸要求完成基本操作	相关的操作知识
	3. 排除故障	按操作要求正确排除常见的生产故障	相关的操作知识
	4. 生产合格产品	能按产品技术标准要求生产出合格产品	原料、工艺、操作、设备等基础知识
检查	检查产品质量	1. 正确使用测量工具测量、准确读数 2. 依据产品技术标准,判断基本的质量缺陷	质量检查的基本知识

3.2 中级

职业功能	工作内容	技能要求	相关知识
生产前准备	1. 原料准备	能检查原材料、半成品配方及质量是否符合工艺、质量要求	原辅材料的配方工艺知识
	2. 工艺、机械、电器设备准备	能检查工艺、机械、电器设备是否满足生产要求	原材料性能与工艺质量的关系等知识
	3. 更换品种准备	能正确、熟练地更换设备相关部件,正确配置半成品	机械设备构造知识、工艺结构知识、操作知识
	4. 生产安排调度	能根据生产计划安排调度生产	生产安排、计划调度管理知识
生产	1. 熟练生产	1. 能根据工艺及操作要求,熟练正确地进行不同原料、不同规格产品的生产操作,并生产出合格产品 2. 掌握本工序外两种以上不同工序的操作技能	工艺调整、操作规程等知识
	2. 及时排除各类操作及设备故障	能及时正确地排除各类操作故障,提出机械、电器设备故障的解决办法	操作故障排除知识、设备故障排除知识
	3. 生产管理	能解决生产管理过程中出现的相关问题	原料、工艺、操作、设备与产品质量的关系等知识
	4. 培养人才	能指导初级工的操作	人才培养方面的知识
检查	产品质量检查	1. 能操作常用检测仪器正确进行检测 2. 能根据检验结果,分析原因,并制定正确的调整方案	标准知识、检验知识及工艺与质量关系等知识

3.3 高级

职业功能	工作内容	技能要求	相关知识
生产前准备	1. 设计调整生产工艺	能根据原料、半成品的性能设计、调整生产工艺配方、设计操作规程等	绘图、工艺设计、调整及操作规程等知识
	2. 检查完善机械电器设备的状况及性能	能针对设备状况提出完善改进建议，并组织实施，确保完好	熟练掌握机械电器设备相关知识
	3. 检查安全生产、规范操作规程	能进行安全隐患检查，并组织整改，规范操作规程	安全管理知识
生产	1. 指导解决生产过程中复杂的操作工艺质量问题	1. 能对生产过程中出现的各种工艺操作质量等复杂问题提出解决办法，并组织实施 2. 熟练掌握本工序外三种以上不同工序的操作技能	相关的生产操作、技术工艺知识
	2. 指导解决机械电器等设备故障	能对生产过程中出现的机械电器设备故障提出解决办法，并组织实施	相关的机械、电器设备专业知识及设备管理知识
	3. 确保生产正常进行	能通过对各生产环节的控制管理确保生产的正常进行	有关生产综合管理的知识
	4. 参与技术改造、新产品试验	具有从事技术改造、新产品试制的能力和经验	技术开发的程序、要求等知识
检查	质量标准	熟知技术指标、测试方法，掌握标准构成，参与标准制定	标准化相关知识

4 比重表

4.1 理论知识

项目		初级 %	中级 %	高级 %
基本要求	职业道德	5	5	5
	基础知识	20	10	5
生产前准备	原材料、半成品准备	15	5	—
	机械电器设备准备	10	10	5
	安全生产准备	10	5	—
	技术工艺操作规程准备	—	10	5
	生产调度安排准备	—	—	5
	综合生产管理制度准备	—	—	5
生产	正常生产	25	15	10
	生产故障排除	10	10	10
	设备故障排除	—	10	15
	生产过程管理	—	10	10
	安全生产检查	—	—	—
	生产品种更换	—	—	5
	设计技术工艺、操作规程	—	—	5
	技术改造及新产品试验	—	—	5
检查	产品检验	5	—	—
	产品检验测试	—	5	—
	质量分析质量改进	—	5	5
	产品技术标准	—	—	5
合计		100	100	100

4.2 技能操作

项目		初级 %	中级 %	高级 %
生产前准备	原材料、半成品准备	20	5	—
	机械电器设备准备	15	10	5
	安全生产准备	10	5	5
	技术工艺操作规程准备	—	5	10
	生产调度安排准备	—	5	5
	综合生产管理制度准备	—	—	5
生产	正常生产	20	10	—
	生产故障排除	20	10	5
	设备故障排除	5	15	10
	生产过程管理	—	10	5
	安全生产检查	—	5	5
	生产品种更换	—	5	5
	设计技术工艺、操作规程	—	—	10
	技术改造及新产品试验	—	—	5
	技术培训	—	—	5
检查	产品检验	10	5	—
	产品检验测试	—	5	5
	质量分析质量改进	—	5	10
	产品技术标准	—	—	5
合计		100	100	100

ICS 03.100.30
A 18

中华人民共和国农业行业标准

NY/T 2101—2011

渔业船舶玻璃钢糊制工

2011-09-01 发布　　　　2011-12-01 实施

中华人民共和国农业部 发布

前　言

本标准按照 GB/T 1.1—2009 给出的规则起草。

本标准由中华人民共和国农业部人事劳动司提出并归口。

本标准起草单位：农业部渔船检验局。

本标准主要起草人：陈欣、孙风胜、鲁晓光、陈海明、谢晓梅。

渔业船舶玻璃钢糊制工

1 职业概况

1.1 职业名称

渔业船舶玻璃钢糊制工。

1.2 职业定义

从事渔业船舶玻璃钢糊制工作的人员。

1.3 职业等级

根据渔业船舶修造企业特殊工种人员目前的现状，本职业暂设定三个等级，分别为初级（国家职业资格五级）、中级（国家职业资格四级）和高级（国家职业资格三级）。

1.4 职业环境

室内外和渔业船舶内外，常温，有毒有害。

1.5 职业能力特征

具有一定的视图能力；手臂灵活，动作协调。

1.6 基本文化程度

初中毕业及以上文化程度。

1.7 培训要求

1.7.1 培训期限

渔业船舶一级玻璃钢糊制工不少于96学时；渔业船舶二级玻璃钢糊制工不少于88学时；渔业船舶三级玻璃钢糊制工不少于56学时。

1.7.2 培训教师

1.7.2.1 理论部分

培训理论部分的教师须有丰富的糊制工教学经验，且口齿清楚，有较好的语言表达能力。

培训初级玻璃钢糊制工的教师，应具有中专及以上学历，中级专业技术职务任职资格；培训中级玻璃钢糊制工的教师，应具有大专及以上学历，中级及以上专业技术职务任职资格；培训高级玻璃钢糊制工的教师，应具有大学本科以上学历，高级及以上专业技术职务任职资格。

1.7.2.2 实际操作部分

培训初级玻璃钢糊制工的教师，应具有5年本职业实际操作工作经验；培训中级玻璃钢糊制工的教师，应具有7年本职业实际操作工作经验；培训高级玻璃钢糊制工的教师，应具有10年本职业实际操作工作经验。

由农业部主管部门审核，对具备以上条件的培训教师，颁发相应等级的《聘书》，确认其任职资格和任职年限。

1.7.3 培训场地和设备

满足教学需要的教室和具备的必要糊制、喷涂的工具、设备的实际操作场所。

1.8 鉴定要求

1.8.1 适用对象

从事本职业、年满18周岁的人员。

1.8.2 申报条件

1.8.2.1 渔业船舶初级玻璃钢糊制工

具有初中及以上文化程度，且在本职业连续工作1年以上。

1.8.2.2 渔业船舶中级玻璃钢糊制工（应至少具备下列条件之一）

a) 取得渔业船舶初级玻璃钢糊制工《职业资格证书》后，又在本职业连续工作3年以上的；

b) 技工学校复合材料专业毕业，且在本职业连续工作1年以上的。

1.8.2.3 渔业船舶高级玻璃钢糊制工

取得渔业船舶中级玻璃钢糊制工《职业资格证书》后，又在本职业连续工作3年以上的。

1.8.3 鉴定方式

分为理论知识考试和技能操作考试两部分。理论知识考试采用闭卷笔试方式，技能操作考试采用现场实际操作方式。理论知识考试和技能操作考试均实行百分制，成绩均60分及以上者为合格。

1.8.4 考评人员与考生配比

理论知识考试考评人员与考生比例为1∶20，且每个考场不少于2名考评人员；技能操作考试与考生比例为1∶10，且每个考场不少于2名考评人员；综合评审人员不少于3人。

1.8.5 鉴定时间

各等级理论知识考试时间为120min，技能操作考试则依考试项目而定，但不得少于90min。

1.8.6 鉴定场所设备

理论知识考试在教室内进行；技能操作考试在具有必要的糊制条件的操作场所内进行。

2 基本要求

2.1 职业守则

遵纪守法，爱岗敬业，遵守规程，团结协作，安全生产，注重环保。

2.2 基础知识

2.2.1 专业知识

a) 船舶基本知识；

b) 玻璃钢原材料基本知识；

c) 糊制工艺基本知识。

2.2.2 法律法规知识

a) 《中华人民共和国产品质量法》；

b) 《中华人民共和国渔业船舶检验条例》；

c) 技术规则规范。

2.2.3 安全环保知识

a) 安全操作与劳动保护知识；

b) 消防安全知识；

c) 环境保护知识。

3 工作要求

本标准对渔业船舶初级、中级、高级糊制工的技能要求依次递进，高级别涵盖低级别的要求。

3.1 理论知识要求

3.1.1 初级

职业功能	工作内容	技能要求	相关知识
糊制前准备	模具准备	1. 表面光滑平整，不允许有凹凸不平之处 2. 涂蜡均匀，不允许有遗漏之处	1. 模具表面质量基本要求 2. 涂蜡、脱模剂的操作方法
	糊制材料	1. 能识别、正确选择纤维材料 2. 识别树脂是否添加促进剂	1. 基本材料——树脂基本知识 2. 增强材料——玻纤基本知识
	糊制工具	能识别正确选择所使的工具	各种糊制所需工具的优缺点、操作方法
	生产安全与劳动保护检查	1. 掌握切割机、砂轮机、抛光机的安全操作方法 2. 正确使用个人劳保用品	1. 切割机、砂轮机、抛光机安全操作规程 2. 树脂添加促进剂、引发剂避免发生爆炸的操作规程 3. 自身保护常识
糊制	糊制工艺	1. 掌握涂刷树脂、铺敷玻纤、浸润、脱泡的要领 2. 能进行水平、垂直面糊制帽型材作业	初步掌握工艺规程及施工方法
	玻璃钢固化体系	1. 掌握促进剂、引发剂的配比量 2. 掌握树脂搅拌要领	1. 促进剂、引发剂的配比知识 2. 树脂搅拌方法
	典型节点糊制工艺	1. 初步了解甲板、舱壁与船体的连接方法、施工要领 2. 初步了解舾装件设备基座糊制方法	三维交叉部位糊制方法
	原材料及辅料	1. 初步掌握树脂、纤维品种 2. 初步掌握促进剂、引发剂、脱模剂的品种及用途	树脂、玻纤及各种辅料的基本方法
糊制检查	糊制质量检查	1. 初步懂得树脂涂刷均匀、浸润、滚平的表面质量效果 2. 初步懂得判断气泡有效排出	判断施工质量优劣的基本方法

3.1.2 中级

职业功能	工作内容	技能要求	相关知识
糊制前准备	模具准备	1. 熟练掌握模具表面的处理技术 2. 熟练掌握涂蜡、脱模剂技术	1. 模具表面粗糙度要求 2. 涂蜡、脱模剂的操作方法
	喷胶衣	1. 正确、熟练使用喷涂设备 2. 喷涂均匀、技术符合规范要求	1. 喷涂设备使用方法 2. 规范要求
	树脂调配	1. 根据施工现场环境、温度、相对湿度做树脂凝胶实验 2. 熟练掌握促进剂、引发剂的配比量	规范要求
	表面处理	1. 抹腻子、找平 2. 水磨 3. 抛光	1. 普通水磨砂纸型号与粗糙度的关系 2. 抛光机的使用方法
糊制	糊制工艺	1. 熟练掌握涂刷树脂、铺敷玻纤、浸润、脱泡的要领 2. 能进行水平、垂直、仰脸及糊制帽型材作业	熟练掌握工艺规程及施工方法
	典型节点糊制工艺	1. 熟练掌握甲板、舱壁、桅杆等与船体的连接方法、施工要领 2. 熟练掌握舾装件、设备基座的糊制方法	1. 三维、交叉部位糊制方法 2. 控制树脂含量的方法
	真空袋压、真空导入成型工艺技术	初步掌握真空袋压、真空导入成型工艺	真空袋压、真空导入成型工艺技术基本原理

（续）

职业功能	工作内容	技能要求	相关知识
糊制	原材料及辅料	1. 掌握树脂、纤维品种 2. 掌握促进剂、引发剂、脱模剂等辅料的品种、用途及使用方法	树脂、纤维及各种辅料的有关知识
	玻璃钢的化学及物理性能	初步了解玻璃钢的化学及物理性能	玻璃钢的化学及物理性能的基本知识
糊制检查	糊制质量检查	1. 明了树脂涂刷均匀、浸润、滚平的表面质量效果 2. 明了判断气泡有效排出	判断施工质量优劣的有关方法

3.1.3 高级

职业功能	工作内容	技能要求	相关知识
糊制前准备	模具准备	1. 熟练掌握模具表面处理技术 2. 熟练掌握涂蜡、脱模剂技术 3. 明了对模具主尺度、表面粗糙度要求	1. 模具表面粗糙度要求 2. 涂蜡、脱模剂的操作方法 3. 识图
	喷胶衣	1. 指导并正确使用喷涂设备 2. 喷涂均匀、厚度符合规范要求	1. 喷涂设备使用方法 2. 规范要求
	树脂调配	1. 根据施工现场环境、温度、相对湿度做树脂凝胶试验 2. 熟练掌握促进剂、引发剂的配比量	1. 规范要求 2. 凝胶试验数据与实际施工的差异
	表面处理	1. 带班指导一、二级工人进行抹腻子找平、水磨、抛光作业、可现场示范 2. 对质量问题能作出有效处理	1. 普通、水磨砂纸与粗糙度的关系 2. 抛光机的使用方法
糊制	糊制工艺	1. 熟练掌握涂刷树脂、铺敷玻纤、浸润、脱泡的要领 2. 能进行水平、垂直、仰脸及糊制帽型材作业	精通工艺规程及施工方法
	典型节点糊制工艺	1. 精通甲板、舱壁、桅杆等与船体的连接方法、施工要领 2. 精通舾装件、设备基座的糊制方法	1. 三维、交叉部位糊制方法 2. 控制树脂含量的方法 3. 规范要求
	真空袋压、真空导入成型工艺技术	掌握真空袋压、真空导入成型工艺、带班施工	真空袋压、真空导入成型工艺技术基本原理
	原材料及辅料	1. 精通树脂、纤维品种 2. 精通促进剂、引发剂、脱模剂等辅料的品种、用途及使用方法	树脂、纤维及各种辅料的有关知识
	玻璃钢的化学及物理性能	了解玻璃钢的化学及物理性能	1. 玻璃钢的化学及物理性能的基本知识 2. 测试方法
糊制检查	糊制质量检查	1. 带班指导施工作业 2. 能够处理出现的质量问题	1. 判断施工质量优劣的有关方法 2. 纠正质量问题的方法

4 比重表

4.1 理论知识

<table>
<tr><th colspan="3">项 目</th><th>渔业船舶一级玻璃钢糊制工
%</th><th>渔业船舶二级玻璃钢糊制工
%</th><th>渔业船舶三级玻璃钢糊制工
%</th></tr>
<tr><td rowspan="2">基本要求</td><td colspan="2">职 业 守 则</td><td>5</td><td>5</td><td>5</td></tr>
<tr><td colspan="2">基 础 知 识</td><td>25</td><td>10</td><td>—</td></tr>
<tr><td rowspan="10">相关知识</td><td rowspan="4">糊制前准备</td><td>模具准备</td><td>5</td><td>5</td><td>10</td></tr>
<tr><td>糊制材料</td><td>5</td><td>5</td><td>5</td></tr>
<tr><td>糊制工具</td><td>5</td><td>—</td><td>—</td></tr>
<tr><td>生产安全与劳动保护检查</td><td>5</td><td>—</td><td>—</td></tr>
<tr><td rowspan="5">糊制</td><td>糊制工艺</td><td>25</td><td>25</td><td>30</td></tr>
<tr><td>玻璃钢固化体系</td><td>5</td><td>—</td><td>—</td></tr>
<tr><td>典型节点糊制工艺</td><td>10</td><td>15</td><td>20</td></tr>
<tr><td>原材料及辅料</td><td>5</td><td>10</td><td>—</td></tr>
<tr><td>玻璃钢的化学及物理性能[a]</td><td>—</td><td>15</td><td>15</td></tr>
<tr><td>糊制检查</td><td>糊制质量检查</td><td>5</td><td>10</td><td>15</td></tr>
<tr><td colspan="6">[a] 玻璃钢的化学及物理性能如不合格，则视为实操考核不合格。玻璃钢的化学及物理性能考核结果应由主管部门认可的测试机构出具检测报告。</td></tr>
</table>

4.2 技能操作

<table>
<tr><th colspan="3">项 目</th><th>渔业船舶一级玻璃钢糊制工
%</th><th>渔业船舶二级玻璃钢糊制工
%</th><th>渔业船舶三级玻璃钢糊制工
%</th></tr>
<tr><td rowspan="8">技能要求</td><td rowspan="2">糊制前准备</td><td>模具准备
糊制材料
糊制工具</td><td>10</td><td></td><td></td></tr>
<tr><td>生产安全与劳动保护检查</td><td>10</td><td></td><td></td></tr>
<tr><td rowspan="5">糊制</td><td>糊制工艺</td><td>55</td><td>50</td><td>25</td></tr>
<tr><td>玻璃钢固化体系</td><td>5</td><td>10</td><td>15</td></tr>
<tr><td>典型节点糊制工艺</td><td>5</td><td>10</td><td>15</td></tr>
<tr><td>原材料及辅料</td><td>5</td><td>10</td><td>15</td></tr>
<tr><td>玻璃钢的化学及物理性能</td><td>—</td><td>5</td><td>10</td></tr>
<tr><td>糊制检查</td><td>糊制质量检查</td><td>10</td><td>15</td><td>20</td></tr>
<tr><td colspan="3">合 计</td><td>100</td><td>100</td><td>100</td></tr>
</table>

附录

中华人民共和国农业部公告
第1629号

根据《中华人民共和国兽药管理条例》和《中华人民共和国饲料和饲料添加剂管理条例》规定，《饲料中16种β-受体激动剂的测定　液相色谱—串联质谱法》等2项标准业经专家审定通过和我部审查批准，现发布为中华人民共和国国家标准，自发布之日起实施。

特此公告

二〇一一年八月十七日

附　录

序号	标准名称	标准代号
1	饲料中16种β-受体激动剂的测定　液相色谱—串联质谱法	农业部1629号公告—1—2011
2	饲料中利血平的测定　高效液相色谱法	农业部1629号公告—2—2011

中华人民共和国农业部公告
第 1642 号

《丝瓜等级规格》等 193 项标准业经专家审定通过，我部审查批准，现发布为中华人民共和国农业行业标准，自 2011 年 12 月 1 日起实施。

特此公告。

二〇一一年九月一日

序号	标准号	标准名称	代替标准号
1	NY/T 1982—2011	丝瓜等级规格	
2	NY/T 1983—2011	胡萝卜等级规格	
3	NY/T 1984—2011	叶用莴苣等级规格	
4	NY/T 1985—2011	菠菜等级规格	
5	NY/T 1986—2011	冷藏葡萄	
6	NY/T 1987—2011	鲜切蔬菜	
7	NY/T 1988—2011	叶脉干花	
8	NY/T 1989—2011	油棕 种苗	
9	NY/T 1990—2011	高芥酸油菜籽	
10	NY/T 1991—2011	油料作物与产品 名词术语	
11	NY/T 1992—2011	农业植物保护专业统计规范	
12	NY/T 1993—2011	农产品质量安全追溯操作规程 蔬菜	
13	NY/T 1994—2011	农产品质量安全追溯操作规程 小麦粉及面条	
14	NY/T 1995—2011	仁果类水果良好农业规范	
15	NY/T 1996—2011	双低油菜良好农业规范	
16	NY/T 1997—2011	除草剂安全使用技术规范 通则	
17	NY/T 1998—2011	水果套袋技术规程 鲜食葡萄	
18	NY/T 1999—2011	茶叶包装、运输和贮藏 通则	
19	NY/T 2000—2011	水果气调库贮藏 通则	
20	NY/T 2001—2011	菠萝贮藏技术规范	
21	NY/T 2002—2011	菜籽油中芥酸的测定	
22	NY/T 2003—2011	菜籽油氧化稳定性的测定 加速氧化试验	
23	NY/T 2004—2011	大豆及制品中磷脂组分和含量的测定 高效液相色谱法	
24	NY/T 2005—2011	动植物油脂中反式脂肪酸含量的测定 气相色谱法	
25	NY/T 2006—2011	谷物及其制品中β-葡聚糖含量的测定	
26	NY/T 2007—2011	谷类、豆类粗蛋白质含量的测定 杜马斯燃烧法	
27	NY/T 2008—2011	万寿菊及其制品中叶黄素的测定 高效液相色谱法	
28	NY/T 2009—2011	水果硬度的测定	
29	NY/T 2010—2011	柑橘类水果及制品中总黄酮含量的测定	
30	NY/T 2011—2011	柑橘类水果及制品中柠碱含量的测定	
31	NY/T 2012—2011	水果及制品中游离酚酸含量的测定	
32	NY/T 2013—2011	柑橘类水果及制品中香精油含量的测定	
33	NY/T 2014—2011	柑橘类水果及制品中橙皮苷、柚皮苷含量的测定	
34	NY/T 2015—2011	柑橘果汁中离心果肉浆含量的测定	
35	NY/T 2016—2011	水果及其制品中果胶含量的测定 分光光度法	
36	NY/T 2017—2011	植物中氮、磷、钾的测定	
37	NY/T 2018—2011	鲍鱼菇生产技术规程	
38	NY/T 2019—2011	茶树短穗扦插技术规程	
39	NY/T 2020—2011	农作物优异种质资源评价规范 草莓	
40	NY/T 2021—2011	农作物优异种质资源评价规范 枇杷	
41	NY/T 2022—2011	农作物优异种质资源评价规范 龙眼	
42	NY/T 2023—2011	农作物优异种质资源评价规范 葡萄	
43	NY/T 2024—2011	农作物优异种质资源评价规范 柿	
44	NY/T 2025—2011	农作物优异种质资源评价规范 香蕉	
45	NY/T 2026—2011	农作物优异种质资源评价规范 桃	
46	NY/T 2027—2011	农作物优异种质资源评价规范 李	
47	NY/T 2028—2011	农作物优异种质资源评价规范 杏	
48	NY/T 2029—2011	农作物优异种质资源评价规范 苹果	
49	NY/T 2030—2011	农作物优异种质资源评价规范 柑橘	
50	NY/T 2031—2011	农作物优异种质资源评价规范 茶树	

（续）

序号	标准号	标准名称	代替标准号
51	NY/T 2032—2011	农作物优异种质资源评价规范　梨	
52	NY/T 2033—2011	热带观赏植物种质资源描述规范　红掌	
53	NY/T 2034—2011	热带观赏植物种质资源描述规范　非洲菊	
54	NY/T 2035—2011	热带花卉种质资源描述规范　鹤蕉	
55	NY/T 2036—2011	热带块根茎作物品种资源抗逆性鉴定技术规范　木薯	
56	NY/T 2037—2011	橡胶园化学除草技术规范	
57	NY/T 2038—2011	油菜菌核病测报技术规范	
58	NY/T 2039—2011	梨小食心虫测报技术规范	
59	NY/T 2040—2011	小麦黄花叶病测报技术规范	
60	NY/T 2041—2011	稻瘿蚊测报技术规范	
61	NY/T 2042—2011	苎麻主要病虫害防治技术规范	
62	NY/T 2043—2011	芝麻茎点枯病防治技术规范	
63	NY/T 2044—2011	柑橘主要病虫害防治技术规范	
64	NY/T 2045—2011	番石榴病虫害防治技术规范	
65	NY/T 2046—2011	木薯主要病虫害防治技术规范	
66	NY/T 2047—2011	腰果病虫害防治技术规范	
67	NY/T 2048—2011	香草兰病虫害防治技术规范	
68	NY/T 2049—2011	香蕉、番石榴、胡椒、菠萝线虫防治技术规范	
69	NY/T 2050—2011	玉米霜霉病菌检疫检测与鉴定方法	
70	NY/T 2051—2011	橘小实蝇检疫检测与鉴定方法	
71	NY/T 2052—2011	菜豆象检疫检测与鉴定方法	
72	NY/T 2053—2011	蜜柑大实蝇检疫检测与鉴定方法	
73	NY/T 2054—2011	番荔枝抗病性鉴定技术规程	
74	NY/T 2055—2011	水稻品种抗条纹叶枯病鉴定技术规范	
75	NY/T 2056—2011	地中海实蝇监测规范	
76	NY/T 2057—2011	美国白蛾监测规范	
77	NY/T 2058—2011	水稻二化螟抗药性监测技术规程　毛细管点滴法	
78	NY/T 2059—2011	灰飞虱携带水稻条纹病毒检测技术　免疫斑点法	
79	NY/T 2060.1—2011	辣椒抗病性鉴定技术规程　第 1 部分：辣椒抗疫病鉴定技术规程	
80	NY/T 2060.2—2011	辣椒抗病性鉴定技术规程　第 2 部分：辣椒抗青枯病鉴定技术规程	
81	NY/T 2060.3—2011	辣椒抗病性鉴定技术规程　第 3 部分：辣椒抗烟草花叶病毒病鉴定技术规程	
82	NY/T 2060.4—2011	辣椒抗病性鉴定技术规程　第 4 部分：辣椒抗黄瓜花叶病毒病鉴定技术规程	
83	NY/T 2060.5—2011	辣椒抗病性鉴定技术规程　第 5 部分：辣椒抗南方根结线虫病鉴定技术规程	
84	NY/T 1464.37—2011	农药田间药效试验准则　第 37 部分：杀虫剂防治蘑菇菌蛆和害螨	
85	NY/T 1464.38—2011	农药田间药效试验准则　第 38 部分：杀菌剂防治黄瓜黑星病	
86	NY/T 1464.39—2011	农药田间药效试验准则　第 39 部分：杀菌剂防治莴苣霜霉病	
87	NY/T 1464.40—2011	农药田间药效试验准则　第 40 部分：除草剂防治免耕小麦田杂草	
88	NY/T 1464.41—2011	农药田间药效试验准则　第 41 部分：除草剂防治免耕油菜田杂草	
89	NY/T 1155.10—2011	农药室内生物测定试验准则　除草剂　第 10 部分：光合抑制型除草剂活性测定试验　小球藻法	

（续）

序号	标准号	标准名称	代替标准号
90	NY/T 1155.11—2011	农药室内生物测定试验准则　除草剂　第11部分:除草剂对水绵活性测定试验方法	
91	NY/T 2061.1—2011	农药室内生物测定试验准则　植物生长调节剂　第1部分:促进/抑制种子萌发试验　浸种法	
92	NY/T 2061.2—2011	农药室内生物测定试验准则　植物生长调节剂　第2部分:促进/抑制植株生长试验　茎叶喷雾法	
93	NY/T 2062.1—2011	天敌防治靶标生物田间药效试验准则　第1部分:赤眼蜂防治玉米田玉米螟	
94	NY/T 2063.1—2011	天敌昆虫室内饲养方法准则　第1部分:赤眼蜂室内饲养方法	
95	NY/T 2064—2011	秸秆栽培食用菌霉菌污染综合防控技术规范	
96	NY/T 2065—2011	沼肥施用技术规范	
97	NY/T 2066—2011	微生物肥料生产菌株的鉴别　聚合酶链式反应(PCR)法	
98	NY/T 2067—2011	土壤中13种磺酰脲类除草剂残留量的测定　液相色谱串联质谱法	
99	NY/T 2068—2011	蛋与蛋制品中ω-3多不饱和脂肪酸的测定　气相色谱法	
100	NY/T 2069—2011	牛乳中孕酮含量的测定　高效液相色谱—质谱法	
101	NY/T 2070—2011	牛初乳及其制品中免疫球蛋白IgG的测定　分光光度法	
102	NY/T 2071—2011	饲料中黄曲霉毒素、玉米赤霉烯酮和T-2毒素的测定　液相色谱—串联质谱法	
103	NY/T 2072—2011	乌鳢配合饲料	
104	NY/T 2073—2011	调理肉制品加工技术规范	
105	NY/T 2074—2011	无规定动物疫病区　高致病性禽流感监测技术规范	
106	NY/T 2075—2011	无规定动物疫病区　口蹄疫监测技术规范	
107	NY/T 2076—2011	生猪屠宰加工场(厂)动物卫生条件	
108	NY/T 2077—2011	种公猪站建设技术规范	
109	NY/T 2078—2011	标准化养猪小区项目建设规范	
110	NY/T 2079—2011	标准化奶牛养殖小区项目建设规范	
111	NY/T 2080—2011	旱作节水农业工程项目建设规范	
112	NY/T 2081—2011	农业工程项目建设标准编制规范	
113	NY/T 2082—2011	农业机械试验鉴定　术语	
114	NY/T 2083—2011	农业机械事故现场图形符号	
115	NY/T 2084—2011	农业机械　质量调查技术规范	
116	NY/T 2085—2011	小麦机械化保护性耕作技术规范	
117	NY/T 2086—2011	残地膜回收机操作技术规程	
118	NY/T 2087—2011	小麦免耕施肥播种机　修理质量	
119	NY/T 2088—2011	玉米青贮收获机　作业质量	
120	NY/T 2089—2011	油菜直播机　质量评价技术规范	
121	NY/T 2090—2011	谷物联合收割机　质量评价技术规范	
122	NY 2091—2011	木薯淀粉初加工机械安全技术要求	
123	NY/T 2092—2011	天然橡胶初加工机械　螺杆破碎机	
124	NY/T 2093—2011	农村环保工	
125	NY/T 2094—2011	装载机操作工	
126	NY/T 2095—2011	玉米联合收获机操作工	
127	NY/T 2096—2011	兽用化学药品制剂工	
128	NY/T 2097—2011	兽用生物制品检验员	
129	NY/T 2098—2011	兽用生物制品制造工	
130	NY/T 2099—2011	土地流转经纪人	
131	NY/T 2100—2011	渔网具装配操作工	

（续）

序号	标准号	标准名称	代替标准号
132	NY/T 2101—2011	渔业船舶玻璃钢糊制工	
133	NY/T 2102—2011	茶叶抽样技术规范	NY/T 5344.5—2006
134	NY/T 2103—2011	蔬菜抽样技术规范	NY/T 5344.3—2006
135	NY 525—2011	有机肥料	NY 525—2002
136	NY/T 667—2011	沼气工程规模分类	NY/T 667—2003
137	NY/T 373—2011	风筛式种子清选机　质量评价技术规范	NY/T 373—1999
138	NY/T 459—2011	天然生胶　子午线轮胎橡胶	NY/T 459—2001
139	NY/T 232—2011	天然橡胶初加工机械　基础件	NY/T 232.1～232.3—1994
140	NY/T 606—2011	小粒种咖啡初加工技术规范	NY/T 606—2002
141	NY/T 243—2011	剑麻纤维及制品回潮率的测定	NY/T 243—1995，NY/T 244—1995
142	NY/T 712—2011	剑麻布	NY/T 712—2003
143	NY/T 340—2011	天然橡胶初加工机械　洗涤机	NY/T 340—1998
144	NY/T 260—2011	剑麻加工机械　制股机	NY/T 260—1994
145	NY/T 451—2011	菠萝　种苗	NY/T 451—2001
146	NY/T 2104—2011	绿色食品　配制酒	
147	NY/T 2105—2011	绿色食品　汤类罐头	
148	NY/T 2106—2011	绿色食品　谷物类罐头	
149	NY/T 2107—2011	绿色食品　食品馅料	
150	NY/T 2108—2011	绿色食品　熟粉及熟米制糕点	
151	NY/T 2109—2011	绿色食品　鱼类休闲食品	
152	NY/T 2110—2011	绿色食品　淀粉糖和糖浆	
153	NY/T 2111—2011	绿色食品　调味油	
154	NY/T 2112—2011	绿色食品　渔业饲料及饲料添加剂使用准则	
155	NY/T 750—2011	绿色食品　热带、亚热带水果	NY/T 750—2003
156	NY/T 751—2011	绿色食品　食用植物油	NY/T 751—2007
157	NY/T 754—2011	绿色食品　蛋与蛋制品	NY/T 754—2003
158	NY/T 901—2011	绿色食品　香辛料及其制品	NY/T 901—2004
159	NY/T 1709—2011	绿色食品　藻类及其制品	NY/T 1709—2009
160	SC/T 1108—2011	鳖类性状测定	
161	SC/T 1109—2011	淡水无核珍珠养殖技术规程	
162	SC/T 1110—2011	罗非鱼养殖质量安全管理技术规范	
163	SC/T 2008—2011	半滑舌鳎	
164	SC/T 2040—2011	日本对虾 亲虾	
165	SC/T 2041—2011	日本对虾 苗种	
166	SC/T 2042—2011	文蛤 亲贝和苗种	
167	SC/T 4024—2011	浮绳式网箱	
168	SC/T 6048—2011	淡水养殖池塘设施要求	
169	SC/T 6049—2011	水产养殖网箱名词术语	
170	SC/T 6050—2011	水产养殖电器设备安全要求	
171	SC/T 6051—2011	溶氧装置性能试验方法	
172	SC/T 6070—2011	渔业船舶船载北斗卫星导航系统终端技术要求	
173	SC/T 7015—2011	染疫水生动物无害化处理规程	
174	SC/T 7210—2011	鱼类简单异尖线虫幼虫检测方法	
175	SC/T 7211—2011	传染性脾肾坏死病毒检测方法	
176	SC/T 7212.1—2011	鲤疱疹病毒检测方法　第1部分:锦鲤疱疹病毒	
177	SC/T 7213—2011	鮰嗜麦芽寡养单胞菌检测方法	
178	SC/T 7214.1—2011	鱼类爱德华氏菌检测方法　第1部分:迟缓爱德华氏菌	

（续）

序号	标准号	标准名称	代替标准号
179	SC/T 8138—2011	190 系列渔业船舶柴油机修理技术要求	
180	SC/T 8140—2011	渔业船舶燃气安全使用技术条件	
181	SC/T 8145—2011	渔业船舶自动识别系统 B 类船载设备技术要求	
182	SC/T 9104—2011	渔业水域中甲胺磷、克百威的测定 气相色谱法	
183	SC/T 3108—2011	鲜活青鱼、草鱼、鲢、鳙、鲤	SC/T 3108—1986
184	SC/T 3905—2011	鲟鱼籽酱	SC/T 3905—1989
185	SC/T 5007—2011	聚乙烯网线	SC/T 5007—1985
186	SC/T 6001.1—2011	渔业机械基本术语　第 1 部分:捕捞机械	SC/T 6001.1—2001
187	SC/T 6001.2—2011	渔业机械基本术语　第 2 部分:养殖机械	SC/T 6001.2—2001
188	SC/T 6001.3—2011	渔业机械基本术语　第 3 部分:水产品加工机械	SC/T 6001.3—2001
189	SC/T 6001.4—2011	渔业机械基本术语　第 4 部分:绳网机械	SC/T 6001.4—2001
190	SC/T 6023—2011	投饲机	SC/T 6023—2002
191	SC/T 8001—2011	海洋渔业船舶柴油机油耗	SC/T 8001—1988
192	SC/T 8006—2011	渔业船舶柴油机选型技术要求	SC/T 8006—1997
193	SC/T 8012—2011	渔业船舶无线电通信、航行及信号设备配备要求	SC/T 8012—1994